"十三五"国家重点出版物出版规划项目
可靠性新技术丛书

空间辐射环境可靠性技术

Space Radiation Environment Reliability Technology

王群勇　陈冬梅　著

国防工业出版社
·北京·

图书在版编目(CIP)数据

空间辐射环境可靠性技术/王群勇,陈冬梅著. —
北京:国防工业出版社,2022.1
(可靠性新技术丛书/康锐主编)
ISBN 978-7-118-12216-9

Ⅰ.①空… Ⅱ.①王… ②陈… Ⅲ.①辐射环境-可靠性-研究 Ⅳ.①X21

中国版本图书馆CIP数据核字(2020)第224916号

※

国防工业出版社出版发行
(北京市海淀区紫竹院南路23号 邮政编码100048)
北京龙世杰印刷有限公司印刷
新华书店经售

*

开本 710×1000 1/16 **插页** 4 **印张** 14¾ **字数** 245千字
2022年1月第1版第1次印刷 **印数** 1—1500册 **定价** 98.00元

(本书如有印装错误,我社负责调换)

国防书店:(010)88540777 书店传真:(010)88540776
发行业务:(010)88540717 发行传真:(010)88540762

致　读　者

本书由中央军委装备发展部**国防科技图书出版基金**资助出版。

为了促进国防科技和武器装备发展，加强社会主义物质文明和精神文明建设，培养优秀科技人才，确保国防科技优秀图书的出版，原国防科工委于 1988 年初决定每年拨出专款，设立国防科技图书出版基金，成立评审委员会，扶持、审定出版国防科技优秀图书。这是一项具有深远意义的创举。

国防科技图书出版基金资助的对象是：

1. 在国防科学技术领域中，学术水平高，内容有创见，在学科上居领先地位的基础科学理论图书；在工程技术理论方面有突破的应用科学专著。

2. 学术思想新颖，内容具体、实用，对国防科技和武器装备发展具有较大推动作用的专著；密切结合国防现代化和武器装备现代化需要的高新技术内容的专著。

3. 有重要发展前景和有重大开拓使用价值，密切结合国防现代化和武器装备现代化需要的新工艺、新材料内容的专著。

4. 填补目前我国科技领域空白并具有军事应用前景的薄弱学科和边缘学科的科技图书。

国防科技图书出版基金评审委员会在中央军委装备发展部的领导下开展工作，负责掌握出版基金的使用方向，评审受理的图书选题，决定资助的图书选题和资助金额，以及决定中断或取消资助等。经评审给予资助的图书，由中央军委装备发展部国防工业出版社出版发行。

国防科技和武器装备发展已经取得了举世瞩目的成就，国防科技图书承担着记载和弘扬这些成就，积累和传播科技知识的使命。开展好评审工作，使有限的基金发挥出巨大的效能，需要不断摸索、认真总结和及时改进，更需要国防科技和武器装备建设战线广大科技工作者、专家、教授，以及社会各界朋友的热情支持。

让我们携起手来，为祖国昌盛、科技腾飞、出版繁荣而共同奋斗！

国防科技图书出版基金

评审委员会

可靠性新技术丛书

编审委员会

丛书序

可靠性理论与技术发源于20世纪50年代,在西方工业化先进国家得到了学术界、工业界广泛持续的关注,在理论、技术和实践上均取得了显著的成就。20世纪60年代,我国开始在学术界和电子、航天等工业领域关注可靠性理论研究和技术应用,但是由于众所周知的原因,这一时期进展并不顺利。直到20世纪80年代,国内才开始系统化地研究和应用可靠性理论与技术,但在发展初期,主要以引进吸收国外的成熟理论与技术进行转化应用为主,原创性的研究成果不多,这一局面直到20世纪90年代才开始逐渐转变。1995年以来,在航空航天及国防工业领域开始设立可靠性技术的国家级专项研究计划,标志着国内可靠性理论与技术研究的起步;2005年,以国家863计划为代表,开始在非军工领域设立可靠性技术专项研究计划;2010年以来,在国家自然科学基金的资助项目中,各领域的可靠性基础研究项目数量也大幅增加。同时,进入21世纪以来,在国内若干单位先后建立了国家级、省部级的可靠性技术重点实验室。上述工作全方位地推动了国内可靠性理论与技术研究工作。当然,随着中国制造业的快速发展,特别是《中国制造2025》的颁布,中国正从制造大国向制造强国的目标迈进,在这一进程中,中国工业界对可靠性理论与技术的迫切需求也越来越强烈。工业界的需求与学术界的研究相互促进,使得国内可靠性理论与技术自主成果层出不穷,极大地丰富和充实了已有的可靠性理论与技术体系。

在上述背景下,我们组织撰写了这套可靠性新技术丛书,以集中展示近5年国内可靠性技术领域最新的原创性研究和应用成果。在组织撰写丛书过程中,坚持了以下几个原则:

一是**坚持原创**。丛书选题的征集,要求每一本图书反映的成果都要依托国家级科研项目或重大工程实践,确保图书内容反映理论、技术和应用创新成果,力求做到每一本图书达到专著或编著水平。

二是**体系科学**。丛书框架的设计,按照可靠性系统工程管理、可靠性设计与试验、故障诊断预测与维修决策、可靠性物理与失效分析4个板块组织丛书的选题,基本上反映了可靠性技术作为一门新兴交叉学科的主要内容,也能在一定时期内保证本套丛书的开放性。

三是**保证权威**。丛书作者的遴选，汇聚了一支由国内可靠性技术领域长江学者特聘教授、千人计划专家、国家杰出青年基金获得者、973项目首席科学家、国家级奖获得者、大型企业质量总师、首席可靠性专家等领衔的高水平作者队伍，这些高层次专家的加盟奠定了丛书的权威性地位。

四是**覆盖全面**。丛书选题内容不仅覆盖了航空航天、国防军工行业，还涉及了轨道交通、装备制造、通信网络等非军工行业。

本套丛书成功入选“十三五”国家重点出版物出版规划项目，主要著作同时获得国家科学技术学术著作出版基金、国防科技图书出版基金以及其他专项基金等的资助。为了保证本套丛书的出版质量，国防工业出版社专门成立了由总编辑挂帅的丛书出版工作领导小组和由可靠性领域权威专家组成的丛书编审委员会，从选题征集、大纲审定、初稿协调、终稿审查等若干环节设置评审点，依托领域专家逐一对入选丛书的创新性、实用性、协调性进行审查把关。

我们相信，本套丛书的出版将推动我国可靠性理论与技术的学术研究跃上一个新台阶，引领我国工业界可靠性技术应用的新方向，并最终为“中国制造2025”目标的实现做出积极的贡献。

康锐

2018年5月20日

前言

从地面至36000km的深空，日常生活中常见的电子产品包括地面计算机网络系统、高铁、电力系统、核电站、医疗设备，以及飞机、卫星等内部的关键电子设备，其日常工作的环境均为空间辐射环境。按照空间辐射环境高度的不同，可以划分为宇宙空间辐射环境、大气空间辐射环境、地面空间辐射环境。距离地面约20km以上的太空为宇宙空间辐射环境，辐射来源包括银河宇宙射线、太阳宇宙射线以及地球辐射捕获带等，辐射源含有质子、中子、重离子、高能γ射线等。距离地面约3~20km的大气层内为大气空间辐射环境，辐射粒子主要为大气中子及少量的质子和重离子等；海拔0~3000m的地面空间为地面空间辐射环境，辐射源包括来自宇宙空间的高能中子、地面放射性材料产生的α粒子以及环境中存在的低能热中子等。

空间辐射是电子产品在正常工作中面临的重要环境要素之一，会给材料和电子器件带来严重的辐射效应影响。常见的辐射效应包括单粒子效应（SEE）、总剂量效应（TID）、位移损伤效应（DD）等。其中，单粒子效应为瞬态随机效应，会导致电子设备产生暂时性的功能失效或数据错误，甚至是永久性的故障；总剂量效应和位移损伤效应为累积效应，会引起电子产品的性能退化直至发生故障。这些辐射效应导致的故障会危害电子产品的安全性与可靠性，直接影响卫星、飞机或地面计算机网络系统的正常运行。

空间辐射环境可靠性的基本概念首次出现在IEEE可靠性与维修性2016年年会（IEEE RAMS 2016）上发表的*A Method of Space Radiation Environment Reliability Prediction*论文中。该论文建立了空间辐射环境可靠性基本模型，基于对辐射损伤效应物理机理与内涵的深刻理解和工程实践经验，综合考虑单粒子效应、总剂量效应、位移损伤效应的影响，建立了空间辐射环境可靠性理论模型，成为空间辐射环境可靠性预计的理论基础，也建立了空间辐射环境可靠性与顶层任务成功之间的关系，空间辐射环境可靠性与地面试验数据之间的关系，以及空间辐射环境可靠性、传统的非空间辐射环境可靠性与总体可靠性之间的关系。

空间辐射环境可靠性地面模拟试验有别于在轨搭载试验和飞行试验，是利用实验室的各类中子、质子或重离子等辐射源模拟电子设备或器件工作时所处的辐射环境，测试电子设备或敏感器件在特定空间辐射环境中的危害效应，从而为电子设备或系统的空间辐射环境可靠性预计提供数据来源。由于地面模拟试验所用辐射源的注量率远高于空间辐射的平均注量率，与在轨搭载试验、飞行试验相比，试验时间大大减少，试验效率得以提高。同时，地面模拟试验有助于验证空间辐射环境可靠性的防护设计和防护措施的有效性。

本书基于空间辐射环境可靠性的基本概念与空间辐射环境可靠性基本模型，针对卫星、飞机、地面计算机网络系统的不同任务场景，分别从任务辐射环境、辐射危害效应、空间辐射环境可靠性预计、空间辐射环境试验，以及影响任务成功的风险指标判定等方面进行详细阐述，力求站在最终用户的角度，站在空间辐射环境可靠性对任务成功影响风险判定的角度，提出空间辐射环境可靠性预计的程序与方法和地面模拟试验的程序与方法，同时还提供了相应的空间辐射环境可靠性试验典型案例。

本书的篇章内容安排如下。

第1章绪论，介绍了空间辐射环境与危害，提出了空间辐射环境可靠性的基本概念和试验技术以及空间辐射环境可靠性技术应用的现状与发展趋势。

第2章空间辐射环境危害与应力分析，讲述了宇宙、大气和地面空间辐射环境辐射源、危害与应力分析。

第3章空间辐射环境可靠性技术原理，阐述了电子设备可靠性模型、空间辐射环境可靠性基本模型及其可靠性指标制定与分配。

第4章空间辐射环境可靠性预计，针对卫星、飞机、地面电子设备分别描述了宇宙、大气、地面空间辐射环境可靠性预计程序、预计模型与计算方法和案例。

第5章空间辐射环境试验，详细描述了宇宙空间辐射环境试验，包括单粒子效应、总剂量效应和位移损伤效应等试验；描述了大气空间辐射环境试验，包括器件级、设备级和系统级试验；简述了地面辐射环境试验。

第6章应用案例，列举了卫星、飞机、地面电子设备的空间辐射环境可靠性技术应用案例和具体分析。

第7章工具软件，介绍了空间辐射环境预估软件、空间辐射环境效应预估软件、空间辐射环境可靠性指标计算软件、航空电子设备大气中子单粒子效应故障率计算软件等。

本书的出版得到国防科技图书出版基金的资助，北京航空航天大学可靠性与系统工程学院康锐教授在全书章节设置和内容安排上给予了具体指导，中航工业第一飞机设计研究院适航与通用质量特性研究所在工程实践验证上给予了技术支撑，作者所在的北京圣涛平试验工程技术研究院的技术团队在全书的撰写过程中给予了很多帮助……在此一并表示衷心的感谢。同时，作者在本书撰写过程中参阅了大量国内外文献资料，向原著者表示谢意。

本书可为从事民用航空、航天领域电子设备设计、试验和使用的技术人员提供空间辐射环境可靠性技术理论和实例，也可供高等学校可靠性专业的师生参考。由于作者水平有限，难免有遗漏不足之处，望读者批评指正。

作者

2021年5月

缩　略　词

缩　写	英文全称	中　文
ADC	analog to digital converter	模数转换器
AFDX	avionics full-duplex switched ethernet	网络交换机
ASIC	application specific integrated circuits	专用集成电路
ATE	automatic test equipment	自动化测试设备
AVF	architectural vulnerability factor	架构传播因子
BiCMOS	bipolar and complementary metal-oxide semiconductor	双极互补金属-氧化物半导体
BIT	built in test	自检
BJT	bipolar junction transistor	双极结型晶体管
BRAM	bipolar random access memory	双极随机存取存储器
CCD	charge coupled device	电荷耦合元件
CLB	configurable logic block	配置位
CMOS	complementary metal-oxide semiconductor	互补金属-氧化物半导体
COTS	commercial off the shelf	商用货架产品
CPU	central processing unit	中央处理器
DAC	digital to analog converter	数字模拟转换器
DD	displacement damage	位移损伤效应
DRAM	dynamic random access memory	动态随机存取存储器
DSP	digital signal processing	数字信号处理器
EDAC	error detection and correction	检错纠错
EEPROM	electrically erasable programmable read only memory	带电可擦可编程只读存储器
ELDRS	enhanced low dose rate sensitivity	低剂量率辐射损伤增强效应

FADEC	full authority digital electronic controller	全权限数字电子控制器
FDR	functional de-rating	功能降额因子
FLASH	flash memory	闪存
FPGA	field programmable gate array	现场可编程门阵列
GCR	galactic cosmic rays	银河宇宙射线
GEO	geosynchronous orbit	地球同步轨道
GPS	Global Positioning System	全球定位系统
IC	integrated circuit	集成电路
IGBT	insulated gate biplolar transistor	绝缘栅双极型晶体管
LDR	logic de-rating	逻辑降额因子
LEO	low earth orbit	低轨道
LET	linear energy transfer	线性能量传输
LTPD	lot tolerance percent defectiveplans	批允许不合格率
MBU	multiple bit upset	多位翻转
MCU	multiple cell upset	多单元翻转
MEO	medium earth orbit	中轨道
MMH/FH	maintenance man-hours/flight hour	每飞行小时的平均维修工时
MOSFET	metal-oxide semiconductor field effect transistor	金属-氧化物半导体场效应晶体管
MPP	periodic prenventative maintenance	定期预防性维修
MTBF	mean time between failure	平均故障间隔时间
MTBM	mean time between maintenance	平均维修间隔时间
MTBR	mean time between removals	平均拆卸间隔时间
MTBSEE	mean time between SEE	平均单粒子效应间隔时间
MTTF	mean time to failure	平均失效前时间
MTTR	mean time to repair	平均修复时间
NIEL	non-ionizing energy loss	非电离能损
NMOS	n-metal-oxide semiconductor	N 型金属-氧化物半导体
NSEE	neutron single event effect	中子单粒子效应

NSEU	neutron single event upset	单粒子翻转效应
PLL	phase locked loop	锁相环
POR	power on reset	上电复位
RAM	random access memory	随机存取存储器
R_{SRE}	space radiation environment reliability	空间辐射环境可靠性
SAA	south atlantic anomaly	南大西洋异常区
SDRAM	synchronous dynamic random access memory	同步动态随机存储器
SEB	single event burnout	单粒子烧毁
SED	single event disturb	单粒子扰动
SEDR	single event dielectric rupture	单粒子介质击穿
SEE	single svent effect	单粒子效应
SEFI	single event functional interrupt	单粒子功能中止
SEGR	single event gate rupture	单粒子栅穿
SEHE	single event hard error	单粒子硬错误
SEL	single event latch-up	单粒子闩锁
SER	soft error rate	软错误率
SESB	single event snapback	单粒子快速反向
SET	single event transient	单粒子瞬态
SEU	single event upset	单粒子翻转
SiP	system in package	系统级封装
SOI	silicon on insulator	绝缘体上硅
SRAM	static random access memory	静态随机存取存储器
STEA	San-talking Testing Engineering Academy	圣涛平
STP	Standard testing professional model	圣涛平模型
TDR	time de-rating	时序降额因子
TID	total ionizing dose	总剂量效应
TMR	triple modular redundancy	三模冗余
VDMOS	vertical double diffusion metal oxide semiconductor	纵向双扩散金属氧化物半导体
WNR	weapons neutron research	武器中子辐射实验室

目录

Contents

第1章

绪　论

1.1　空间辐射环境

空间辐射主要是指来自大气层外的宇宙高能粒子辐射和大气层内的次级宇宙粒子辐射。空间辐射无处不在，不论是在太空中运行的航天器，还是在大气层中飞行的飞机，甚至是地面上应用的设备和设施，均会遭受到来自空间辐射环境的粒子辐射[1-3]，如图1-1所示。一般情况下，根据辐射的空间范围和作用对象的不同可将空间辐射环境分为宇宙空间辐射环境、大气空间辐射环境和地面空间辐射环境。

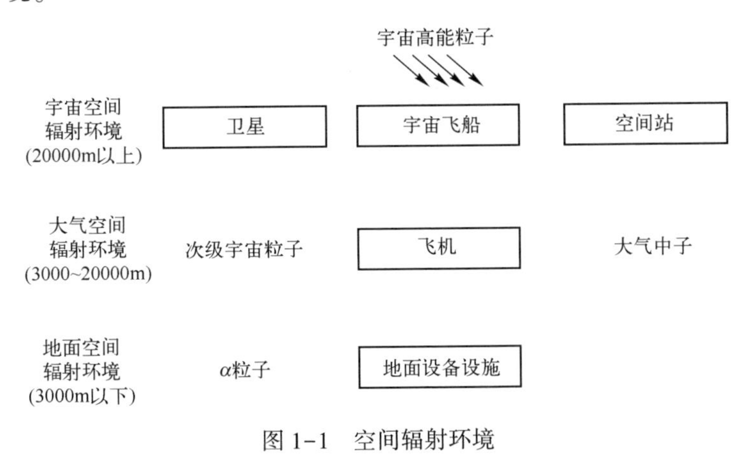

图1-1　空间辐射环境

1. 宇宙空间辐射环境

宇宙空间辐射环境主要指的是海拔20000m以上的空间范围。作用对象为长期在此空间内工作的卫星、宇宙飞船、空间站等航天飞行器。

2. 大气空间辐射环境

大气空间辐射环境是指海拔3000～20000m（大气层对流层顶端）的空间范

围[2],该空间主要为大气层的对流层范围,作用对象主要为飞机等航空飞行器。

3. 地面空间辐射环境

地面空间辐射环境主要是指从海平面至海拔约 3000m 的空间范围,作用对象主要为在地面或高海拔作业的电子设备或设施系统。

1.2 空间辐射环境危害

1.2.1 宇宙空间辐射环境危害

宇宙空间辐射环境对卫星影响最为严重,根据美国国防部和 NASA 统计数据表明:因辐射环境导致的卫星故障约占 71%。表 1-1 是国际上电子器件单粒子辐射效应导致航天器故障的部分案例,其中因为中央处理器(CPU)及数字信号处理(DSP)等发生电离损伤效应导致航天器功能失效所占的比例很大。据公开资料报道,美国全球定位系统(GPS)从 1984 年至 1990 年,卫星共发生 298 次 bit 位翻转异常事件,STS-61 无法捕获导航星长达 5h。由此可见,如何有效地预计和评价卫星在空间辐射环境下的可靠性就显得十分必要[4]。

MIL-HANDBOOK-217F《电子设备可靠性预计》[5]中指出,该手册中所有的模型都不能用于预计辐射环境的影响。在微电路失效率预计模型中环境因子推荐值为 0.5,认定空间环境良好,但是实际空间辐射环境十分恶劣,因此,在卫星中使用 MIL-HANDBOOK-217F 进行空间辐射环境的可靠性预计就有非常大的局限性。为了弥补 MIL-HANDBOOK-217F 预计中关于辐射效应影响的不足,美国国防部建立了一套抗辐射加固保障体系,如 MIL-HDBK-814/815/816/817[6-9]。

我国大量的卫星可靠性预计过程还是沿用 GJB299[10],该标准与 MIL-HANDBOOK-217F 类似,也未考虑辐射环境的影响,使得在卫星的可靠性设计中会产生过设计或欠设计的情况,因此,我国急需在卫星设计中使用专门的空间辐射环境可靠性技术。表 1-1[11-13]列举了空间辐射效应导致航天器故障的情况。

表 1-1 空间辐射效应导致航天器故障情况表

序号	卫星名称	国家	发射时间	故障情况
1	空间运输系统-61(STS-61)	美国	1993.12.2	1993 年 12 月 6 日,航天飞机上的 Y 方向星跟踪器发生故障,不能捕获导航星长达 5h 之久。在一个功率循环周期后,星跟踪器恢复正常,执行了剩余任务。据确认,故障的主要原因是发生了单粒子翻转事件。星跟踪器发生故障时间刚好与轨道器通过南大西洋异常区时间一致

续表

序号	卫星名称	国家	发射时间	故 障 情 况
2	跟踪与数据中继卫星-6（TDRS-6）	美国	1993.1.13	1993年7月10日，星上地球敏感器的一个俯仰通道输出0/0.3199的警告信号长达一个更新周期。原因是遥测和指令系统缓冲器发生了单粒子翻转事件
3	远紫外线探测器（EUVE）	美国	1992.6.7	1993年11月初，探测器发生了“闭合”（所有探测器的挡板均合上）故障，据分析是SEU事件引起的，4h后探测器恢复正常，同月晚些时候，探测器的中央数据处理器也发生了单粒子翻转事件，使星上有效载荷进入发射前模式（离子泵接通）
4	跟踪与数据中继卫星-5（TDRS-5）	美国	1991.8.2	1993年12月12日，星上的控制处理电子系统（CPE）由正常模式输出变为不能执行状态，输出许多超限的姿控系统参数。原因是CPE的CPU中发生了单粒子翻转事件
5	跟踪与数据中继卫星-4（TDRS-4）	美国	1989.3.13	1993年8月1日，卫星姿控系统数据异常，卫星从地球指向位置开始缓慢偏移。据分析，故障原因是控制处理芯片或指令与遥测芯片发生了单粒子翻转事件
6	跟踪与数据中继卫星-1（TDRS-1）	美国	1983.4.4	1989年11月2日，卫星的指令处理电子系统（CPE）发生单粒子翻转事件，造成姿态可控制功能暂时丧失
7	跟踪与数据中继卫星-1（TDRS-1）	美国	1983.4.4	1992年4月1日，因CPE/CTE同步失败（未能同步）导致CPE停止工作。据分析认为，最可能的原因是CPE中的芯片发生了单粒子翻转事件
8	太阳峰年卫星（SMM）	美国	1980.2.14	1985年，单粒子翻转事件使星上计算机工作异常，卫星转换到安全保护状态，中断科学数据达8天
9	全球定位系统卫星（GPS9521）	美国	1984.6.13	1987年1月30日—1990年7月5日，卫星共发生62次bit位翻转异常事件
10	全球定位系统卫星（GPS9783）	美国	1984.9.8	1984年12月27日—1990年7月1日，卫星共发生113次bit位翻转异常事件
11	全球定位系统卫星（GPS9794）	美国	1983.7.14	1985年1月13日—1990年8月6日，卫星共发生123次bit位翻转异常事件
12	磁层粒子主动跟踪器/电荷成分探测器（AMPTE/CCE）	美国、德国、英国	1984.8	1988年4月，星上的1号指令处理系统（CPS）发生故障，无法恢复，后切换到2号备份系统。分析认为是由于探测器在轨运行三至五年后，受累积辐射破坏造成CMOS可编程只读存储器（PROM）故障
13	高精度视差采集卫星也称伊巴谷卫星（HIPPARCOS）	欧洲航天局	1989.8.8	1993年6月末，星上计算机与地面的通信就已开始越来越困难。原因是累积辐射造成某重要部件损坏。曾试图重新启动运行，但失败了，飞行任务被迫终止。1993年8月15日，已有效工作3年的卫星发生通信中断（停止）故障

续表

序号	卫星名称	国家	发射时间	故障情况
14	“风云”一号气象卫星	中国	1988	星上使用CPU均有过单粒子翻转现象。概率最大、危害最大的是80C86段地址寄存器,往往跳入错误的模块或数据区,甚至是空闲区内,造成死循环、大范围冲毁重要数据,使系统瘫痪
15	“嫦娥”一号	中国	2007	在执行任务期间,发生10多起锁定事件

1.2.2 大气空间辐射环境危害

在美军研制C-17运输机的过程中,一开始就非常强调可靠性与维修性,目标是使之成为美军最可靠、最容易维修的运输机。合同规定:在第12架飞机交付后30天进行一次战备完好性审查,如果C-17运输机达到规定的性能目标,制造商可以得到1200万美元的奖金。合同规定的可靠性与维修性要求包括能执行任务率、能执行全部任务率、任务成功概率等11项指标要求,指标要求及检测结果如表1-2所列[14]。

表1-2 初始使用试验与评价结果

指标	要求	结果	是否达到
能执行任务率/%	80.7	90.6	是
能执行全部任务率/%	72.9	85.1	是
任务成功概率/%	85.8	97.8	是
MTBM(固有)/飞行小时	1.3	3.4	是
MTBM(修复性)/飞行小时	0.6	1.6	是
MTBR/飞行小时	2.2	7.5	是
MMH/FH(每飞行小时修理时间)/h	28.4	4.3	是
MTTR(平均修复时间)/h	8.2	2.7	是
BIT检测率/%	95.0	98.6	是
BIT隔离率/%	90.0	95.2	是
BIT虚警率/%	5.0	59.9	否

在这次评价中,C-17运输机11项指标中的10项达到或者超过了合同要求,但BIT虚警率指标没有达到合同要求,因此,按照合同规定,制造商除了不能得到该项指标的奖金外,其他10项指标的奖金也只能拿到一半。

1998年,波音辐射效应实验室开展美国C-17运输机大气中子单粒子效应补课工作。发现新型任务计算与通信子系统中经奇偶校验过的缓存存储器每

2~3h 会出现重新配置错误;未保护的核心关键器件每 100~200h 会出现重新启动,远远达不到 100 万小时的指标要求。虚警率高达 59.5%,远远超过 5%的指标要求。

波音辐射效应实验室的 Dr. Eugene Normand 针对 C-17 运输机的 BIT 虚警率指标不达标这种情况,对航空电子设备进行了单粒子效应试验,试验结果表明,原系统设计中未能充分考虑中子单粒子效应,在最初设计中采用了大量的静态随机存取存储器(SRAM)型现场可编程门阵列(FPGA)等器件,这些器件对单粒子翻转效应非常敏感,为了提高其可靠性,C-17 运输机更换了中子单粒子翻转效应(NSEU)敏感器件,同时采用了单粒子效应减缓设计措施,有效降低了虚警率,使其达到了指标要求。

1998 年美国 C-17 运输机补课[15]表明了大气中子单粒子效应对机载电子设备的危害影响。2006 年之后,IEC TC107 航空电子过程管理技术委员会开始推出 IEC 62396 系列标准,在安全性分析中推广开展大气中子辐射影响分析,并采用相应的防控措施。如果不及时开展中子单粒子效应(NSEE)防控与评价工作,像美国 C-17 运输机一样补课,则代价巨大。

大气中子会诱发复杂航空电子系统产生单粒子效应影响安全性与可靠性。美国联邦航空局、欧洲航空安全局及主流飞机制造公司均非常重视 NSEE 的危害防护。

1.2.3 地面空间辐射环境危害

在计算机时代初期,不可靠的元器件促使计算机容错设计成为强制要求。然而,在超大规模集成电路时代,可靠性的戏剧性增长却限制了在关键应用与恶劣环境下容错设计的使用。但是,随着硅基互补金属氧化物半导体(CMOS)技术的终极极限临近,容错设计的趋势又开始逆转。小尺寸、低工作电压、复杂度增加、高速等技术趋势使得电路对于各种失效更加敏感。由于这些趋势,过去航天应用才需要考虑的软错误问题,已经成为地面电子产品系统失效的主要原因,从而导致软错误减缓在日益增加的应用领域中成为强制性要求,包括计算机、网络、服务器、医药、汽车电子以及高铁电子系统等[16,17]。为了解决这一问题,芯片与系统设计师可以借鉴国防和航天技术几十年软错误相关研发经验。然而,地面电子系统存在大批量生产、成本及功耗等约束条件,这些经验在地面领域并不完全适用。

地面系统的控制电路类型主要包括 SRAM 型 FPGA、PowerPC 微处理器等敏感微电路等,这几类微电路最突出的问题是单粒子翻转(SEU)效应。以下几个案例说明了单粒子翻转效应对地面电子系统的影响与危害。

1. Cisco 12000 系列路由器[18]

2003 年,Cisco 12000 系列路由器出现问题,经检查发现是辐射引发的软错误导致系统失效。路由器中的存储器与专用集成电路(ASIC)中出现奇偶校验错误,导致路由器重新加载、数据丢失。为了减缓软错误效应,降低重新加载概率,新采用的互联网操作系统增加了软错误恢复措施,在需要时减少重新加载时间,并提供更好的失效信息文本提示等,基本解决了该问题。

2. Cray-1 超级计算机[19]

1976 年,美国 Los Alamos 实验室免费试用了第一台 Cray-1 超级计算机。该计算机具备每秒运行 8000 万次的能力,是 Cray 设计的第一台使用集成电路的超级计算机。美国 Los Alamos 实验室紧密跟踪其可靠性,在 6 个月试用期间共运行 900h,出现了 152 位翻转,平均约 6h 翻转一次,当时原因不明。

2010 年时,美国 Los Alamos 集成芯片实验室认为早期 Cray-1 的翻转是由大气中子引起的。因此,Cray-1 成为地面上首例记录的 SEU 案例(SEU 曾经于 1975 年首次在卫星上发现)。

3. Q 超级计算机[20]

2002 年,类似翻转事件也发生在美国 Los Alamos 实验室的 Q 超级计算机上。该计算机 2003 年 6 月成为世界上第二快的超级计算机,拥有 14T 存储空间,每秒运行 14×10^{12}次。运行过程中,发现了未预料的大量崩溃,最终溯源至支持处理器的存储单元出现了位翻转,怀疑是中子诱发的 SEU 现象。因为美国 Los Alamos 实验室海拔约 2000m,高出海平面中子强度好几倍。后期通过试验分析获得的翻转率与现场观察到的 Q 超级计算机错误率一致。采取减缓防控措施后,最新的 Q 超级计算机正常运行。

4. 领跑者(Roadrunner)超级计算机[21]

美国 Los Alamos 实验室的 Roadrunner 是第一台 P 位级的超级计算机(每秒运行 1000T 次),大多数的硬件具备内建式 SEU 防控能力。然而,防控措施并不完美,一是容易产生 SEU 诱发的软错误,会导致计算崩溃;二是静默式数据篡改,即未被探测到的错误会导致系统计算结果错误。针对 Roadrunner 计算机服务器开展试验,Roadrunner 预计大约每工作 130h 会经历一次中子诱发的崩溃,大约每 1100h 会经历一次中子诱发的静默式数据篡改。

1.3 空间辐射环境可靠性

随着空间技术的发展,空间应用不断增加,空间辐射环境已经成为影响产品可靠性的一个不可忽略的因素。空间辐射环境对产品可靠性的影响越来越大、危害越来越严重。特别是进入21世纪,随着微电子器件工艺、材料的迅速发展,器件集成度越来越高、功能越来越复杂,新型微电子器件不断涌现,各航天大国对微电子器件空间辐射环境适应性的研究日益重视。集成电路辐射效应敏感性与工艺特征尺寸密切相关,一般随着工艺尺寸减少,器件抗辐射能力也减弱。随着工艺技术的进步,微电子器件表现出特征尺寸更小、密度增加、信号电流更低、噪声容限减少、串扰增加等工艺技术特点,诱发器件氧化层泄漏越来越严重。随着高性能微电子器件大量采用130nm以下生产工艺,采用这些微电子器件执行关键功能的系统在任务辐射环境下产生空间辐射环境危害的概率越来越大。在这种趋势的推动下,提出空间辐射环境可靠性的要求是大势所趋。

可靠性的定义为“产品在规定的条件下、在规定的时间内完成规定的功能的能力”,空间辐射环境可靠性的定义为“产品在规定的空间辐射环境下、在规定的任务周期内,完成规定的功能的能力”。

其中“规定的空间辐射环境”指的是在任务过程中导致产品及其器件发生辐射效应的辐射环境,包括宇宙空间辐射环境、大气空间辐射环境和地面空间辐射环境。“规定的任务周期”指的是产品处于空间辐射环境下的工作时长,这决定了产品所接收辐射的总量。“规定的功能”指的是产品在空间辐射环境下所应该完成的功能和性能要求。

1.4　空间辐射环境试验

1.4.1　试验目的

开展空间辐射环境试验的目的是通过试验获取器件、设备,甚至是系统的辐射本征敏感特性,为评价、考核产品的空间辐射环境可靠性提供支撑数据。主要的本征敏感特性包括总剂量效应水平、位移损伤效应水平、重离子(和/或质子)单粒子效应饱和截面及能量阈值、中子单粒子效应的敏感截面等。这些数据可以通过地面模拟试验或真实环境试验获得。

1.4.2　地面模拟试验

1. 试验对象

根据试验对象的不同,可将试验分为器件级试验、设备级试验和系统级试验。图1-2所示为不同对象的试验对空间辐射环境可靠性评价的支撑关系。

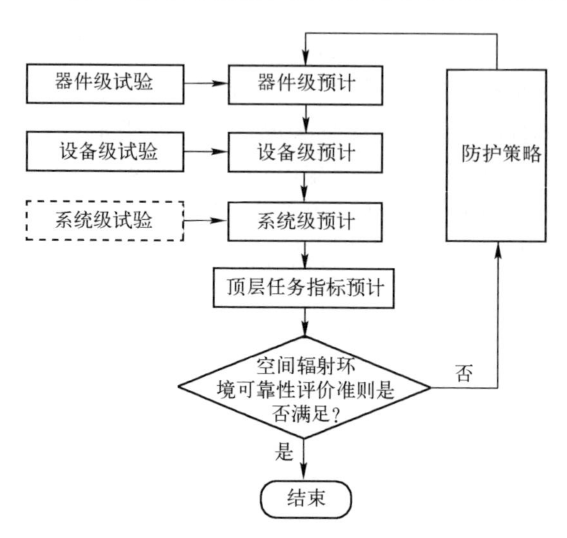

图 1-2　不同对象的试验对空间辐射环境可靠性评价的支撑关系

(1) 器件级试验。以单个器件为目标所进行的试验,是所有试验的基础。若有可能,卫星、飞机和地面系统中所有的辐射敏感器件都应进行器件级试验,特别是卫星系统。

(2) 设备级试验。以具有独立功能的设备为目标所进行的试验,多用于航电设备。

(3) 系统级试验。以具有完整功能的系统为目标所进行的试验,多用于航电系统,能够更好地反映飞机系统在大气空间辐射环境下的工作状态。

并非所有的任务系统均需要进行器件级试验、设备级试验、系统级试验。卫星一般主要进行器件级试验,少量的会进行功能板或设备级试验;飞机和地面系统一般要进行器件级和设备级试验,同时对系统级试验也会有一定的考虑。

2. 试验类型

空间辐射环境试验可分为以下类型。

(1) 总剂量效应试验。常使用钴 60γ 射线源进行地面模拟辐射,通过统计产品发生退化/失效时的剂量,计算其耐总剂量效应水平,多用于卫星的器件级试验。

(2) 位移损伤效应试验。常使用高能中子或质子辐射源进行地面模拟辐射,通过统计产品发生退化/失效时的等效中子/质子注量,计算其耐位移损伤效应水平,多用于卫星的器件级试验。

(3) 重离子或质子单粒子效应试验。常使用重离子或质子辐射源进行地面模拟辐射,通过统计同一器件在不同线性能量传输(LET)或能量下的失效情况,计算其单粒子效应饱和截面及能量阈值,多用于卫星的器件级试验。

(4) 中子单粒子效应试验。常使用 14MeV 单能中子辐射源进行地面模拟辐射,通过统计产品的失效情况,计算其中子单粒子效应的敏感截面。多用于飞机和地面系统的器件级与设备级试验,也可考虑用于系统级试验。

(5) 热中子和 α 粒子单粒子效应。这两种单粒子效应试验多用于地面系统的器件级与设备级试验,是对地面系统的中子单粒子效应试验的补充。

1.4.3 真实应用环境试验

之前所述的空间辐射环境试验类型均为地面模拟试验,即在不改变产品辐射失效机理的前提下,使用试验中的模拟辐射源,以高于真实条件的辐射剂量率或注量率条件,快速获得产品的敏感特性数据的试验。为了更准确地获得产品在真实任务环境下的辐射失效情况,还可以将产品置于真实的自然辐射环境下开展试验。开展真实环境试验的优点是:所获数据更贴近任务使用,更为真实可信。但是真实环境试验的缺点是耗时长,需要长期的累积数据。

目前,开展的真实环境试验可分为以下几类。

(1) 卫星搭载试验。在卫星中搭载相应的试验载荷,对目标器件进行卫星在轨的实时监测,以获得真实的宇宙辐射环境下单粒子效应、总剂量效应和位移损伤效应试验数据。

(2) 飞机飞行试验。选择特定的飞行航线,搭载目标器件在飞行过程中进行实时监测,以获得真实飞行环境下的中子单粒子效应试验数据。20 世纪 90 年代初,由 IBM 和波音公司合作开展的飞行试验就首次证明了中子单粒子效应的存在[22]。

(3) 地面自然辐射试验。选择特定的地点,在自然环境对产品进行实时监测,统计其故障现象和次数获得真实地面环境下的中子单粒子效应试验数据。典型的是 Xilinx 公司开展的 Rosetta 试验[23],其选择了不同海拔高度的地点,使用大量同款器件进行试验,统计计算器件在不同大气中子注量率下的故障次数和敏感截面。

1.5 空间辐射环境可靠性技术应用现状与发展趋势

1.5.1 空间辐射环境可靠性技术现状

1. 空间辐射环境可靠性技术在国外应用的情况

NASA 于 2013 年提出空间辐射环境可靠性的概念,采用空间辐射环境可靠性技术驱动商用器件在空间的应用。3D Plus 公司向全球提供非禁运商用产品,仅 2016 年初就有 10 万个模块上天飞行,并且 15 年来未出现过失效事件,其公开的解决方案为运用空间辐射环境可靠性技术对商用货架产品(COTS)进行加固,满足任务要求。2016 年 4 月,欧洲辐射效应 RADECS 试验技术研讨会上,众多欧洲小卫星制造商(如 EMXYS 公司)发布寻找空间辐射环境可靠性技术的需求。日本采用日产商用器件研制了"空间环境辐射可靠性验证综合系统"(SERVIS),2003 年至 2010 年先后发射了 2 颗全日产 COTS 器件卫星,通过多年天地对比应用验证,建立了 COTS 器件空间数据库与设计指南。

空间辐射环境可靠性技术可应用于地面计算机网络系统、高铁、电力系统、核电站、医疗设备,以及飞机、卫星等内部的关键电子设备,通过建立空间辐射环境可靠性指标,总量控制辐射危害,保障产品的任务指标的实现;定量控制空间辐射环境可靠性指标制定、分配与预计,避免过设计与欠设计;依据产品的任务指标分组、分级、分层次要求,分类定量指导器件选用与防护措施选用,定量掌握顶层任务指标成功实现的风险状态及动态变化情况,为权衡决策提供数据。

2. 空间辐射环境可靠性技术在国内已应用于航天与航空工程领域

相较于国外对于空间辐射环境可靠性技术研究的成熟,我国开展研究起步较晚。我国最早是在航天领域开展空间辐射环境可靠性技术的研究,以保障我国军用、民用卫星的在轨运行安全和任务完成。采用空间辐射环境可靠性技术,主要开展制定、分配空间辐射环境可靠性指标,开展地面器件级辐射效应试验,预计空间辐射环境可靠性指标,发现存在差距。根据差距,采取相应的辐射防护措施,之后再次预计在轨能否满足空间辐射环境可靠性指标的要求,开展航天卫星的辐射环境可靠性技术试验验证等工作。

此外,随着我国航空事业的不断发展,各类新型航空机载电子设备的应用,中子单粒子效应的危害日益受到关注。目前,我国已针对相关航空电子设备开展了全面的中子单粒子效应试验评价工作,暴露设计薄弱环节,指导研制单位开展优化设计,最终保证产品满足空间辐射环境可靠性要求。

1.5.2 空间辐射环境可靠性技术发展趋势

国内外空间辐射环境可靠性试验所采用的试验标准包括:用于单粒子效应试验的 GJB7242[24]、QJ10005[25]、ASTM F1192[26]、ECSS 25100[27];用于总剂量效应试验的 GJB548B 方法 1019.2[28]、QJ10004[29]、ECSS 22900[30];用于位移损伤效应试验的 GJB548B 方法 1017[31]等。不管是采用哪一种试验标准,均要针对产品的任务要求对试验程序、试验方法、试验条件、评判依据等要素进行适当的裁剪和选择。对于产品任务要求和指标的理解与确定会影响空间辐射环境试验结果的准确应用。

目前,国内对空间辐射环境试验设计的任务要求输入还比较粗放。如国内在针对卫星设备或器件设计试验时,一般仅考虑卫星所在轨道及任务周期长度等输入条件，而以这种输入条件设计试验所获得数据在指导产品设计时就可能导致产品的过设计或欠设计。因此，这种“粗放型”的试验设计方针往往导致成本的大量浪费，另一方面也可能导致产品未能达到实际的任务要求。例如，COTS 在商用小卫星上的推广应用：COTS 器件本身具有成本低、高性能、开发工具齐全、容易获得等优点，但是现有商用小卫星设计师采用的可靠性预计方法（如 GJB299）中没有包括电子元器件的空间辐射环境效应，在没有理论依据的情况下就可能导致过设计与欠设计同时存在的现象，存在任务风险。因此，就需要有一套科学的空间辐射环境可靠性技术指导商用小卫星的设计和商业器件的选用。

国际上对于产品的顶层要求和指标细化则相对而言更为明确。这是由于在空间辐射环境应力下，不同的半导体器件会产生不同的辐射失效现象，如 CPU、DSP、FPGA 和 RAM 这样的数字器件会发生单粒子效应，数字器件和线性器件通常会发生总剂量效应（TID），光电器件会发生位移损伤效应（DD）。TID 和 DD 会导致硬失效，而单粒子效应（SEE）可能会导致硬失效和软失效。这些不同的效应现象需要不同的顶层指标加以控制，而且这些不同的顶层任务指标之间可能会有 1 个数量级的差距甚至更多。例如，1 颗 GPS 卫星顶层任务指标就包括非计划中断短期硬失效 MTBF 约为 0.5 年、计划中断长期硬失效 MTBF 为 7.5 年、非计划中断长期硬失效 MTBF 为 15 年、非计划中断短期软失效 MTBF 为 11.4~15 年。以不同的产品和不同的任务要求作为输入条件设计试验，可以使得试验的效果和目的更为集中，这是一种“集约型”的试验设计方针，可以大大节约成本并有效地提高产品的可靠性。

参考文献

[1] TABER A, NORMAND E. Single Event Upset in Avionics[J]. IEEE Transactions on Nuclear Science, 1993, 40(2): 120-126.

[2] JESD89A. Measurement and Reporting of Alpha Particle and Terrestrial Cosmic Ray-induced Soft Errors in Semiconductor Devices[S]. Arlington, V. A.: Joint Electron Device Engineering Council, 2006.

[3] IEC 62396-1. Process Management for Avionic-Atmospheric Radiation Effects-Part 1: Accommodation of Atmospheric Radiation Effects via Single Event Effects within Avionics Electronic Equipment[S]. Geneva: International Electrotechnical Commission, 2016.

[4] GATES M, LABEL K. A Systems Engineering Approach to the Design of Survivable Electronics for the Natural Space Ionizing Radiation Environment[C]// Aerospace Sciences Meeting & Exhibit, 1995.

[5] MIL-HDBK-217F. Reliability Prediction of Electronic Equipment[S]. 1990-1.

[6] MIL-HDBK-814. Ionizing Dose and Neutron Hardness Assurance Guidelines for Microcircuits and Semiconductor Devices[S]. 1994-2.

[7] MIL-HDBK-815. Dose-rate Hardness Assurance Guidelines[S]. 1994-11.

[8] MIL-HDBK-816. Guidelines for Developing Radiation Hardness Assurance Device Specifications[S]. 1994-12.

[9] MIL-HDBK-817. System Development Radiation Hardness Assurance[S]. 1994-2.

[10] GJB/Z 299C. 电子设备可靠性预计手册[S]. 2006.

[11] LABEL K, MORAN A, HAWKINS D, et al. Single Event Effect Proton and Heavy Ion Test Results in Support of Candidate NASA Programs[C]// Radiation Effects Data Workshop. IEEE, 2002.

[12] SHAVER E J, WALKER P G, RUSSELL M S, et al. Hardened Subminiature Telemetry at the AEDC[J]. Los Angeles, C. A. : AIAA. 2012.

[13] LABEL K A, MORAN A K, SEIDLECK C M, et al. Single Event Effect Test Results for Candidate Spacecraft Electronics[C]// Radiation Effects Data Workshop. IEEE, 1997.

[14] 丁利平. 美国空军在飞机型号研制中开展可靠性维修性保障性工作的做法与启示[C]// 中国航空学会航空维修工程专业委员会年会. 2002.

[15] NORMAND, E. Single-event Effects in Avionics[J]. IEEE Transactions on Nuclear Science, 1996, 43(2): 461-474.

[16] ZIEGLER J F, SRINIVASAN G R. Terrestrial Cosmic Rays and Soft Errors[J]. IBM Journal of Research and Development, 1996, 40: 19-39.

[17] NORMAND, E. Single Event Upset at Ground Level[J]. IEEE Transactions on Nuclear Science, 1996, 43(6): 2742-2750.

[18] CISCO. Cisco 12000 Single Event Upset Failures Overview and Work around Summary [EB/OL]. 2003-4-15. Http://www. cisco. com/en/US/ts/fn/200/fn25994. html.

[19] First Record of Single-Event Upset on Ground, Cray-1 Computer at Los Alamos in 1976[J]. IEEE Transactions on Nuclear Science, 2010, 57(6): 5658018.

[20] MICHALAK S E, HARRIS K W, HENGARTNER N W, et al. Predicting the Number of Fatal Soft Errors in Los Alamos National Laboratory's ASC Q Supercomputer[J]. IEEE Transactions on Device and Materials Reliability, 2005, 5(3): 329-335.

[21] MICHALAK S E, DUBOIS A J, STORLIE C B, et al. Assessment of the Impact of Cosmic-Ray-Induced Neutrons on Hardware in the Roadrunner Supercomputer[J]. IEEE Transactions on Device and Materials Reliability, 2012, 12(2): 445-454.

[22] TABER A, NORMAND E. Single Event Upset in Avionics[J]. IEEE Transactions on Nuclear Science, 1993, 40(2): 120-126.

[23] SWIFT G M. 1st Consortium Report Virtex 2 Static SEU Characterization[R]. California, America, 2004.

[24] GJB 7242. 单粒子效应试验方法和程序[S]. 2011.

[25] QJ 10005. 宇航用半导体器件重离子单粒子效应试验指南[S]. 2008.

[26] ASMTM F1192. Standard Guide for the Measurement of Single Event Phenomena (SEP) Induced by Heavy Ion Irradiation of Semiconductor Devices[S]. 2011.

[27] ESCC 25100. Single Event Effects Test Method and Guidelines[S]. Paris: European Space Agency, 2002.

[28] GJB 548B. 微电子器件试验方法和程序[S]. 2005.

[29] QJ 10004. 宇航用半导体器件总剂量辐照试验方法[S]. 2008.

[30] ESCC 22900. Total Dose Steady-State Irradiation Test Method[S]. Paris: European Space Agency, 2010.

[31] GJB548B. 微电子器件试验方法和程序[S]. 2005.

第2章

空间辐射环境危害与应力分析

2.1 空间辐射环境辐射源

根据1.3节的描述,空间辐射环境[1,2]按照作用范围和作用对象的任务范围不同,可将空间辐射环境分为宇宙空间辐射环境、大气空间辐射环境和地面空间辐射环境。不同空间辐射环境下,空间辐射源也会有些许差异。表2-1所列为空间辐射环境的主要空间辐射源与辐射粒子。

表2-1 主要空间辐射源与辐射粒子

空间辐射范围	空间辐射源	主要粒子	能量
宇宙空间辐射环境	银河宇宙射线	重离子和质子	~GeV
	太阳宇宙射线	质子和重离子	<800MeV
	地球捕获带	外带:电子 内带:质子	电子:3~5MeV 质子:<700MeV
大气空间辐射环境	大气辐射	高能中子	1~1000MeV
地面空间辐射环境		热中子	~0.025eV

通常情况下,空间辐射环境中各高能粒子的覆盖范围如图2-1所示。其中,宇宙空间辐射环境中的辐射源主要为银河宇宙射线、太阳宇宙射线及地球捕获带中的高能粒子;大气空间辐射环境中的辐射源则为初级宇宙射线与大气层中的氮原子与氧原子相互作用后产生的各种带电的和中性的次级粒子。因此,大气辐射仅存在于大气层环境范围。

空间辐射环境辐射粒子除了在表2-1所示的空间辐射范围内活动外,还存在着两种动态变化规律:一是随着太阳的变化规律以大约11年为一个周期呈现强弱变化;二是随着太阳爆发形成短时高能量高注量的粒子辐射。

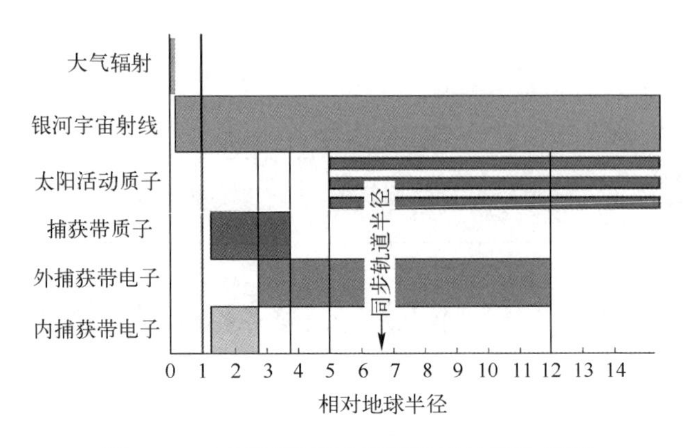

图 2-1　空间辐射环境辐射粒子的覆盖范围

空间辐射环境辐射粒子的第一种动态变化规律示意图如图 2-2 所示。太阳的周期性活动分为活跃期(中间 6 年)和宁静期(开头和结尾的 2.5 年)。在太阳活动的活跃期,太阳宇宙射线通量增加,银河宇宙射线通量减少;在太阳活动的宁静期正好与之相反。因此,银河宇宙射线粒子通量与太阳事件粒子通量成相互制约的趋势,此消彼长。如图 2-3 所示,在太阳活跃期内,银河宇宙射线的重离子注量率低于太阳宁静期内的注量率。

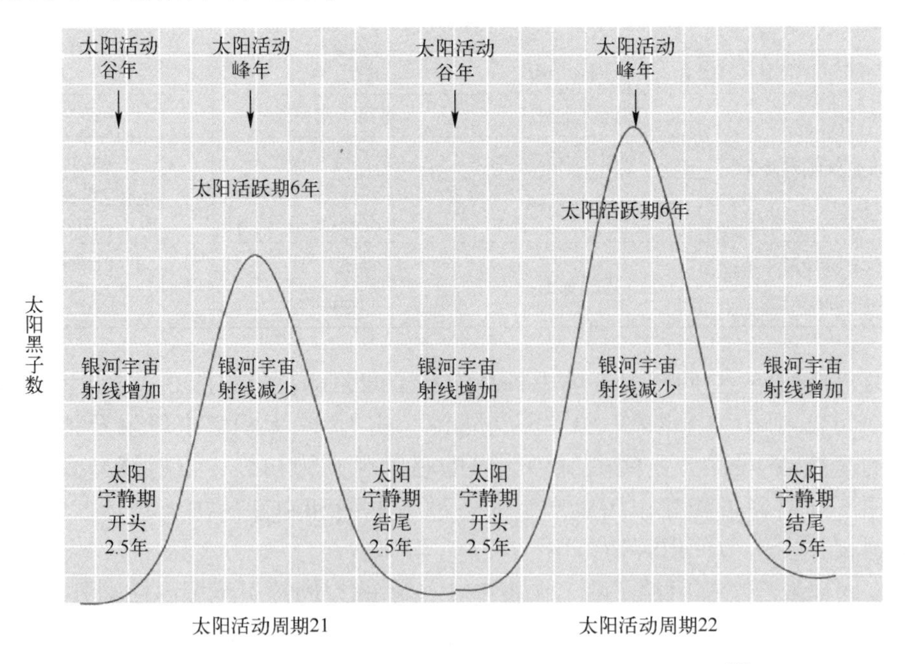

图 2-2　空间辐射环境辐射粒子的第一种动态变化规律[3]

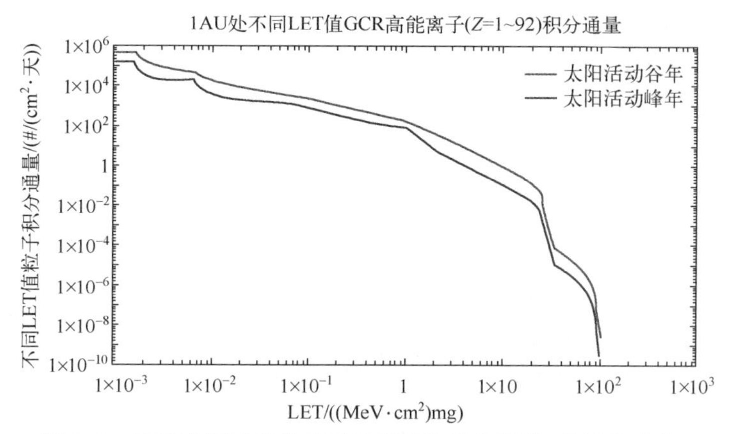

图2-3　不同太阳活动条件下重离子注量率能谱(彩插见书末)

空间辐射环境辐射粒子的第二种动态变化规律示意图如图2-4所示。在太阳活动的整个周期内,太阳会出现一定次数的爆发,如太阳耀斑或日冕抛射,会喷射出高能粒子。这种高能粒子虽然持续时间短,但却会使空间中高能粒子的注量率显著提高。太阳爆发也会加剧大气中子的产生,使大气中子注量率增加。1989年9月的太阳耀斑,在12km、截止刚度为0GV和3GV的地区,会分别增加41倍和1.6倍;在17km,则分别增加73倍和2.4倍[4]。

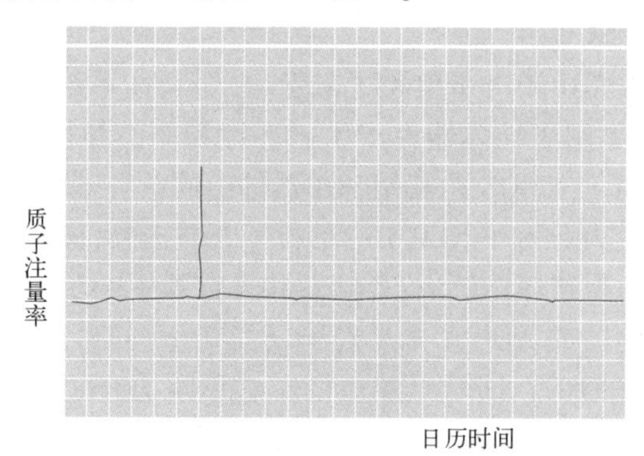

图2-4　空间辐射环境辐射粒子的第二种动态变化规律[5]

2.2　空间辐射环境效应及危害分析

2.2.1　宇宙空间辐射环境效应及危害分析

在太空中绕地球运行的卫星按照距地面的高度距离可分为低轨道(LEO)卫星、中轨道(MEO)卫星和地球同步轨道(GEO)卫星。不论是哪一种卫星在宇宙空间辐射环境下都有可能出现表面材料降解、电子器件退化、太阳能电池退化、内部数据错误等故障现象[6]，如图 2-5 所示。这些故障现象轻者导致卫星出现短时的功能中断，重者可能导致卫星的直接报废，严重影响卫星正常的任务功能。

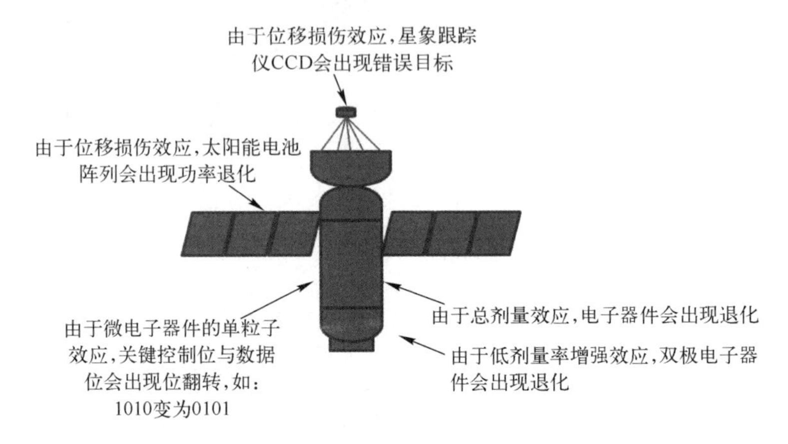

图 2-5　空间辐射环境对卫星的危害示意图

根据空间辐射导致的故障机理和现象，主要将卫星的空间辐射效应[7,8]归结为 3 类，分别为单粒子效应、总剂量效应、位移损伤效应。

1. 单粒子效应(SEE)

单粒子效应[9-11]是由单个带电粒子击穿电子器件/系统的 PN 结而产生的，为瞬态效应，会诱发卫星用半导体器件产生破坏性和非破坏性效应。如 CMOS 电路中的单粒子闩锁(SEL)、NMOS 尤其是 SOI 器件中的单粒子快速反向(SESB)、单粒子栅穿(SEGR)、线性器件和 FPGA 中的单粒子介质击穿(SEDR)、功率器件中的单粒子烧毁(SEB)等均为破坏性效应；存储器和寄存器中的单粒子翻转(SEU)、控制电路如处理器和存储器或 ADC 中的单粒子功能终止(SEFI)、SRAM 和 DRAM 器件中的单粒子硬错误(SEHE)、线性电路中的单粒子瞬态(SET)、数字电路中的单粒子扰乱(SED)为非破坏性效应。不同类型单粒子效应分类及敏感器件如表 2-2 所列。

表 2-2　产生破坏性和非破坏性效应不同类型单粒子效应分类及敏感器件

类　型	现象描述	敏感器件
SEL	单个高能粒子入射器件，引发内部寄生可控硅结构开启，形成反常的低电阻、大电流的现象	微处理器、FPGA、存储器、DSP 等器件(CMOS、BiCMOS、双极工艺器件)
SESB	横向 NPN 晶体管通过正反馈触发的破坏性现象	N 沟道 MOSFET 结构，SOI 器件

续表

类　型	现象描述	敏感器件
SEGR	单个电离粒子通过栅氧化层高电场区域形成触发的通路	N 沟道和 P 沟道功率 MOSFET、非易失性 NMOS 结构、高密度存储器和集成电路、线性器件
SEDR	单个电离粒子通过电介质的高电场区域形成可触发的通路	
SEB	单个高能粒子入射引起功率器件或其他器件烧毁	BJT,N 沟道功率 MOSFET
SEU	由于单个高能粒子入射引起单元逻辑状态改变	存储电路或超大规模逻辑器件,Si CMOS 、双极,SOI 对此很敏感
MCU	由于单个辐射粒子入射引起多个单元逻辑状态改变	DRAM/SDRAM
SEFI	单个高能粒子入射器件特殊节点,导致功能暂时不能实现	现代工艺存储器(Flash-EPROM、EEPROM、DRAM、SDRAM),FPGA,ADC,处理器,DSP
SEHE	单个高能粒子入射引起器件永久性损伤	DRAM、SDRAM
SET	由于单个高能粒子入射诱发电路中出现虚假信号或电压,这些电信号可在一个时钟周期内沿电路传播	线性电路(运算放大器、比较器、电压调节器、脉宽调制器、ADC)、光电器件(光耦)
SED	引起组合逻辑输出错误	组合逻辑器件(开关、总线驱动器、逻辑栅)、时钟、相同步逻辑(PLL)、异步控制信号(ASIC、处理器、存储器、FPGA)

卫星单粒子效应主要由宇宙空间中的重离子和高能质子诱发产生,有两种作用途径产生单粒子效应,即直接电离和非直接电离。重离子一般通过直接电离的方式诱发单粒子效应[12],如图 2-6(a)所示,沿入射径迹电离产生大量的电子-空穴对,被激发的电子-空穴对在电压作用下被收集,如果被收集的电荷数大于临界电荷,电路的状态可能发生翻转,产生单粒子事件。质子一般通过非直接电离的方式诱发单粒子效应[13],如图 2-6(b)所示,高能质子入射器件后与硅发生核反应,产生次级粒子,次级粒子沿散射的方向激发电子-空穴对,被激发的电子-空穴对在电压作用下被收集,如果被收集的电荷数大于临界电荷,电路的状态可能发生翻转,产生单粒子事件。

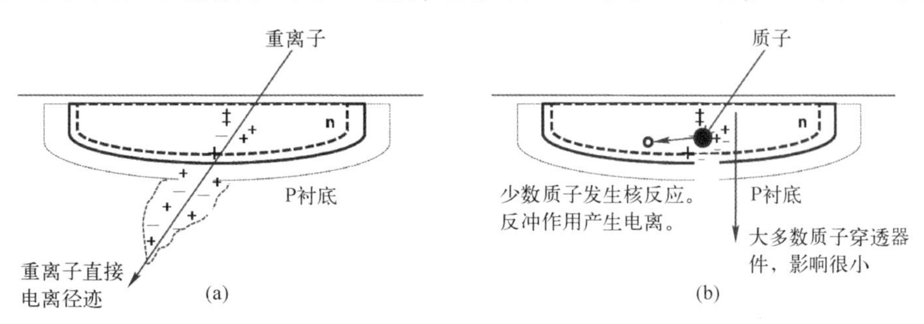

图 2-6　单粒子效应物理过程示意图

(a) 重离子直接电离;(b) 质子与器件发生核反应产生次级粒子。

2. 总剂量效应(TID)

总剂量效应是一种累积效应。产生总剂量效应的粒子源有捕获带中的电子和质子以及太阳风中的质子。总剂量效应会引起半导体器件的阈值漂移、泄漏电流和时序偏差等参数的退化,最终会导致器件的功能失效,是一种破坏性效应[14-16]。

TID 失效机理主要由以下 4 个物理过程组成,分别是电离辐射至电子-空穴对产生、氧化层中的空穴输运、氧化层空穴深度俘获及其退火和辐射导致的 $Si-SiO_2$ 界面态产生。其中前两个过程为短期效应,后两个过程为长期效应,如图 2-7 所示。

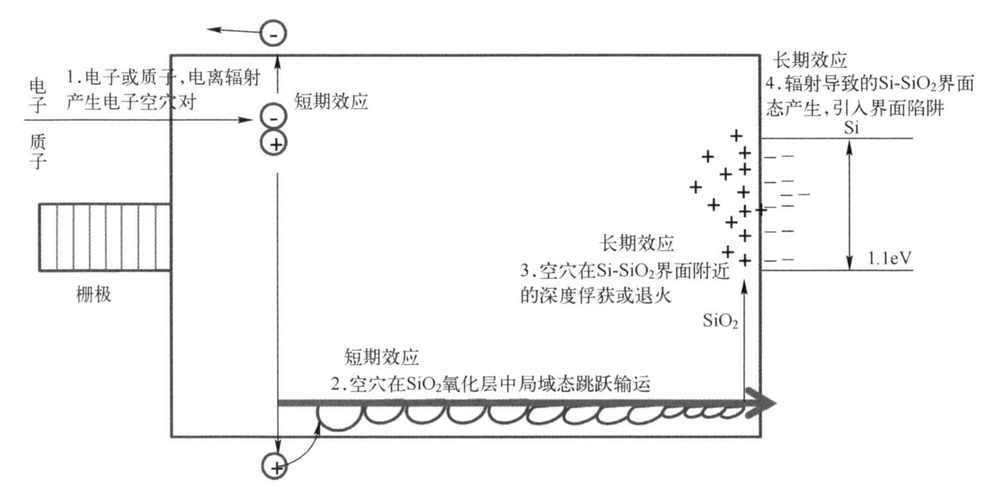

图 2-7 总剂量效应物理过程示意图

3. 位移损伤效应(DD)

高能粒子(中子、质子等)入射器件,与晶格中的原子核发生碰撞,使晶格原子离开正常点阵位置,形成缺陷[17],如图 2-8 所示。

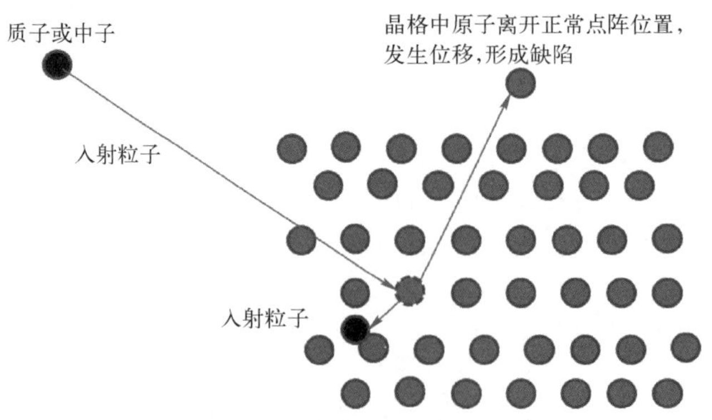

图 2-8 位移损伤效应物理过程示意图

这些缺陷会在禁带中引入新的能级，改变少数载流子寿命、掺杂浓度及载流子迁移率，导致器件电参数发生变化。缺陷能级可能引起电子-空穴对的产生、复合，载流子俘获，施主或受主补偿，载流子遂穿等效应，图 2-9 显示了这几种基本效应。

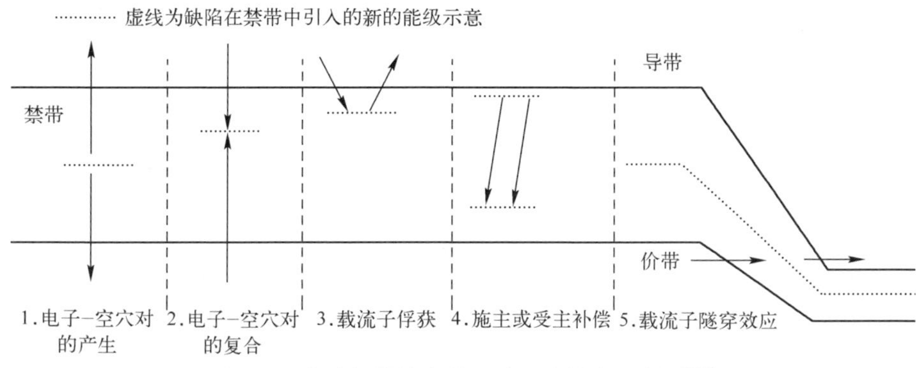

图 2-9　位移损伤效应的几种基本效应示意图[14]

2.2.2　大气空间辐射环境效应及危害分析

带有存储结构复杂微电子器件的机载电子设备在飞行高度 3000~20000m 的自然空间环境中必然会遭遇大气中子[18,19]。这些大气中子的主要能量范围为 0.025eV~1000MeV，每小时每平方厘米大约 300~18000 个[20]，其穿透力强，金属材料几乎没有阻挡作用，因此，会穿透机舱蒙皮，打在机载电子设备的核心关键指令控制单元或关键数据存储单元上，产生软错误、硬错误或硬失效，导致导航（导航接收机）、雷达探测系统、数据网络（AFDX 网络交换机）、通信（光纤/总线）、高速计算机系统、航空电子设备、发动机控制系统（FADEC）、电子传动系统、自动驾驶技术、飞行告警、显示屏、其他含有复杂微电子器件的航空电子设备出现黑屏、死机、复位、重启、数据丢失、命令错误等故障危害，如图 2-10 所示。会造成飞机安全等级降级，甚至产生安全等级事故，还会影响维修性与可用性，直接影响飞机的可靠性与安全性。“不明原因”与“不可复现”是中子辐射危害的典型特征。国内外试验表明，一般性防护（如加金属屏蔽等）对中子辐射应力的衰减作用极小。

1991 年至 1992 年，在美国海军实验室、美国核能局的资助下，IBM 与波音公司采用 E-3 预警机、ER-2 高空地球科学飞机、F4 战斗机等军用民用飞机进行了飞行试验，首次以官方方式公开证实机载电子设备大气中子辐射效应（主要为大气中子单粒子效应，Neutron Single Event Effect，简称 NSEE）真实存在[21]。1995 年，空客公司发布 NSEE 防护指标要求；1998 年，波音公司开展大型运输机 C-17 NSEE 防护补课工作[22]。2000 年左右，洛克希德 · 马丁公司分析了 1986 年至 1999 年 17 架军用与商用飞机系统，以及 NSEE 与首飞年代的关系，发现系统 NSEE MTTF 从 100h 左右降至 3~5h；2001 年，NASA 无人机高空试验也表明 MTTF 为小时量级；

2007 年,美国联邦航空局白皮书也同样表明,MTTF 为小时量级。找到了微电路大气中子单粒子效应对航空电子设备的顶层指标(如安全性、可靠性、维修性、可用性)的影响因果链。从表 2-3 中可以看出,以 FPGA、CPU、SRAM 为代表的关键微电路[23,24]是航空电子系统大气中子单粒子效应的危害根源,评价其对航空电子系统的顶层指标的影响,需要一套评价 FPGA、CPU、SRAM 大气中子单粒子效应敏感特性的试验评价方法。

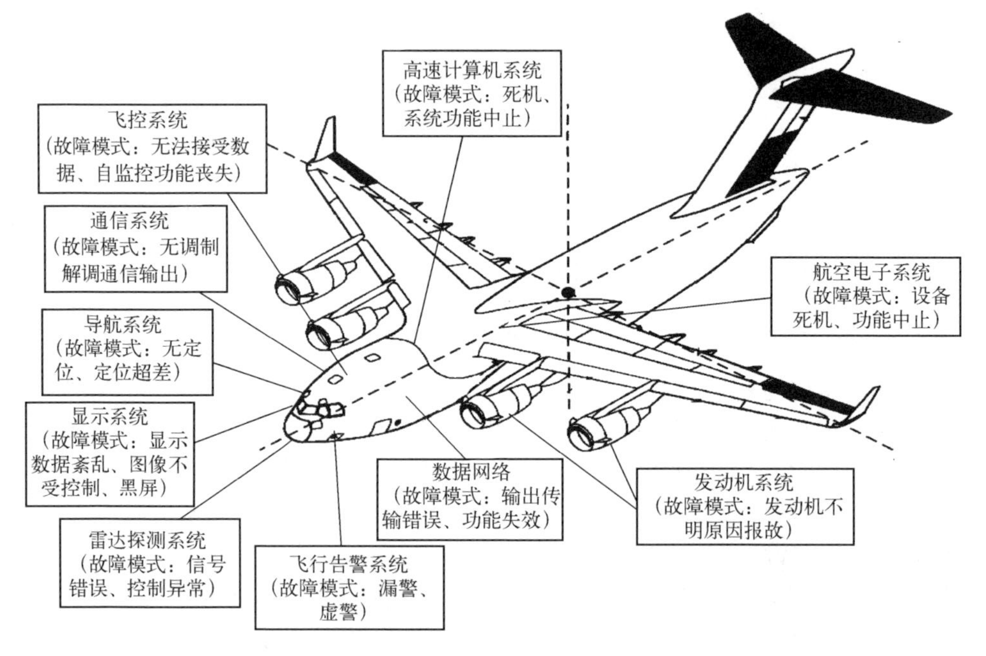

图 2-10　大气中子辐射效应对航空电子设备的危害影响

表 2-3　大气中子单粒子效应对飞机可靠性与安全性的影响

影响的核心关键系统	敏感器件	故障现象	危害影响
1. 导航(导航接收机)	CPU、FPGA、DSP、SRAM、DRAM 等	死机、数据丢失、失去控制、预警失灵、不明原因设备失效、瞬态脉冲、引擎起火等	可靠性降低,会影响安全性、维修性与可用性
2. 雷达探测系统			
3. 数据网络(AFDX 网络交换机)			
4. 通信(光纤/总线)			
5. 高速计算机系统			
6. 航空电子设备			
7. 发动机(FADEC)			
8. 电传系统(Fly By Wire)			
9. 自动驾驶技术			
10. 飞行告警			
11. 显示屏			
12. 其他含有复杂微电子器件的系统			

研究分析认为中子单粒子效应是航空电子系统中微电路的主要危害因素，一般情况下，总剂量电离效应与位移损伤效应可以忽略不计。

1. 单粒子效应(SEE)

单粒子效应是由单个高能粒子与微电路相互作用在器件内部沉积能量而产生的。能量沉积，直接或间接，会产生不断被收集的电荷。当入射粒子是带电粒子(如宇宙射线重离子)时，粒子在沉积能量的过程中通过电离周围的硅原子而直接产生电离作用。粒子释放能量的能力越大，其沉积的能量越多(沉积能量用 LET 线性能量传输表征，即能量/路径长度)，其释放的电荷就越有可能足以导致单粒子效应。当入射粒子是中性时(如中子)，粒子首先与器件工作区域附近或工作区域内部的原子发生核反应，产生具有能量的反冲原子，即反冲子，将能量沉积(间接)进入周围的硅原子。大气空间辐射环境诱发的单粒子效应，主要是中子单粒子效应。

在航空电子设备中，自 20 世纪 90 年代初就在飞机使用的电子器件中观察到了单粒子效应。在相关文献中，记录了存储器中单粒子翻转现象。虽然不是所有的，但是绝大多数的单粒子翻转现象都归因于大气中子。在过去十几年间，随着飞机中对单粒子翻转敏感的总体 bit 位数量呈几何级增长(原因一是每个器件 bit 位增加，原因二是复杂功能需要更多的存储器)，诱发的单粒子翻转数量也同步增长。因此，研究分析表明，单粒子效应是航空电子系统中微电路的主要危害因素。

1) 微电路大气中子单粒子效应敏感特性机理

最典型敏感微电路诱发大气中子单粒子效应的敏感区域主要为带有存储结构的存储单元。这类基本存储单元是双稳态触发器，组成双稳态触发器的结构有多种，常见的如图 2-11 所示。

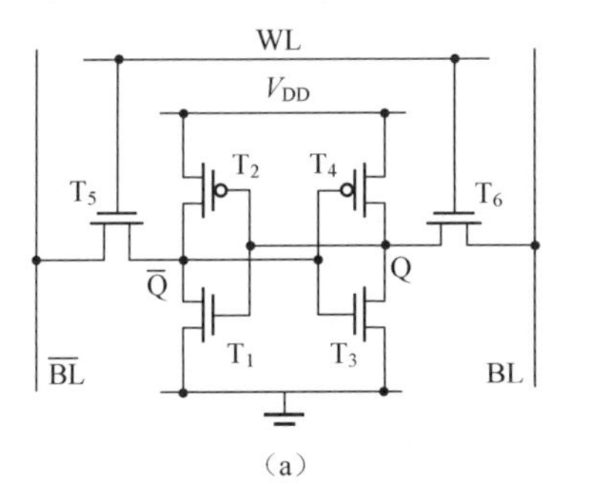

(a)

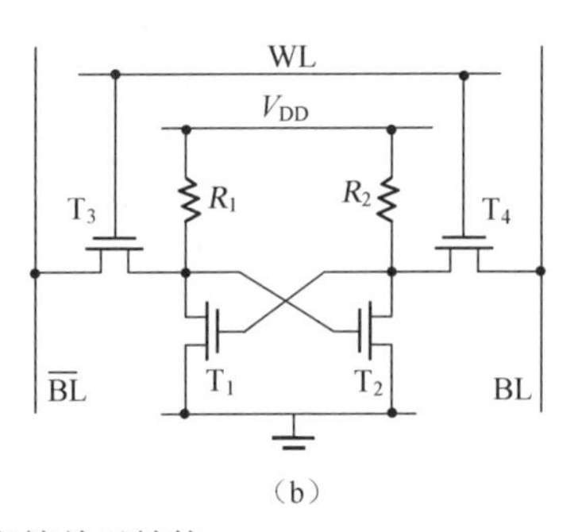

(b)

图 2-11　SRAM 存储单元结构
(a) 6T 结构；(b) 4T-2R 结构。

单个高能中子射入半导体器件.通过与半导体材料硅相互作用产生重离子(反冲子)，在截止管的漏区反偏 PN 结的空间电荷区(敏感区)内沉积能量，产生电子-空穴对。敏感区的电场使电子空穴对分离，并被电极收集，形成瞬态电流。单个高能粒子在 PN 结内(如漏极)引发短期电流脉冲，如果在一个 CMOS 存储单元(存储器或 flip-flop)漏极收集的电荷超过切换电路所需的临界电荷,电路将改变状态(如 1 变成 0 或 0 变成 1),先前存储的信息将失去,这就是单粒子翻转效应。大气中子单粒子效应原理图[25]如图 2-12 所示。

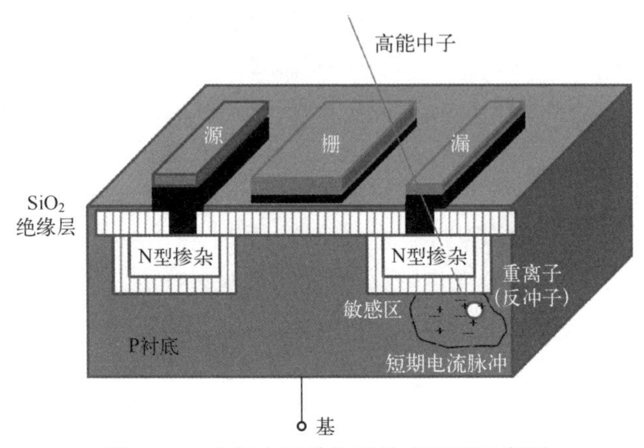

图 2-12　大气中子单粒子效应原理示意图

2) 大气中子单粒子效应一览表

微电路因工艺结构的不同会对其中一种或几种效应[23]敏感,如表 2-4 所列。

表 2-4　敏感器件单粒子效应敏感特性一览表

器件类型	工艺	器件类别	功能	SEU	MBU/MCU	SET	SEFI	SEL	SEGR	SEB	SHE
集成电路	CMOS BiCMOS SOI	数字	SRAM	√	√	—	—	√*	—	—	√
			DRAM/SDRAM	√	√	—	√	√*	—	—	√
			FPGA	√	—	—	√	√*	—	—	—
			EEPROM/Flash Memory	√	—	—	√	√*	—	—	—
			微处理器/微控制器	√	—	—	√	√	—	—	√
		混合信号	ADC	√	—	√	√	√*	—	—	—
			DAC	√	—	√	√	√*	—	—	—
		线性	—	—	—	√	—	√*	—	—	—
	双极	数字	—	√	—	—	√	—	—	—	—
		线性	—	√	—	—	√	—	—	—	—
光电器件	—	—	光耦	—	—	√	—	—	—	—	—
			CCD	—	—	√	—	—	—	—	—
	—	—	APS(CMOS)	—	—	√	√	√	—	—	—

续表

器件类型	工艺	器件类别	功能	SEU	MBU/MCU	SET	SEFI	SEL	SEGR	SEB	SHE
高压器件(通常工作电压大于200V)	N-channel power MOSFET	—	—	—	—	—	—	—	√	√	—
	P-channel MOSFET	—	—	—	—	—	—	—	√	—	—
	IGBTs	—	—	—	—	—	—	—	—	√	—
	双极功率晶体管	—	—	—	—	—	—	—	—	√	—
	二极管	—	—	—	—	—	—	—	—	√	—
* SOI 工艺除外											

3)最典型敏感微电路大气中子单粒子效应

经研究 JEDEC 89A《α 粒子和地面银河宇宙射线在半导体器件中诱发软错误测量报告》[26],美国 Los Alamos 试验报告、Xilinx 试验报告等,结合国内工程应用具体情况,常用的微电路中最典型的敏感微电路主要包括 SRAM 型 FPGA、Power PC 微处理器、SRAM 等。这几类微电路最突出的主要问题是单粒子翻转(SEU)。

其中,SRAM 型 FPGA 中对单粒子翻转效应比较敏感的功能块为配置位 CLB、块存储器 BRAM。CPU 中对单粒子翻转效应比较敏感的功能块为缓存器 Cache,SRAM 中对单粒子翻转效应比较敏感的功能块为每一个存储位。如表 2-5 所列为微电路主要敏感功能块与最主要敏感效应。

表 2-5　微电路主要敏感功能块与最主要敏感效应

序　　号	微　电　路	主要敏感功能块	主要大气中子单粒子效应
1	SRAM 型 FPGA	配置位 CLB	SEU
		块存储器 BRAM	SEU
2	Power PC 微处理器	缓存器 Cache	SEU
3	SRAM 存储器	存储单元	SEU

2. 总剂量电离效应[4]

过去 20 年的数据表明,大多数器件,包括商用货架(COTS)器件的 TID 阈值都高于 1krad(Si)。航空用器件在标准的寿命周期(10 万飞行小时)内接收到的总剂量水平接近 40rad (Si),远小于器件的 TID 阈值。因此,TID 对于航空电子设备来说通常不是一个问题。

3. 位移损伤效应[4]

基于数十个器件位移损伤的试验数据,导致器件出现位移损伤效应的最低有效中子注量下限是 $1\times10^{10}/cm^2$。航空用器件在标准的寿命周期(10 万飞行小时)内接收到的中子注量约为 $8\times10^3/(cm^2\cdot h)$,低于导致出现位移损伤效应的中子注量下限。因此,位移损伤效应对于航空电子设备来说通常也不是一个问题。

2.2.3 地面空间辐射环境效应及危害分析

地面空间辐射环境会引起计算机系统的电路发生单粒子效应软错误,主要包括单粒子翻转、多位翻转和单粒子闩锁等,导致器件产生非永久损坏,电路出现故障、系统崩溃和静默式数据篡改等危害。地面空间辐射环境的危害辐射源主要包括高能中子和热中子,辐射敏感电子器件包括中央处理器 CPU、现时可编程逻辑阵列 FPGA、异步随机存储器 SRAM 和 VDMOS 等器件。在电子设备中可能会产生 8 类单粒子瞬态效应,包括单粒子翻转 SEU、单粒子闩锁 SEL、单粒子功能中止 SEFI 等,引发用户端设备的软错误、硬错误、固定错误 3 种故障,最终影响设备和系统的安全性、可靠性、维修性和可用性指标要求。

高能中子和热中子引起的地面计算机系统单粒子效应描述如下。

高能中子:当宇宙射线进入大气层,和大气中的原子核发生碰撞,产生多种次级粒子,其中只有小部分粒子能够到达地面。到达地面的宇宙射线中的粒子主要是高能中子,高能中子和器件中的 Si 原子核及其他原子核发生激烈核反应。核反应又产生了大量的二级粒子包括质子、中子、α 粒子和反冲重原子核。其中一些二级粒子有非常强的电离能力,它们撞击敏感器件后在 Si 中产生了大量的自由电子-空穴对。这些激发的电荷被电场收集在 PN 结中,在电路中产生一个电流脉冲。这些电流脉冲可以达到一定的强度,足以改变某些电路中的数据状态。导致电路中的数据状态 0 或 1 的改变,这些数据改变可能导致配置数据的改变或导致逻辑状态的改变,从而引发电路的突发错误,称为软错误。高能中子诱发的单粒子效应存在反应阈值,只有中子能量高于阈值时才会诱发单粒子效应,该阈值的量级在 MeV。

热中子[26]是由于大量高能中子与周围介质发生多次碰撞后,中子的速率减少到大约与周围介质分子的平均动能相似的水平。热中子是因与周围介质分子(或原子)处于热平衡状态而得名的。热中子与集成电路中的同位素硼 10 的相互作用产生 α 粒子和锂粒子。

热中子和硼 10 反应产生的 α 粒子和锂粒子都有很强的电离效应,从而使得器件产生单粒子翻转。因此,能量在 0.4eV 以下的中子也会诱发器件产生单粒子效应[27]。

2.3　空间辐射环境应力分析

2.3.1　宇宙空间辐射环境应力分析

2.3.1.1　GEO

GEO 高度约为 35786km，此时，卫星绕地公转角速度与地球自转角速度相同实现同步，当轨道面与赤道面重合，即轨道倾角为 0°时，卫星的星下点位置不变，此时的轨道称为地球同步静止轨道。

在 2.1 节辐射源的分析中，GEO 的空间辐射主要为银河宇宙射线的重离子和质子、太阳宇宙射线的质子、地球捕获带的外捕获带电子。主要的辐射效应为单粒子效应、总剂量效应、位移损伤效应。由于 GEO 与地球距离较远，地磁场的强度较弱，因此，该轨道的空间辐射环境易受到太阳活动的周期性变化影响。

1. 单粒子效应的环境应力分析

GEO 卫星的单粒子效应主要由银河宇宙射线（GCR）和太阳粒子事件中的重离子与质子引起的。重离子和质子入射卫星内部，受卫星蒙皮和结构的影响下粒子能量和注量率都有所降低，因此，在分析空间辐射应力环境时，需考虑卫星的屏蔽作用。

1）银河宇宙射线

银河宇宙射线[28]（GCR）包括了从 $Z=1$ 至 $Z=92$ 的所有元素，在假定屏蔽厚度为 4mm 铝的条件下，运用 CREME96 模型，进行 LET 积分谱分析。CREME96 模型的准确率为 25%~40%，推荐使用太阳谷年期间的 LET 积分谱。仿真分析结果如图 2-13 所示。

2）太阳粒子事件

太阳粒子事件[29]主要是指太阳耀斑和日冕物质抛射。太阳粒子事件包含重离子和质子，在假定屏蔽厚度为 4mm 铝的条件下，运用 CREME96 模型，分别对重离子和质子进行能谱分析，给出最劣 5min 平均值（Average over Peak）、最劣天平均值（Average over Worst Day）、最劣周平均值（Average over Worst Week）3 种情况下的太阳重离子的 LET 谱，如图 2-14 所示。

2. 总剂量效应的环境应力分析

该轨道任务周期内的总剂量主要是由太阳粒子事件的质子和外捕获带中的电子贡献的。根据表面入射的高能粒子注量，以实心球几何屏蔽模型为假设，应用

SHIELDOS-2 程序,对任务周期内的总剂量进行分析评估。在分析过程中太阳质子事件的置信度为 90%,地球电子捕获带取平均值。实心球几何屏蔽模型代表了卫星内累积剂量的上边界值,一般作为最高水平要求提出。图 2-15 所示为 GEO 轨道下每年总剂量的分布情况。

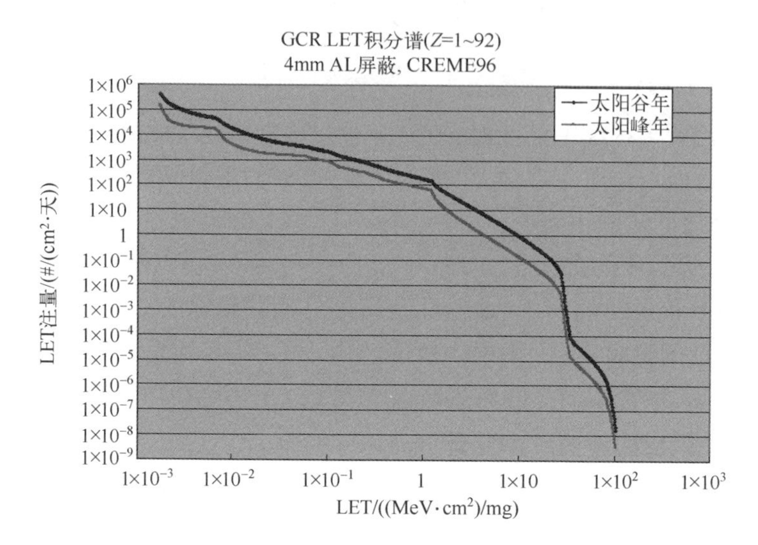

图 2-13　GEO 的 GCR LET 积分谱(假设卫星发射在 2012 年,周期 12 年)(彩插见书末)

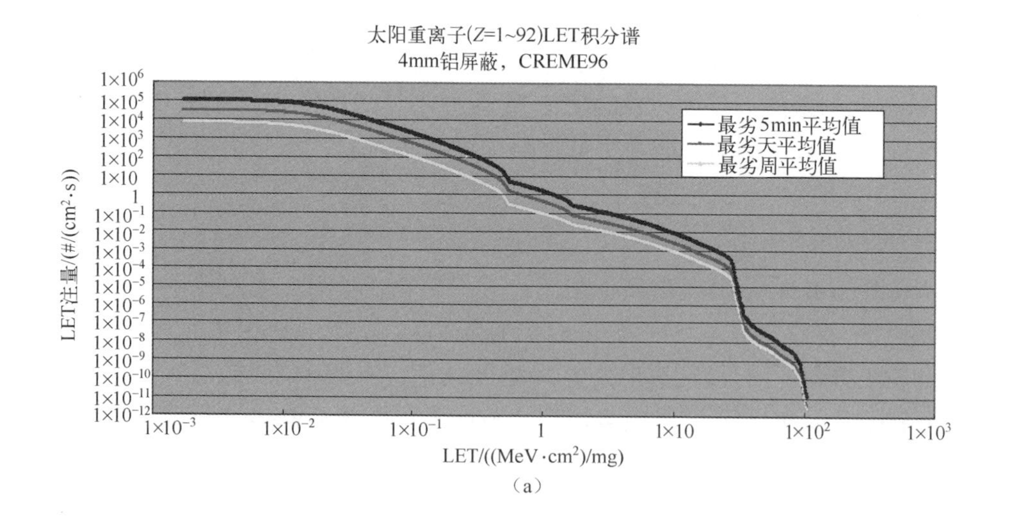

(a)

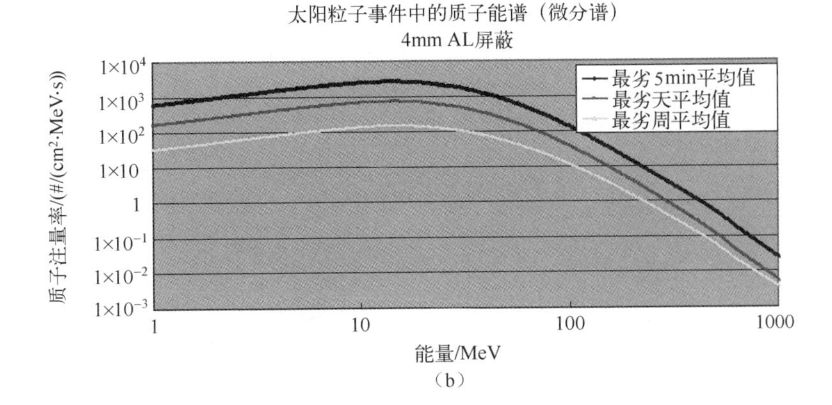

（b）

图 2-14　GEO 的太阳粒子事件积分能谱（假设卫星发射在 2012 年，周期 12 年）（彩插见书末）

（a）重离子能谱；（b）质子能谱。

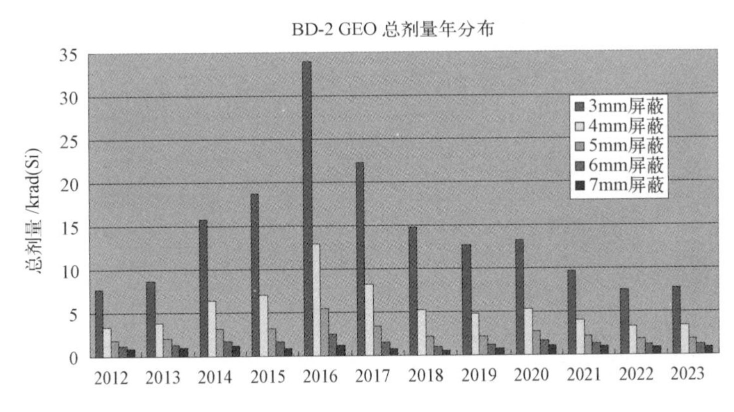

图 2-15　GEO 下每年总剂量的分布情况（假设卫星发射在 2012 年，周期 12 年）（彩插见书末）

3. 位移损伤效应的环境应力分析

该轨道空间位移损伤效应主要是由高能质子和电子引发，应用 OMERE 软件相关程序，对任务周期内引起非电离损伤（NIEL）的质子注量进行分析评估。在分析过程中，太阳质子事件的计算型模为 ESP，置信度设为 90%。计算给出的注量是等效 10MeV 质子的归一化值。图 2-16 所示为 GEO 下每年累积的等效注量的分布情况。

4. 小结

GEO 的辐射主要来自于银河宇宙射线，太阳粒子事件及地球外捕获带，辐射源主要是重离子、高能质子及电子。在假设卫星 2012 年发射且任务周期为 12 年的条件,GEO 的辐射环境应力分析结果如表 2-6 所列,GEO 任务周期内累积的总剂量小于 MEO 累积的总剂量,但 LET 积分注量率却更高。

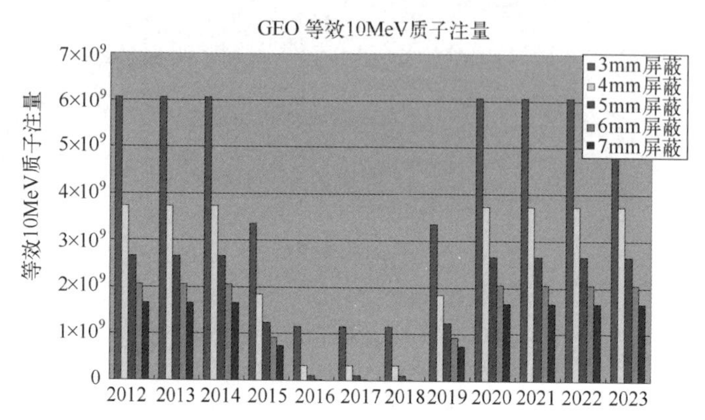

图 2-16 GEO 每年累积的等效注量的分布情况(假设卫星发射在 2012 年,周期 12 年)(彩插见书末)

表 2-6 GEO 辐射环境应力分析结果

效　应			辐射环境应力分析结果
总剂量效应	累积总剂量/krad(Si),4~7mmAL 屏蔽		12~70
位移损伤效应	累积等效 10MeV 质子注量/cm^2,4~7mmAL 屏蔽		1.62×10^{10}~3.33×10^{10}
单粒子效应	LET 积分谱注量率(背景环境)4mmAL 屏蔽/(cm^{-2}·天$^{-1}$)	>100(MeV·cm^2)/mg	3.92×10^{-8}
		>75(MeV·cm^2)/mg	3.13×10^{-6}
		>37(MeV·cm^2)/mg	5.81×10^{-5}
		>15(MeV·cm^2)/mg	2.33×10^{-1}
	LET 积分谱注量率(动态环境,太阳风暴 1989.10)4mmAL 屏蔽/(cm^{-2}·天$^{-1}$)	>100(MeV·cm^2)/mg	1.80×10^{-5}
		>75(MeV·cm^2)/mg	1.9×10^{-3}
		>37(MeV·cm^2)/mg	5.9×10^{-2}
		>15(MeV·cm^2)/mg	9.7×10^{2}

2.3.1.2 MEO

MEO 高度范围为 2000km 至地球同步轨道以下,MEO 的覆盖范围较大,根据 2.1 节的辐射范围分析,MEO 的空间辐射主要为银河宇宙射线的重离子和质子、太阳宇宙射线的质子、地球捕获带的外捕获带电子与一部分内捕获带质子及电子。由于 MEO 相较于 GEO 而言与地球距离稍近,因此,该轨道的空间辐射环境受太阳活动的周期性变化影响稍小。

1. 单粒子效应的环境应力分析

MEO 空间单粒子效应主要由银河宇宙射线(GCR)和太阳粒子事件中的重离子与质子引起的。

1) 银河宇宙射线

假定卫星 MEO 高度为 21528km,倾角为 55°,屏蔽厚度为 4mm 铝的条件下,运用 CREME96 模型,进行 LET 积分谱分析,因 CREME96 模型的准确率为 25%~40%,所以推荐使用太阳谷年期间的 LET 积分谱,仿真分析结果如图 2-17 所示。

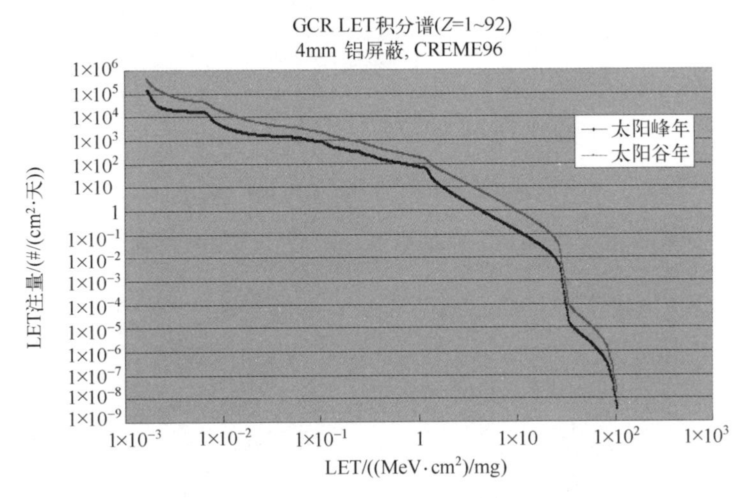

图 2-17　MEO 的 GCR LET 积分谱(假设卫星发射在 2012 年,周期 12 年)(彩插见书末)

2) 太阳粒子事件

太阳粒子事件主要是指太阳耀斑和日冕物质抛射。太阳粒子事件包含重离子和质子,在假定屏蔽厚度为 4mm 铝的条件下,运用 CREME96 模型,分别对重离子和质子进行能谱分析,给出最劣 5min 平均值、最劣天平均值、最劣周平均值 3 种情况下的太阳重离子的 LET 谱,如图 2-18 所示。

2. 总剂量效应的环境应力分析

MEO 任务周期内的总剂量主要是由太阳粒子事件的质子和外捕获带中的电子贡献的。根据表面入射的高能粒子注量,以实心球几何屏蔽模型为假设,应用 SHIELDOS-2 程序,对任务周期内的总剂量进行分析评估。在分析过程中太阳质子事件的置信度为 90%,地球电子捕获带取平均值。实心球几何屏蔽模型代表了卫星内累积剂量的上边界值,一般作为最高水平要求提出。图 2-19 所示为 MEO 下每年总剂量的分布情况。

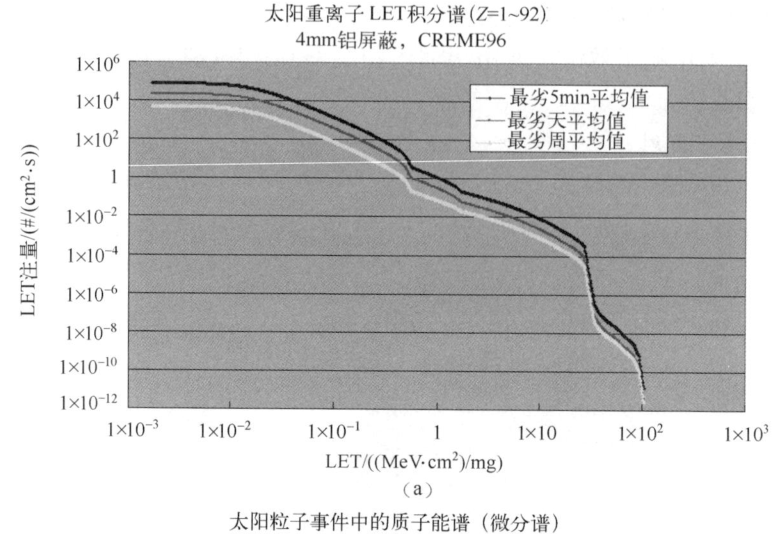

(a)

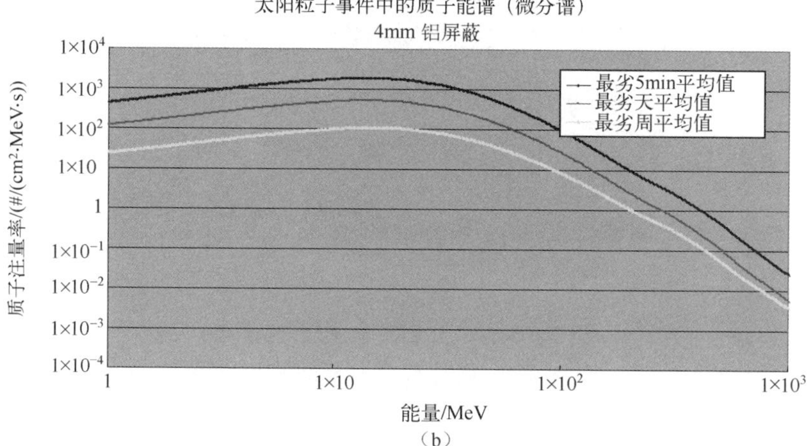

(b)

图 2-18　MEO 的太阳粒子事件积分能谱(假设卫星发射在 2012 年,周期 12 年)(彩插见书末)

(a) 重离子能谱;(b) 质子能谱。

3. 位移损伤效应的环境应力分析

MEO 空间位移损伤效应主要是由高能质子和电子引发,应用 NEMO 程序,对任务周期内引起非电离损伤(NIEL)的质子注量进行分析评估。在分析过程中,太阳质子事件的计算模型为 ESP,置信度设为 90%。计算给出的注量是等效 10MeV 质子的归一化值。图 2-20 所示为 MEO 下每年累积的等效注量的分布情况。

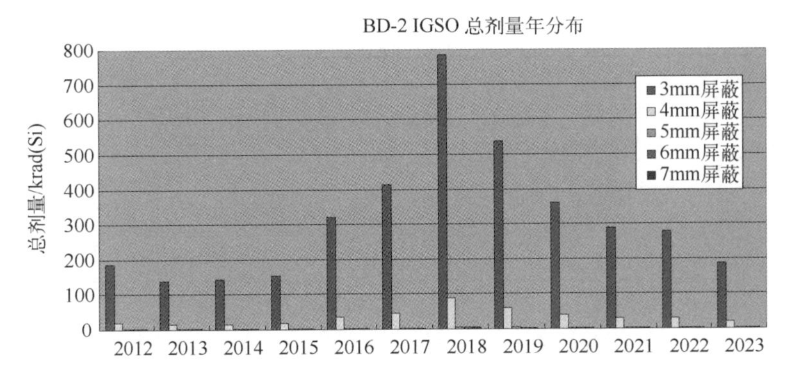

图 2-19　MEO 下每年总剂量的分布情况(假设卫星发射在 2012 年,周期 12 年)(彩插见书末)

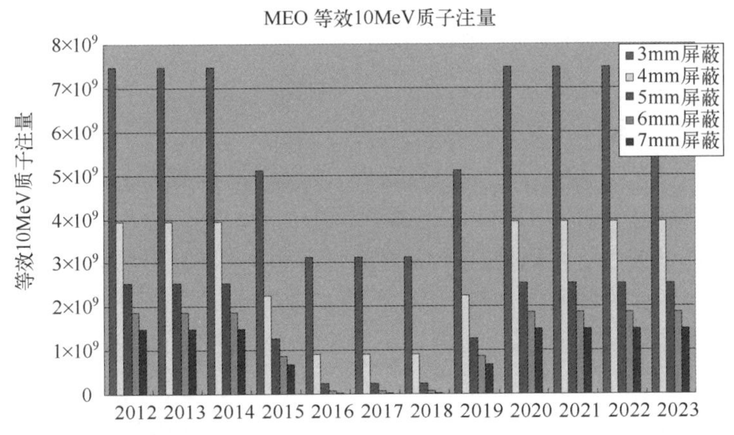

图 2-20　MEO 每年累积的等效注量的分布情况(假设卫星发射在 2012 年,周期 12 年)(彩插见书末)

4. 小结

MEO 的辐射主要来自于银河宇宙射线,太阳粒子事件及地球外捕获带,辐射源主是重离子、高能质子及电子。在假设卫星 2012 年发射且任务周期为 12 年的条件,MEO 的辐射环境应力分析结果如表 2-7 所列,相较于 GEO,MEO 卫星在任务周期内累积的总剂量较大,但 LET 积分注量率却更小。

表 2-7　MEO 辐射环境应力分析结果

效　应		辐射环境应力分析结果
总剂量效应	累积总剂量/krad(Si),4~7mmAL 屏蔽	47.5~814
位移损伤效应	累积等效 10MeV 质子注量/cm^2,4~7mmAL 屏蔽	1.35×10^{10}~2.78×10^{10}

续表

效　　应			辐射环境应力分析结果
单粒子效应	LET 积分谱注量率（背景环境）4mmAL 屏蔽 /(cm^{-2}·天$^{-1}$)	>100(MeV·cm^2)/mg	3.23×10^{-8}
		>75(MeV·cm^2)/mg	2.57×10^{-6}
		>37(MeV·cm^2)/mg	4.78×10^{-5}
		>15(MeV·cm^2)/mg	2.67×10^{-1}
	LET 积分谱注量率（动态环境，太阳风暴 1989.10）4mmAL 屏蔽 /(cm^{-2}·天$^{-1}$)	>100(MeV·cm^2)/mg	3.11×10^{-6}
		>75(MeV·cm^2)/mg	3.22×10^{-4}
		>37(MeV·cm^2)/mg	1.13×10^{-2}
		>15(MeV·cm^2)/mg	1.96×10^{2}

2.3.1.3　LEO

LEO 高度范围为 120~2000km，在 2.1 节的辐射源的分析中，LEO 的空间辐射主要为银河宇宙射线的重离子和质子、太阳宇宙射线的质子、地球捕获带的内捕获带质子与电子。由于 LEO 与地球距离较近，地磁场的强度较强，因此，该轨道的空间辐射环境受太阳活动的周期性变化影响较小。

但是在对 LEO 的空间辐射环境应力进行分析时，要充分考虑南大西洋异常区（SAA）的影响[30]。所谓南大西洋异常区，指的是位于南美洲东侧大西洋的地磁异常区域，是由于地球的极轴与地磁极轴不完全重合而产生的负磁异常区，较相邻区域的磁场强度较弱，约为同纬度正常磁场强度的 1/2。它是地球上面积最大的磁异常区，区域设计纬度范围 10°N~60°S，经度范围 20°E~100°W，区域中心大约在 45°W、30°S 处。由于南大西洋异常区属于负磁异常区，使得空间高能带电粒子环境分布改变，尤其是内辐射带在该区域的高度明显降低，其最低高度可降至 200km 左右。因此，南大西洋异常区是引起低轨道航天器辐射危害的严重区域，是带电粒子诱发异常或故障的高发区。

对于 LEO 的卫星，捕获带质子尤其是南大西洋异常区的质子会大大提高单粒子效应的威胁。图 2-21 和图 2-22 所示为某 1Mbit SRAM 分别在高度大约 600km 和大约 1200km 的 SEU 集中出现范围。从两图中可以看出，在 LEO 范围内，SRAM 的单粒子翻转主要集中在南大西洋异常区。

1. 单粒子效应环境应力分析

LEO 空间单粒子效应主要由银河宇宙射线（GCR）和太阳粒子事件中的重离子与质子引起。

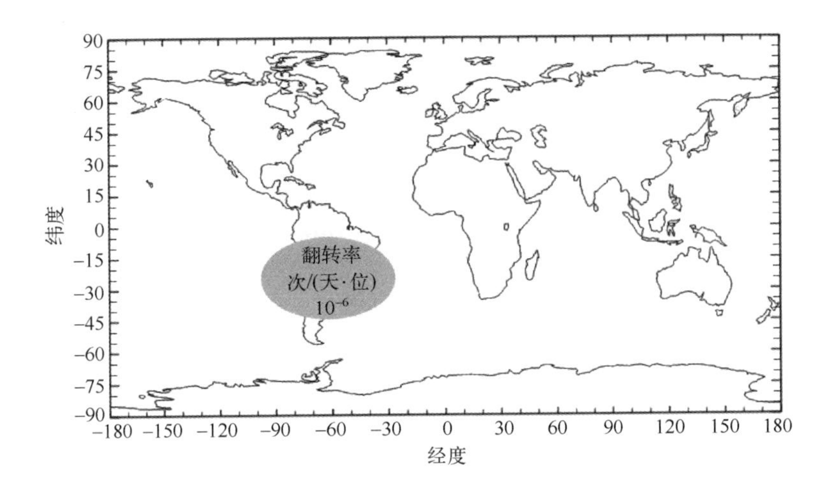

图 2-21　某 1Mbit SRAM 在高度大约 600km 的 SEU 集中出现情况

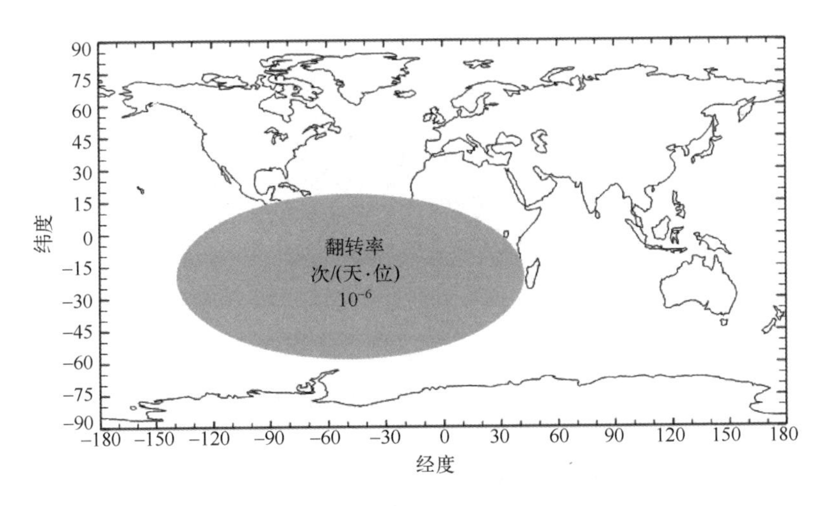

图 2-22　某 1Mbit SRAM 在高度大约 1200km 的 SEU 集中出现情况

1）银河宇宙射线

假设卫星轨道为 LEO，在假定屏蔽厚度为 4mm 铝的条件下，运用 CREME96 模型，进行 LET 积分谱分析。CREME96 模型的准确率为 25%～40%，推荐使用太阳谷年期间的 LET 积分谱，仿真分析结果如图 2-23 所示。

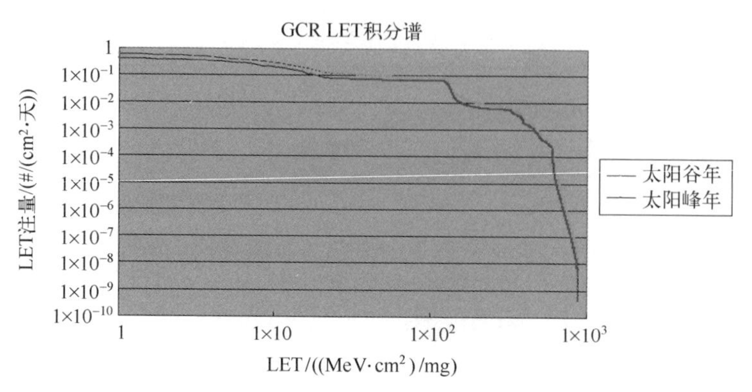

图 2-23 LEO 的 GCR LET 积分谱(假设卫星发射在 2012 年,周期 12 年)(彩插见书末)

2) 太阳粒子事件

LEO 太阳粒子事件主要是指太阳耀斑和日冕物质抛射。太阳粒子事件包含重离子和质子,在假定屏蔽厚度为 4mm 铝的条件下,运用 CREME96 模型,分别对重离子和质子进行能谱分析,给出最劣 5min 平均值、最劣天平均值、最劣周平均值 3 种情况下的太阳重离子的 LET 谱,如图 2-24 所示。

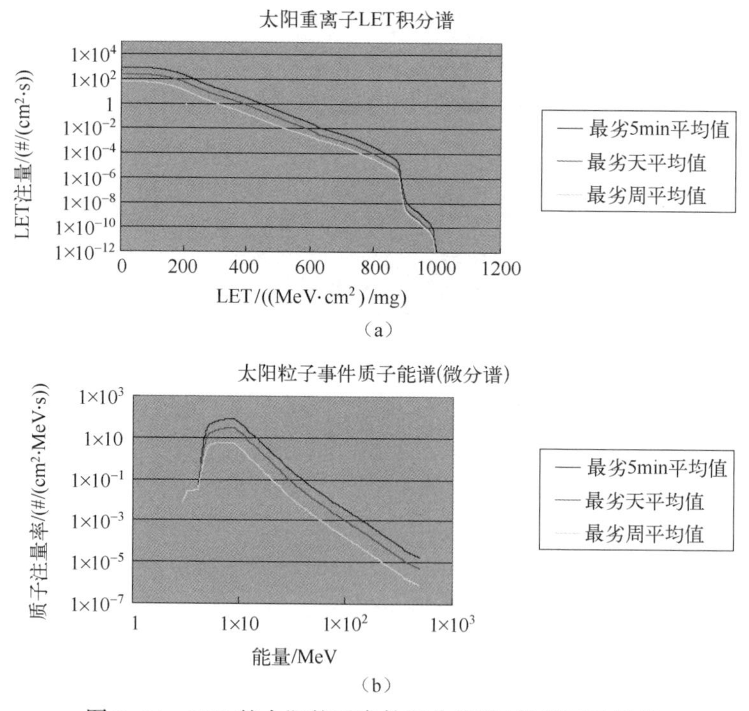

图 2-24 LEO 的太阳粒子事件积分能谱(假设卫星发射在 2012 年,周期 12 年)(彩插见书末)

(a) 重离子能谱;(b) 质子能谱。

2. 总剂量效应环境应力分析

LEO 任务周期内的总剂量主要是由太阳粒子事件的质子和外捕获带中的电子贡献的。根据表面入射的高能粒子注量，以实心球几何屏蔽模型为假设，应用 SHIELDOS-2 程序，对任务周期内的总剂量进行分析评估。在分析过程中太阳质子事件的置信度为 90%，地球电子捕获带取平均值。实心球几何屏蔽模型代表了卫星内累积剂量的上边界值，一般作为最高水平要求提出。图 2-25 所示为 LEO 下每年总剂量的分布情况。

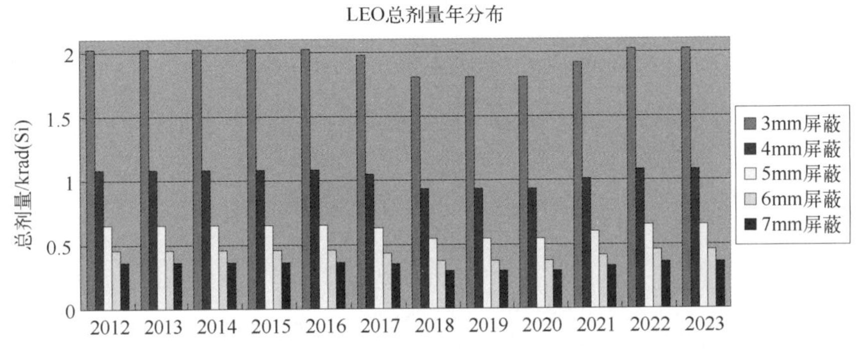

图 2-25　LEO 下每年总剂量的分布情况（假设卫星发射在 2012 年，周期 12 年）（彩插见书末）

3. 位移损伤效应环境应力分析

LEO 空间位移损伤效应主要是由高能质子引发，应用 NEMO 程序，对任务周期内引起非电离损伤（NIEL）的质子注量进行分析评估。在分析过程中，太阳质子事件的计算模型为 ESP，置信度设为 90%。计算给出的注量是等效 10MeV 质子的归一化值。图 2-26 所示为 LEO 下每年累积的等效注量的分布情况。

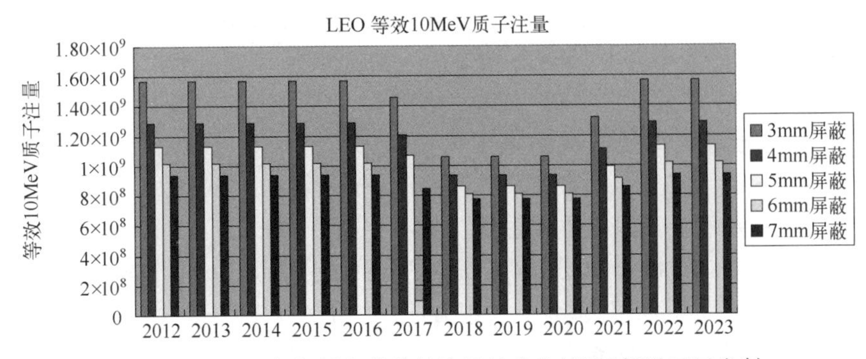

图 2-26　LEO 每年累积的等效注量的分布情况（假设卫星发射在 2012 年，周期 12 年）（彩插见书末）

4. 小结

LEO 的辐射主要来自于银河宇宙射线、太阳粒子事件及地球内捕获带，辐射源主要是重离子、高能质子。在假设卫星 2012 年发射且任务周期为 12 年的条件下，LEO 的辐射环境应力分析结果如表 2-8 所列，LEO 任务周期内累积的总剂量较大，但 LET 积分注量率却更小。

表 2-8　LEO 辐射环境应力分析结果

效　应			辐射环境应力分析结果
总剂量效应	累积总剂量/krad(Si)，4~7mmAL 屏蔽		670.68~2070.9
位移损伤效应	累积等效 10MeV 质子注量/cm^2，4~7mmAL 屏蔽		1.68×10^9~2.10×10^9
单粒子效应	LET 积分谱注量率（背景环境）4mmAL 屏蔽/(cm^{-2}·天$^{-1}$)	>100(MeV·cm^2)/mg	2.8013×10^2
		>75(MeV·cm^2)/mg	3.2379×10^2
		>37(MeV·cm^2)/mg	4.9631×10^2
		>15(MeV·cm^2)/mg	5.8820×10^2
	LET 积分谱注量率（动态环境，太阳风暴 1989.10）4mmAL 屏蔽/(cm^{-2}·天$^{-1}$)	>100(MeV·cm^2)/mg	1.7964
		>75(MeV·cm^2)/mg	3.5494
		>37(MeV·cm^2)/mg	2.1831×10
		>15(MeV·cm^2)/mg	2.1174×10^2

2.3.2　大气空间辐射环境应力分析

2.3.2.1　辐射源对大气中子单粒子效应的贡献

在大气辐射环境中，大气中子是诱发航空电子设备大气中子单粒子效应的主要故障源，如图 2-27 所示。任务环境中诱发微电路单粒子效应的主要辐射源高能粒子为中子、质子、重离子。在不同飞行高度，3 种辐射源高能粒子对微电路单粒子效应率的贡献情况不同。当截止刚度 $R=0$ 时，质子、中子、重离子对单粒子翻转随高度变化的贡献情况如图 2-27 所示。当截止刚度 $R=8$ 时，质子、中子、重离子对单粒子翻转随高度变化的贡献情况如图 2-28 所示。可以看出，在约 20000m（1m≈3.2808 英尺）飞行高度以下，中子对单粒子翻转的贡献最大。

2.3.2.2　大气中子是主要辐射源

大气中子已在 20 世纪 90 年代被 IBM 公司、波音公司等证实是导致机载电子设备产生单粒子效应的主要原因。其相关证据如下。

（1）飞行试验 SEU 翻转率数据来自 IBM 公司飞行试验（西雅图、加利福尼亚北部、挪威）、TS-3、E-3 飞机上的 CC-2E 计算机（主要为西海岸），试验数据表明：单粒子翻转（SEU）率随高度纬度的变化关系与大气中子注量率随高度纬度的变化关系相同。

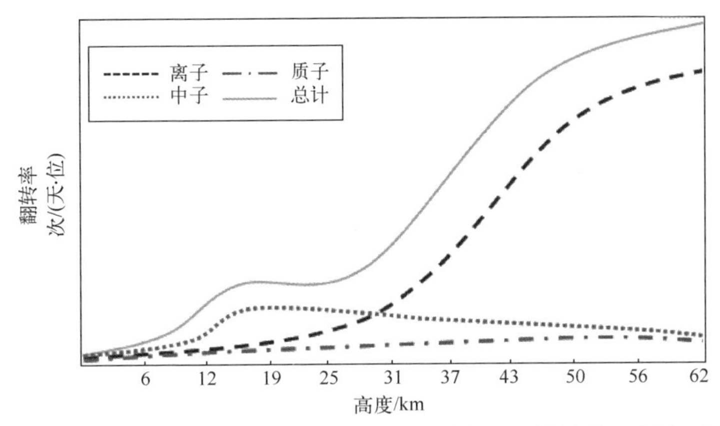

图 2-27　南北极附近不同高度三种粒子对单粒子翻转率的贡献情况示意图(彩插见书末)

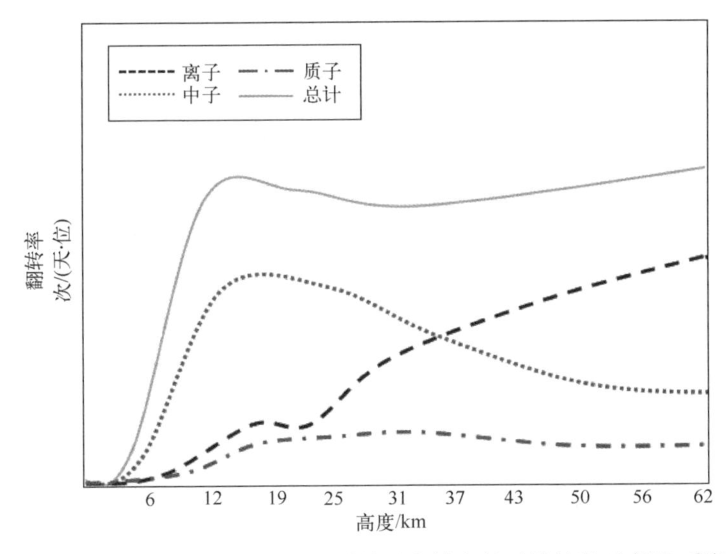

图 2-28　赤道附近不同高度三种粒子对单粒子翻转率的贡献情况示意图(彩插见书末)

(2) 飞行试验 SEU 翻转率数据来自 IBM 公司飞行试验(西雅图、加利福尼亚北部、挪威)、TS-3(西海岸)、欧洲航线上军用飞机 CC-2E 计算机、某飞机上的 SRAM(横跨大西洋与世界各地),试验数据表明:飞行实测的单粒子翻转率与地面实验室单粒子翻转率计算值一致(地面实验室单粒子翻转率由地面试验获得 SEU 翻转截面,之后与大气中子注量率计算而获得 SEU 翻转率)。

(3) 飞行试验 SEU 翻转率数据来自前述的 IBM 公司飞行试验。地面试验数据来自美国多个地区(西雅图、奥斯丁、得克萨斯州、巴达维亚、伊利诺伊州)。试验数据表明:当考虑飞机在 12000km 飞行高度与地面的大气中子注量率差异因素之后,地面试验中 SRAM 与 DRAM 的 SEU 翻转率与飞行高度的 SEU 翻转率的比值和地面与飞行高度的中子注量率的比值基本一致。

(4) 数据来自从伦敦到华盛顿、伦敦到纽约、华盛顿到迈阿密航线的协和式超声速客机上机载 CREAM 探测器获得的能量沉积谱。试验数据表明:飞机上机载 CREAM 探测器测量获得的能量沉积谱与 Los Alamos WNR 实验室高能中子束配置的波音面垒探测器测量获得的能谱一致。

2.3.2.3 大气中子注量率是环境应力表征参数

在大气辐射环境中,大气中子是诱发机载电子设备大气中子单粒子效应的主要故障源。国际经验表明,大气中子单粒子效应事件率 λ 与大气中子的注量率 f 成正比关系。

不同年代、不同厂家、不同工艺、不同结构、不同特征尺寸、不同类型的器件,其每比特位单粒子效应敏感截面 σ 是不同的。对于器件来说,其固有本征敏感特性-敏感截面 σ 是一个固定值。因此,当微电路遭遇的大气中子注量率 $f(\mathrm{cm}^{-2}\cdot\mathrm{h}^{-1})$ 越大,则诱发的单粒子翻转事件越多,单粒子翻转率 λ 就越大,即

$$\lambda = f\times\sigma \tag{2-1}$$

因此,国际上将单位面积、单位时间大气中子注量率 f 作为大气中子辐射应力的表征参数。该参数随能量、高度、截止刚度等因素变化而变化。

2.3.2.4 大气中子注量率的分布规律

1. 概述

在 20000m 以下的大气辐射环境中,大气中子是诱发微电路大气中子单粒子效应的主要故障源,其他次级粒子如质子、重离子、介子对大气中子单粒子效应的贡献相对较小,并且采用波音模型[4]计算大气中子注量率的结果与真实值之间有大约 2 倍的保守因子。因此,大气中子注量率其内涵包涵了其他次级粒子,其诱发的大气中子单粒子效应事件率也包含其他次级粒子诱发的单粒子效应事件率,但热中子注量率及热中子单粒子效应除外。

大气中子注量率的分布主要受能量、高度、截止刚度 3 个因素的影响。在任意一个空间位置点,全能谱的大气中子主要集中在 0.025eV~1000MeV。20000m 以下,由于探测成本原因,通常探测 1~10MeV 能谱的数据,其随高度、纬度的变化规律成为波音模型与 NASA 模型[4]的基础数据,用于建立对微电路大气中子单粒子效应有贡献的 10MeV 以上全能谱大气中子注量率随高度、纬度的变化规律计算模型。20000m 以下,高度越高,大气中子注量率越大,高度越低,大气中子注量率越小;截止刚度越大,大气中子注量率越小,截止刚度越小,大气中子注量率越大。

当出现强烈太阳活动时,大气中子注量率会在几个小时或短暂的活动期间增大几倍、几十倍,甚至几百倍。

2. 大气中子注量率随能量变化的分布规律

1）波音模型国际典型值计算的能量范围

依据波音模型计算在 12200m、45°、10MeV 以上大气中子注量率约 $5600cm^{-2}\cdot h^{-1}$，四舍五入后约为 $6000cm^{-2}\cdot h^{-1}$。为验证这一数据，采用波音模型计算了 10MeV 至不同能量终点的注量率情况，如表 2-9 所列和图 2-29 所示，可以发现，10MeV～460GeV 以上的大气中子注量率接近于 $6000cm^{-2}\cdot h^{-1}$。

表 2-9　波音模型计算 10MeV 至不同能量终点的注量率情况

阈值能量/MeV	终点能量/MeV	中子注量率/$(cm^{-2}\cdot s^{-1})$	中子注量率/$(cm^{-2}\cdot h^{-1})$
10	100	0.87	3119
10	120	0.93	3353
10	200	1.11	3994
10	300	1.25	4483
10	500	1.39	5010
10	1000	1.54	5537
10	5000	1.54	5554
10	10000	1.55	5574
10	15000	1.55	5581
10	460G	1.55	5591

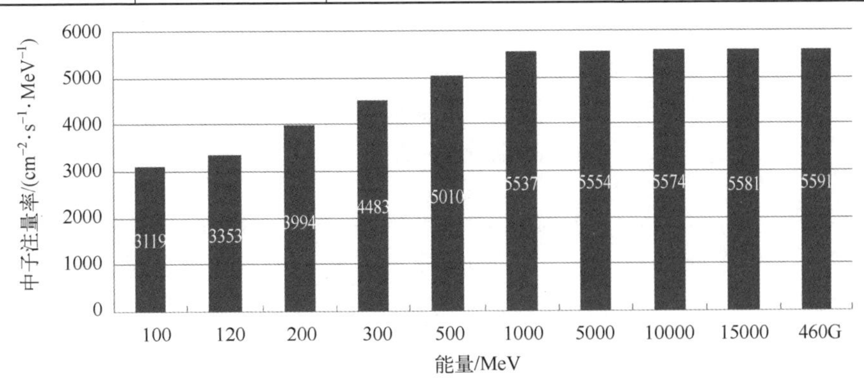

图 2-29　波音模型计算 10MeV 至不同能量终点的注量率情况

2）飞行探测到的能量范围

文献 *Single Event Effects in Avionics*[31] 中指出，协和式飞机上的机载 CREAM 探测仪器在 1988—1990 年在 50000 英尺探测沉积能量谱的飞行数据表明，9 个能量通道中，最高能量的两个通道的所有飞行数据为 0。其中，通道 8 为 182MeV。示意图如图 2-30 所示。图中通道 1 至通道 7 的探测数据表明，120MeV 是大气中子的最大能量沉积。

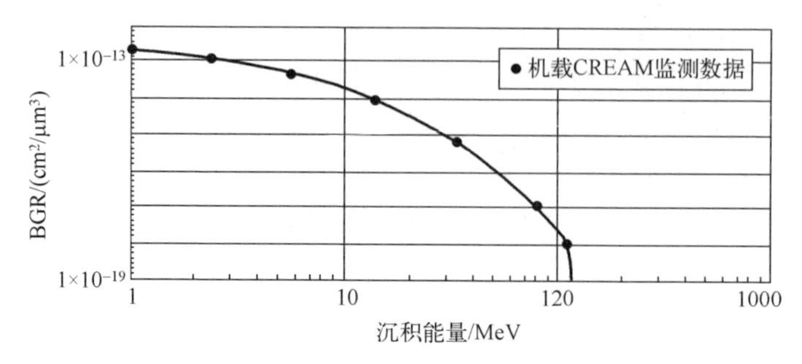

图 2-30　飞机探测到的大气中子能量范围

3. 大气中子注量率随高度变化的分布规律

大气中子注量率随海拔高度的变化规律如图 2-31 所示。海拔高度越高，中子注量率越大，并在约 18.3km 处出现峰值，称为 Pfotzer 峰[32]。

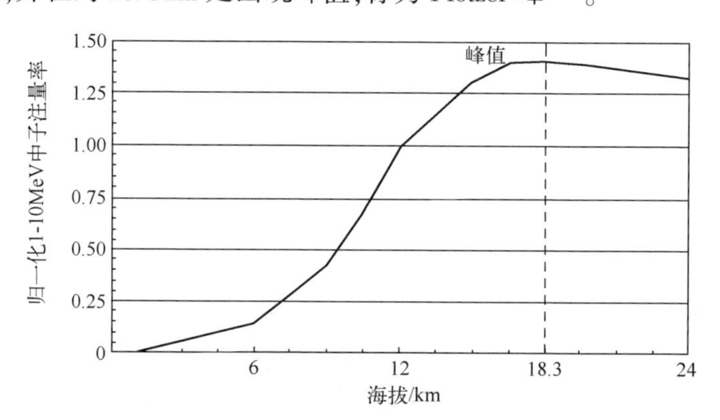

图 2-31　大气中子注量率随高度的变化(纬度为 45°)

归一化波音模型将 1~10MeV 的中子注量率归一化在约 11860m、45°时为 0.85$cm^{-2} \cdot s^{-1}$，在此基础上，提出了不同高度 1~10MeV 的中子注量率[33]，如表 2-10 所列。该表中大气中子注量率随高度的变化规律适用于 1MeV 以上全能谱的大气中子注量率计算。

表 2-10　1~10MeV 的注量率随高度变化规律

高度/m	1~10MeV 中子注量率/($cm^{-2} \cdot s^{-1}$)
1520	0.01
3050	0.04
4570	0.08
6100	0.13

续表

高度/m	1~10MeV 中子注量率/($cm^{-2}\cdot s^{-1}$)
7620	0.24
9140	0.38
10670	0.6
11860	0.85
12190	0.88
13720	1.02
15240	1.16
16760	1.24
18290	1.25
19810	1.24
21340	1.22
22860	1.2
24380	1.18

NASA 模型也认为大气中子注量率与海拔高度有关。海拔高度越高,大气中子注量率越大。NASA 模型的理论原理认为大气中子注量率与大气深度有关。其依据的是美国辐射防护与测量国家委员会(NCRP)1987 年不同大气深度中子注量率情况。不同大气深度中子注量率情况示意图如图 2-32 所示。大气深度与海拔高度的关系如图 2-33 所示。两图说明,大气深度越小,海拔高度越高,大气中子注量率越大。

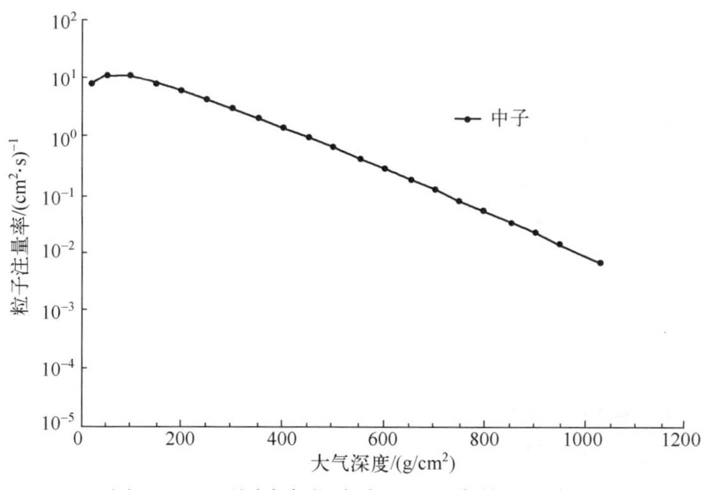

图 2-32　不同大气深度中子注量率情况示意图

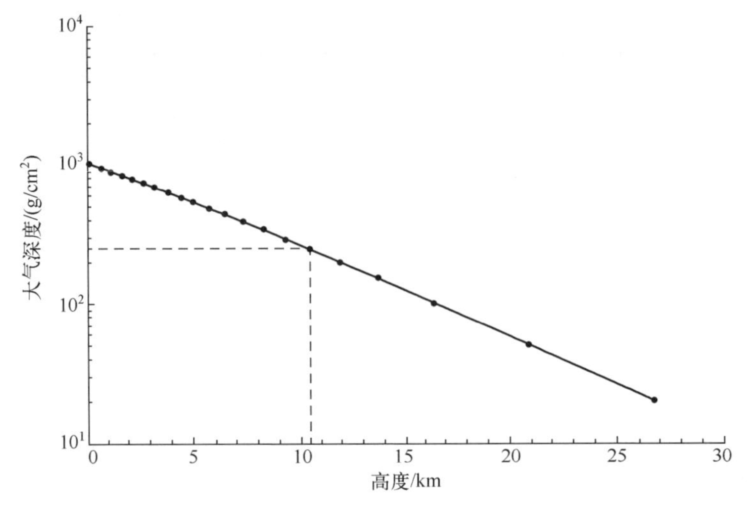

图 2-33　大气深度与海拔高度的关系示意图

4. 大气中子注量率随截止刚度变化的分布规律

1) 地磁场截止刚度

地磁场磁力线对带电粒子的偏转能力通常用截止刚度表示。在赤道上,截止刚度大,通常为 13~17GV;在两极,截止刚度小,通常为 0GV。地磁场截止刚度随着地球经纬度变化的分布情况如图 2-34 所示。

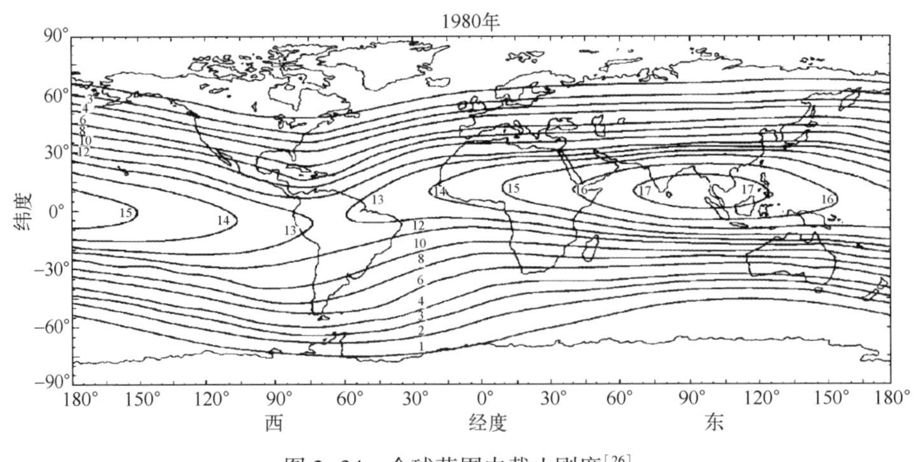

图 2-34　全球范围内截止刚度[26]

2) 海平面地磁场截止刚度对中子注量率的影响

在海平面高度,不同截止刚度的中子注量率情况如表 2-11 所列,在海平面,不同截止刚度的中子注量率最大相差约 2 倍。

表2-11　海平面不同截止刚度中子注量率

截止刚度/GV	相对中子注量			截止刚度/GV	相对中子注量		
	太阳活动期最小值	太阳宁静期峰值	均值		太阳活动期最小值	太阳宁静期峰值	均值
0	0.939	1.098	1.019	9	0.686	0.737	0.712
1	0.938	1.097	1.018	10	0.657	0.702	0.679
2	0.929	1.076	1.002	11	0.630	0.670	0.650
3	0.902	1.030	0.966	12	0.606	0.640	0.623
4	0.866	0.975	0.920	13	0.583	0.614	0.598
5	0.827	0.919	0.873	14	0.562	0.589	0.576
6	0.789	0.867	0.828	15	0.542	0.567	0.555
7	0.752	0.819	0.786	16	0.524	0.547	0.535
8	0.718	0.776	0.747	17	0.508	0.528	0.518

在大气深度250g/cm²(约10500m)，不同截止刚度的中子注量率随截止刚度的变化情况示意图如图2-35所示，不同截止刚度的中子注量率最大相差约6倍。

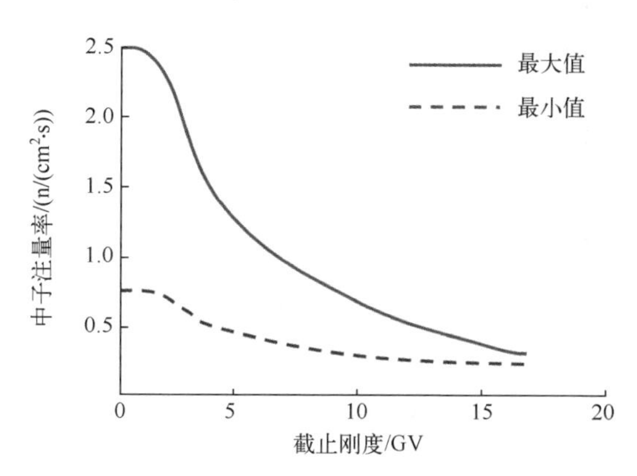

图2-35　不同截止刚度的中子注量率随截止刚度的变化情况

Xilinx公司在高度12200m、不同经纬度测得的中子注量率变化情况如图2-36所示，其不同经纬度的中子注量率最大相差约6倍[34]。

3) 不同纬度的中子注量率

归一化波音模型认为大气中子注量率随着截止刚度的变化而变化。纬度、经度不同，截止刚度会不同。但是，归一化波音模型认为，纬度对大气中子注量率的影响为主要影响因素，经度的影响较小，可以忽略，因此，仅考虑不同纬度其截止刚度不同。

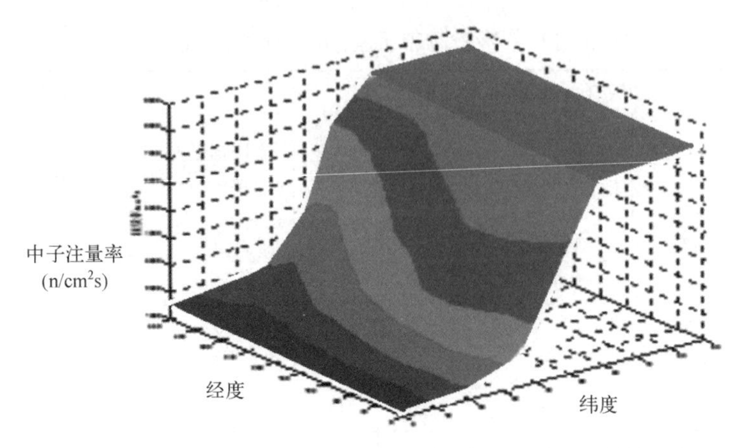

图 2-36　12200m 不同经纬度的中子注量率情况示意图(彩插见书末)

大气中子注量率随海拔高度的变化规律如图 2-37 所示。纬度越高,中子注量率越大,并在 90°时出现峰值。

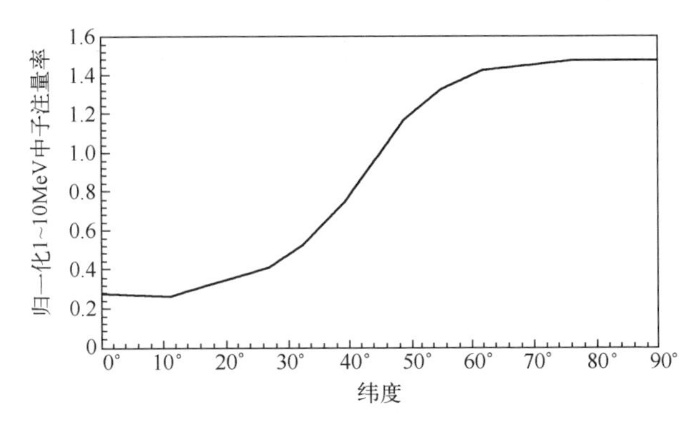

图 2-37　大气中子注量率随纬度的变化(高度 11887m)[4]

5. 大气中子注量率随太阳活动变化的分布规律

此外,太阳活动的爆发也会加剧中子的产生,从而提高大气中子的注量率,这种增强变化随海拔高度和垂直截止刚度而不同。1989 年 9 月的太阳活动爆发,在约 12km,截止刚度在 0GV 和 3GV 的地区其单粒子效应率会增加 41 倍和 1. 6 倍,在 17km 分别增加了 73 倍和 2. 4 倍。1956 年 2 月的太阳活动爆发,在约 12km,截止刚度在 0GV 的地区其单粒子效应率会增加 263 倍。因此,极高的单粒子效应率可能发生在高纬度地区(此处截止刚度≤1GV),在最恶劣的太阳活动爆发时,在约 12km 其单粒子效应率会增加 300 倍。

可以看出,太阳活动带来的大气中子注量率变化与任务时间、飞行高度、截止刚度密切相关,如表 2-12 所列。

表 2-12　大气中子随太阳活动变化

序号	时间	高度/m	截止刚度/GV	增强倍数
1	1989. 9	12000	0	41
2	1989. 9	12000	3	1. 6
3	1989. 9	17000	0	73
4	1989. 9	17000	3	2. 4
5	1956. 2	12000	<1	~300

2. 3. 2. 5　大气中子注量率表征模型

1. 波音模型

基于国际上 20 世纪 60 年代开展的 1~10MeV 大气中子注量率的实测值,波音公司开发了初始的简化波音模型。该模型假设 1~10MeV 大气中子注量率可以分解为 3 个因子:一个因子随着高度的变化而变化;一个因子随着纬度的变化而变化;一个因子考虑中子的能量。A. Taber 等人通过对大量探测数据进行拟合,得出了 1~10MeV Boeing 经验模型用来预测不同高度和纬度的大气中子通量。其具体公式为

$$dN/dE=0.3459E^{-0.9219}\times\exp[-0.01522(\ln E)^2]$$

$$N(E)dE=26E^{-1.16\pm0.2}\times\exp[-(0.0069x)]dE$$

$$\phi_{1\sim10}(\omega_{Lat})=0.6252\exp\{-0.461[\cos(2\times\omega_{Lat})]^2-0.94\cos(2\times\omega_{Lat})+0.252\} \tag{2-2}$$

式中:N、ϕ 为中子通量($cm^{-2}\cdot s^{-1}$);E 为中子能量(MeV);x 为大气厚度(g/cm^2);ω_{Lat} 为纬度。

波音模型主要考虑高度与纬度对大气中子注量率的影响,忽略了经度的影响,因此,应用波音模型所得的大气中子注量率不够精确。

2. NASA 模型

NASA 通过对大气中子分布情况的研究提出 NASA-Langley 模型。NASA 模型也称为 AIR 模型,利用 20 世纪 60 年代到 70 年代的飞行测量数据开发而成。NASA 模型中,大气中子通量受 3 个主要参数影响,分别为大气厚度(g/cm^2)、垂直截止刚度(GV)和太阳环境条件。

NASA 模型是一个预测 1~10MeV 大气中子通量更为准确的经验模型,该模型基本计算公式为

$$\phi_{1\sim10}(x,R,C)=f(R,C)\cdot\exp\left(-\frac{\chi}{\lambda}\right)\cdot F(R,C)\cdot\exp\left(-\frac{\chi}{\Lambda}\right) \tag{2-3}$$

其中

$$F(R,C)=(\Lambda/\lambda)\cdot f(R,C)\cdot \exp(\chi_m/\Lambda-\chi_m/\lambda) \tag{2-4}$$

$$f(R,C)=\exp(250/\lambda)\phi(250,R,C) \tag{2-5}$$

$$\phi(250,R,C)=0.17+[0.787+0.035(C-100)]\exp\left(-\frac{R^2}{25}\right)+\left[-0.107-0.0265(C-100)+0.612\exp\left(\frac{C-100}{3.73}\right)\right]\exp\left(-\frac{R^2}{139.2}\right) \tag{2-6}$$

$$\lambda=165+2R \tag{2-7}$$

$$x_m=50+\ln\{2000+\exp[-2(C-100)]\} \tag{2-8}$$

$$\Lambda=\lambda\times\left[1-\frac{\phi(x_m,R,C)\exp\frac{x_m}{\lambda}}{f(R,C)}\right] \tag{2-9}$$

$$\phi(x_m,R,C)=0.23+[1.1+0.067(C-100)]\exp\left(-\frac{R^2}{81}\right)+\left[0.991+0.51(C-100)+0.4\exp\left(\frac{C-100}{3.73}\right)\right]\exp\left(-\frac{R^2}{12.96}\right) \tag{2-10}$$

式中：$\phi_{1\sim10}(x,R,C)$ 为 1～10MeV 的大气中子通量；x 为大气厚度（g/cm^2），R 为截止刚度；C 为太阳活动常数；λ、χ_m 和 Λ 为计算的中间参数。

其中，大气密度与高度 A 相关，A 单位为英尺，即

$$x=1033\exp\left\{-\left[0.04534-(1.17E-9)\times\left|\frac{A-1.05E5}{1000}\right|^{3.58}\right]\times\frac{A}{1000}\right\} \tag{2-11}$$

与波音模型相比，NASA 模型较为精确。但 NASA 模型只适用于低于 20km 高度，并且，由于参数 $\lambda=165+2R$ 的影响，要求大气密度低于 $250g/cm^2$，不适用于地面高度。

3. 修正模型

由于波音模型与 NASA 模型的局限性，北京圣涛平研究院提出了大气中子注量率修正模型，该模型详见 4.3.3 节。其优点如下。

（1）优化波音模型中的纬度参数为经度、纬度两个参数，能更加精确地计算大气中子注量率。

（2）解决了 NASA 模型在地面高度不适用的问题。

（3）加入能量范围的影响，使计算结果更加精确。

2.3.2.6 不同机型在全球空域大气中子注量率

采用飞行空域大气中子注量率圣涛平模型计算方法，可以计算出“全球鹰”暗

星隐身无人机、E-2 空中预警机与 Wasp 无人机 3 种机型在全球空域大气中子注量率，从表 2-13 中可以看出，在同一飞行高度、不同的经度和纬度，得到的大气中子注量率是不同的。图 2-38 是 3 种不同机型飞行在高度 21336m、10576m 与 305m 时不同经纬度（截止刚度）的中子注量率变化情况。

表 2-13　国内外各机型在全球空域大气中子注量率

序号	机型	飞行高度/m		日本	新德里	纽约	伦敦	悉尼	约翰内斯堡（南非）
			北纬/(°)	35.7	28.6	40.7	51.5	33.9	26.2
			东经/(°)	139.8	77.2	286.0	359.9	151.2	28.0
			截止刚度/GV	11.6	14.1	2.08	2.9	4.5	7.1
1	“全球鹰”暗星隐身无人机	21336	注量率/($cm^2 \cdot h$)	4027	3194	15692	13609	10137	6805
2	E-2 空中预警机	10576		1925	1527	7501	6506	4846	3253
3	Wasp 无人机	305		11	8	41	35	26	18

对我国境内极东、极南、极西、极北 4 个极点适航高度的大气中子注量率进行模拟计算，计算结果如表 2-14 所列，其分布对比柱状图如图 2-39 所示。

表 2-14　我国境内 4 个极点位置大气中子注量率

中子能量	中子注量率/($cm^2 \cdot h$)							
	极东		极南		极西		极北	
	9km	12km	9km	12km	9km	12km	9km	12km
1～10MeV	1546.97	2769.47	454.58	712.99	999.8024	1690.99	2126.934	4046.57
>10MeV	1782.96	3089.8	505.75	773.49	1119.07	1831.83	2461.23	4520.97
>1MeV	3329.93	5859.27	960.33	1486.48	2118.872	3522.82	4588.164	8567.54

2.3.2.7　飞机热中子注量率分析

早在 20 年前，科学家就发现热中子可以导致微电子器件发生单粒子翻转。大约 10 年后，科学家利用核反应堆模拟大气中子 SEU 的发生环境，再次对该课题进行研究。至今，集成电路（IC）的特征尺寸持续减小，造成器件的临界电荷也不断减小，热中子 SEU 的危害日益严重。热中子的危害已经被认为是航空及地面应用的集成电路的一个潜在问题。

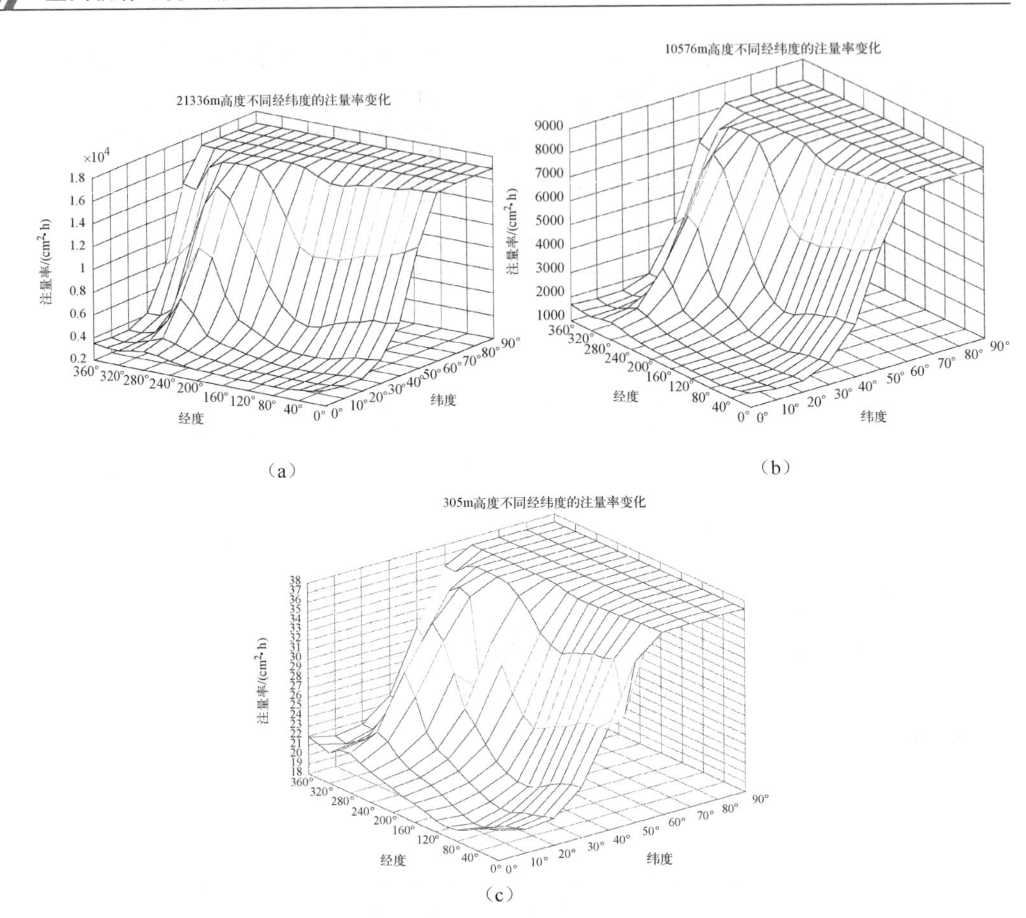

（a）　（b）　（c）

图 2-38　3 种不同机型飞行在不同高度不同经纬度（截止刚度）的中子注量率变化情况

（a）高度 21336m;（b）高度 10576m;（c）高度 305m。

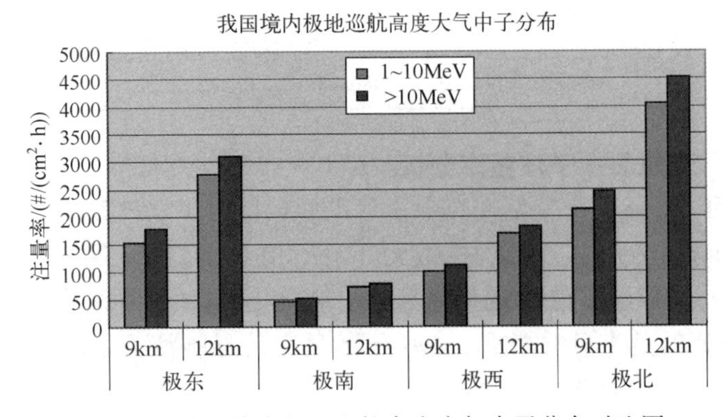

图 2-39　我国境内极地巡航高度大气中子分布对比图

通常,飞机舱内热中子注量率比舱外的要高,因为飞机内部存在大量氢原子(如能源、塑料结构、旅行袋、人体等)。氢原子会通过核碰撞使高能中子“慢下来”。大量的这类碰撞之后,高能中子(能量>10MeV)等能量将减少 7 个数量级,而形成热中子。因此,飞机舱内会比舱外产生更多的热中子。

热中子导致的单粒子效应是由于热中子与集成电路中的同位素硼 10 的相互作用,而不是硅原子。其中大约 20%是硼 10,剩余 80%的硼 11 不会与热中子发生相互作用。硼通常出现在硼磷硅酸盐玻璃(BPSG)中,也可能出现在两个金属层之间的绝缘体中。

以下为热中子导致的单粒子翻转率的反应公式:

$$^{10}\mathrm{B}+\mathrm{neutron}\rightarrow{}^{7}\mathrm{Li}(0,84\mathrm{MeV})+{}^{4}\mathrm{He}(\mathrm{alpha},1,47\mathrm{MeV})+\mathrm{gamma}(0,48\mathrm{MeV}) \quad (2-12)$$

该反应可以产生两个能量离子,$^{7}\mathrm{Li}$ 和 α 粒子,两者都可能因为具有足够的能量使得临界电荷的器件发生产生翻转。

然而,仅在最近 5 年,研究人员才开始同时对器件进行热中子和高能中子/质子试验,以获得两类的 SEU 截面,并进行相关比较。

针对热中子单粒子效应事件率的计算,有两个非常重要的比值,分别如下。

(1) 飞机舱内热中子注量率与飞机舱内高能中子注量率(>10MeV)的比值。

(2) 热中子导致的 SEU 截面与高能中子导致的 SEU 截面的比值。

这两个比值对于计算热中子 SEU 率是十分重要的,因为一旦知道一个航空电子设备中高能中子导致的 SEU 率,则热中子导致的 SEU 率可以通过这两个比值获得。假设高能中子导致的 SEU 比值已经给定,则热中子导致的 SEU 率由下式获得,而航空电子设备总的 SEU 率是高能中子和热中子导致的 SEU 率之和,即

$$\mathrm{SEErate}_{Hi}=\boldsymbol{\Phi}_{Hi}\times\boldsymbol{\sigma}_{Hi} \quad (2-13)$$

式中:$\mathrm{SEErate}_{Hi}$为高能中子导致 SEU 率(upset/device · h);$\boldsymbol{\Phi}_{Hi}$为高能中子注量率($\mathrm{cm}^{-2}\cdot\mathrm{h}^{-1}$),典型值为 $6000\mathrm{cm}^{-2}\cdot\mathrm{h}^{-1}$;$\boldsymbol{\sigma}_{Hi}$为高能中子 SEU 截面($\mathrm{cm}^{2}$/device),并且

$$\mathrm{SEErate}_{\mathrm{thermal}}=\mathrm{SEErate}_{Hi}\times\frac{\boldsymbol{\Phi}_{\mathrm{thermal}}}{\boldsymbol{\Phi}_{Hi}}\times\frac{\boldsymbol{\sigma}_{\mathrm{thermal}}}{\boldsymbol{\sigma}_{Hi}} \quad (2-14)$$

$$\mathrm{Ratio}_{1}=\frac{\boldsymbol{\Phi}_{\mathrm{thermal}}}{\boldsymbol{\Phi}_{Hi}} \quad (2-15)$$

$$\mathrm{Ratio}_{2}=\frac{\boldsymbol{\sigma}_{\mathrm{thermal}}}{\boldsymbol{\sigma}_{Hi}} \quad (2-16)$$

$$\mathrm{SEErate}_{\mathrm{thermal}}=\mathrm{SEErate}_{Hi}\times\mathrm{Ratio}_{1}\times\mathrm{Ratio}_{2} \quad (2-17)$$

式中:$\mathrm{SEErate}_{\mathrm{thermal}}$为热中子导致 SEU 率(upset/device · h);$\mathrm{SEErate}_{Hi}$为高能中子导致 SEU 率(upset/device · h);$\boldsymbol{\Phi}_{\mathrm{thermal}}$为热中子注量率($\mathrm{cm}^{-2}\cdot\mathrm{h}^{-1}$);$\boldsymbol{\Phi}_{Hi}$为高能中子

注量率($cm^{-2} \cdot h^{-1}$),典型值为 $6000cm^{-2} \cdot h^{-1}$;$\sigma_{thermal}$ 为热中子 SEU 截面(cm^2/device);σ_{Hi} 为高能中子 SEU 截面(cm^2/device);$Ratio_1$ 为热中子注量率与高能中子注量率(>10MeV)的比值;$Ratio_2$ 为热中子导致的 SEU 截面与高能中子导致的 SEU 截面的比值。

2.3.3 地面空间辐射环境应力分析

3 种辐射源 α 粒子、热中子、高能中子,前两者和地面材料以及地面应用环境有关,后者与大气辐射环境有关。

宇宙射线在大气层中诱发的中子(也包括其他次级粒子如质子等)的辐射强度依据不同的空间高度、地球磁场的位置以及太阳电磁活动等因素而变化。

在不同高度上的大气屏蔽效果取决于上层大气的单位面积质量厚度,也称为大气区域密度或大气深度。由于低能初级宇宙粒子被地磁场反射回太空,降低了进入大气中的中子注量率。垂直入射进入地球大气层的每单位电荷携带的最小动量(磁刚度)称为在此高度上的地磁截止刚度。另外,太阳系中等离子体太阳风导致的太阳外磁场变化也会减弱达到地球的宇宙射线强度。在地球不同地点部署的中子探测器已经测量到被太阳风调制的中子辐射强度变化。在太阳黑子和其他太阳活动静止期间,宇宙射线诱发的大气中子注量达到最大,在强太阳活动期间,大气中子注量最小。地球一定大气深度的中子注量率、地磁截止刚度、太阳活动之间不是相互独立的。例如,大气中子注量率随地磁截止刚度的变化依赖于太阳活动和大气深度。

决定地面中子注量的最重要参数是大气深度,大气深度与大气压和高度成正比关系。海拔 3000m 高度的中子注量是海平面中子注量的 10 倍左右。在海平面上从赤道到南北极的中子注量会 2 倍因子变化,到高原有 3 倍变化。太阳风调节相对较小,在极地海平面上记录的最大月变化率是 25%左右,在赤道附近是 7%左右,在极地和赤道上的高原变化为 12%~30%。

参考文献

[1] HOLMES-SIEDLE A, ADAMS L. Handbook of Radiation Effects[M]. Oxford: Oxford University Press, 1993.

[2] BARTH J L. Modeling Space Radiation Environments[M]. Proceeding of 1997 NSREC Short Course, 1997.

[3] HARVEY L K. Solar Magnetic Cycle[R]. NASA STI/Recon Technical Report N, 1993: 94.

[4] IEC 62396-1. Process Management for Avionics-Atmospheric Radiation Effects-Part 1: Accommodation of Atmospheric Radiation Effects via Single Event Effects within Avionics Electronic Equipment [S]. Geneva: International Electrotechnical Commission, 2015-11.

[5] PETERSEN E. Single Event Effects in Aerospace[M]. Beijing: Publishing House of Electronics Industry, 2016-3.

[6] VAN LINT V A, FLANAGAN T M, LEODON R E, et al. Mechanisms of Radiation Effects in Electronic Materi-

als[J]. Research Supported by the U. S. Defense Nuclear Agency. New York: Wiley-Interscience, 1980.

[7] MA T P, DRESSENDORFER P V. Ionizing Radiation Effects in MOS Devices and Circuits[M]. New York: Wiley-Interscience, 1989.

[8] ADAMS L, HOLMES - SIEDLE A. Handbook of Radiation Effects [M]. Oxford: Oxford Scientific Publishers, 1993.

[9] MCNULTY P J, FARRELL G E, WYATT R C. Upset Phenomena Induced by Energetic Protons and Electrons [J]. IEEE Transaction on Nuclear Science, 1980, NS-27(6): 1522.

[10] MAY T C, WOODS M H. Alpha-Particle-Induced Soft Errors in DynamicMemories[J]. IEEE Transaction on Electron Devices, 1979, ED-26: 2.

[11] RUDIE N J. Principles And Techniques of Radiation Hardening Single Event Upset[M]. 1986-6.

[12] MCLEAN B F, OLDHAM R T. Charge Funneling in N- and P- Type Si Substrates. IEEE Transactions on Nuclear Science, 1982, 29(6): 116.

[13] WROBEL F. Nucleon Induced Recoil Ions in Microelectronics[C] //France International Conference on Nuclear Data for Science and Technology, 2007.

[14] OLDMAN T R, MCLEAN F B, BOESCH JR H E, et al. An Overview of Radiation-Induced Interface Traps in MOS Structures[J]. Semiconductor Science and Technology, 1989, 4: 986-999.

[15] BOESCH JR H E, MCGARRITY J M. Charge Yield and Dose Effects in MOS Capacitors at 80K [J]. IEEE Transaction on Nuclear Science, 1976, 23: 1520-1525.

[16] BOESCH JR H E, DUNN G J. Hole Transport in SiO2 and Reoxidized Nitrided SiO2 Gate Insulators at Low Temperatures [J]. IEEE Transaction on Nuclear Science, 1991, 38: 1083-1088.

[17] SROUR J R, MCGARRITY J M. Radiation Effects on Microelectronics[J]. Proceedings of the IEEE, 1988, 76: 1443-1469.

[18] O'GORMAN J T. The Effect of Cosmic Rays on the Soft Error Rate of a DRAM at Ground Level[J]. IEEE Transaction on Electron Devices, 1994, 41(4): 553-557.

[19] O'GORMAN J T, ROSS M J, TABER H A, et al. Field Testing for Cosmic Ray Soft Errors in Semiconductor Memories[J]. IBM Journalof Research and Development, 1996, 40(1): 41-49.

[20] IEC/TS 62396 Part1. Process Management for Avionics-Accommodation of Atmospheric Radiation Effects via Single Event Effects within Avionics Electronic Equipment[S]. Geneva: International Electrotechnical Commission, 2006.

[21] TABER A, NORMAND E. Investigation and Characterization of SEU Effects and Hardening Strategies in Avionics[EB/OL]. 1995. http: www. stormingmedia. us/85/8501/A850192. html.

[22] NORMAND E. Single Event Effects in Avionics: Presented to C - 17Program [EB/OL]. 1998. http://www. solarstorms. org/SEUavionics. pdf.

[23] IROM F, FARMANESH F F, JOHNSTON A H, et al. Single-Event Upset in Commercial Silicon-on-Insulator PowerPC Microprocessors[J]. IEEE Transaction on Nuclear Science, 2002, 49(6): 3148-3155.

[24] HADDAD N, BROWN R, FERGUSON R, et al. SOI: Is it the Solution to Commercial Product SEU Sensitivity[C] // Proceedings of RADECS 2003 Conference. 2003, 231-234.

[25] TABER A, NORMAND E. Single Event Upsets inAvionics[J]. IEEE Transaction on Nuclear Science, 1993, 40(6): 1484-1490.

[26] JESD89A. Measurement and Reporting of Alpha Particle and Terrestrial Cosmic Ray-Induced Soft Errors in Semiconductor Devices[S]. 2006-10. http://www. jedec. org.

[27] IEC 62396-5. Process Management for Avionics-Atmospheric Radiation Effects-Part 5: Assessment of Thermal Neutron Fluxes and Single Event Effects in Avionics Systems[S]. Geneva: International Electrotechnical Commission, 2014-11.

[28] ADAMS J H, SILBERBERG R, TSAO C H. Cosmic Ray Effects on Microelectronics. Part 1. The Near-Earth Particle Environment[J]. 1981.

[29] STASSINOPOULOS E G, BRUCKER G J, NAKAMURA D W, et al. Solar Flare Proton Evaluation at Geostationary Orbits for Engineering Applications[J]. IEEE Transaction on Nuclear Science, 1996, 43: 369-382.

[30] VAN ALLEN J A. Geomagneticically Trapped Radiation[M]. New York: John Wiley & Sons, 1963.

[31] NORMAND E. Single Event Effects inAvionics[J]. IEEE Transactions on Nuclear Science, 1996-4, 43(2).

[32] WILSON W J, LAWRENCE W T, WALTER S, et al. Transport Methods and Interactions in SpaceRadiations[J]. NASA Reference Publication, 1991, 243B: 1257.

[33] NORMAND E, BAKER J T. Altitude and Latitude Variations in Avionics SEU and Atmospheric Neutron Flux[J]. IEEE Transaction on Nuclear Science, 1993, 40: 1484.

[34] MUTUEL H L. Single Event Effects Mitigation Techniques Report[R]. 2016-2.

第3章

空间辐射环境可靠性技术原理

3.1 概　　述

电子设备在工作或非工作状态下的失效并非是空间辐射环境条件下的独有现象。众所周知,电子设备在工作或非工作状态下的失效还会来自于温度、温度循环、湿度、电、化学等应力。因此,无论在室内还是室外,机载或舰载,卫星、飞机、地面网络计算机等电子设备,在任务周期中将会遭受温度、温度循环、湿度、振动、电、化学、辐射等应力的作用而影响可靠性。传统的可靠性定义为:产品在规定的时间、规定的条件下完成规定功能的能力。基于传统的可靠性定义方法,我们定义空间辐射环境可靠性为:产品在规定的时间、规定的空间辐射环境条件下完成规定功能的能力。

本章空间辐射环境可靠性技术原理涵盖空间辐射环境可靠性的基本模型与技术理论两方面的内容。本章基于空间辐射环境可靠性的基本概念,参照电子设备的可靠性模型,基于对辐射效应物理机理与内涵的深刻理解和工程实践经验,综合考虑单粒子效应、总剂量效应、位移损伤效应的影响,创建了基于失效物理的空间辐射环境可靠性基本模型,以及相应的一套空间辐射环境可靠性技术理论。该技术理论的核心在于建立了空间辐射环境可靠性与顶层任务成功之间的关系,空间辐射环境可靠性与地面模拟试验数据之间的关系,以及空间辐射环境可靠性、传统的非空间辐射环境可靠性与总体可靠性之间的关系。这一套空间辐射环境可靠性理论,可以适用于卫星、飞机、地面网络计算机等电子信息产品,为定量计算底层器件的空间辐射敏感特性对顶层系统任务成功的影响奠定了理论基础。从而,可以站在空间辐射环境可靠性对任务成功影响风险判定的角度,提出符合“空间辐射环境可靠性基本模型”失效物理内涵要求的空间辐射环境可靠性预计的程序与方法(第4章)和地面试验的程序与方法(第5章),以及相应的空间辐射环境可靠性试验典型案例(第6章)。

3.2 电子设备可靠性模型简介

电子设备可靠性模型和预计是相对较新的研究方向，诞生于第二次世界大战中，应对复杂的电子设备高失效率时，可靠性才作为一个学科进行研究。在20世纪80年代以前，指数分布或恒定失效率模型几乎是唯一可用的电子元器件可靠性预计模型，如美国国防部发布的MIL-HDBK-217[1]。此外，GJB299[2]等可靠性预计标准也采用同样的模型。

恒定失效率模型仅适用于电子元器件生命周期浴盆曲线（图3-1）中的成熟期。

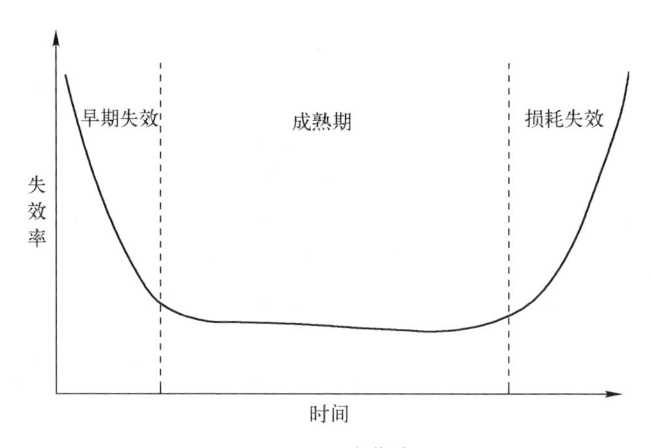

图3-1　浴盆曲线

如图3-1所示，前期失效率高是由于生产过程引入的工艺缺陷，随着试验或使用的时间推进，早期失效产品逐渐剔除，失效率降低进入一个成熟期，成熟期的主要失效类型为随机失效。随着时间推移，成熟期之后，损耗性失效机理引起失效率逐渐增大，产品进入老化期。因此，需要注意的是，恒定失效率模型在工程中有效的前提假设有两个方面：一是避开早期失效。即所用的电子元器件已经经过老炼筛选，剔除了早期失效；二是避开老化期的损耗失效。即通常电子设备的寿命小于电子元器件的寿命。这是因为电子设备由成千上万个元器件构成，在电子元器件未进入老化期时，电子设备已经发生失效。也有少数情况，电子设备中的电子元器件寿命小于或接近于电子设备的设计寿命，此时，我们称之为有限寿命元器件。

因此，通常情况下，基于恒定失效率模型，采用MIL-HDBK-217对历史数据或现场可靠性数据进行分析和建模，在产品完成研制前给出在浴盆曲线成熟期的设备工作可靠性预计结果。MIL-HDBK-217F中，可靠性预计模型对象主要包括集成电路、分立器件、电真空管、激光器、电阻、电容、电感等绝大多数门类的电子元器件。当大部分设计已经完成,电子元器件的应力细节信息可被使用时,可对电子设备进行比较精确的元器件应力分析。下面以集成电路可靠性预计为例,简要说明MIL-HDBK-217中可靠性预计模型的基本结构。集成电路可靠性预计公式(3-1)所示。公式(3-1)括号中求和的两项包含芯片失效率和封装失效率,表明在该模型中芯片失效机理与封装失效机理是独立的。

$$\lambda_p=(C_1\pi_T+C_2\pi_E)\pi_Q\pi_L \tag{3-1}$$

式中:λ_p为待预计的集成电路失效率(h^{-1});C_1为芯片复杂度(如逻辑门数量)相关的基础失效率(h^{-1});C_2为与封装复杂度(如封装材料、引脚数等)相关基础失效率(h^{-1});π_T为与芯片本征失效机理相关的温度加速应力系数(无量纲);π_E为环境系数(无量纲);π_Q为质量系数(无量纲);π_L为产品成熟系数(无量纲)。

其中,π_T表征的芯片失效应力系数与温度相关。芯片失效率随器件结温T_J温度变化采用Arrhenius应力加速公式进行描述。例如硅半导体器件,在25℃下,π_T取基准值0.1,π_T的表达式为

$$\pi_T=0.1\exp\left[\frac{-E_a}{8617\times10^{-5}}\left(\frac{1}{T_J+273}-\frac{1}{298}\right)\right] \tag{3-2}$$

式中:E_a为激活能,与芯片工艺结构相关(eV);T_J为结温(℃)。

而封装失效与平台种类相关,反映在环境系数π_E的取值。主要的平台分类有地面良好、地面移动、战斗机座舱、宇宙飞行、导弹飞行等。π_Q的取值与元器件质量等级相关,质量等级越高,取值越小。π_L的取值与产品质量稳定程度相关,稳定生产产品取值低,小批量产品或长期中断生产的产品取值高。

需要着重指出的是,在MIL-HDBK-217F中的宇宙飞行以及导弹、飞机等平台,不包括空间辐射环境应力。因此,显然对于辐射敏感器件来说,用这一预计模型计算的失效率结果是不准确的。另外,由于MIL-HDBK-217F发布于1991年,因此,对1991年之后的新型器件不提供支持。并且对于应力对元器件的影响刻画得也不细致,同时,在可靠性预计模型中还不包括产品的非工作状态的失效率预计。

值得欣慰的是,在MIL-HDBK-217F基础上,国际上发展了其他的预计方法,如通信领域的Telcordia SR-332[3]、民用设备的RDF-93和RDF-2000[4]、航空和军用领域的FIDES指南2009[5]等可靠性模型。其中,FIDES指南2009是较新的可靠性预计方法,在一定程度上体现了当今可靠性模型的发展趋势。FIDES指南2009的研究团队由法国国防部牵头,空客公司、欧洲直升机公司、Thales等8家欧洲公司参与。与MIL-HDBK-217F相比,FIDES指南2009在统一的模型架构中实现了对工作状态和非工作状态电子设备可靠性进行预计,在可靠性模型的基本假设上,FIDES模型除恒定失效率假设外,还采用威布尔分布描述显示器、硬盘、电池、风

扇、键盘等有限寿命产品的损耗失效。同时,FIDES 指南 2009 模型中的应力加速模型除温度应力和电应力外,还采用机械应力、温湿度、温度循环等应力加速模型,结合综合应力剖面建立,可以更精确地反映电子设备寿命周期内环境应力对产品可靠性的影响。

FIDES 指南 2009 可靠性预计基本模型为

$$\lambda = \lambda_{\text{physical}} \cdot \Pi_{\text{PM}} \cdot \Pi_{\text{process}} \tag{3-3}$$

式中:λ 为待预计的电子元器件失效率(h^{-1});$\lambda_{\text{physical}}$为物理失效率($h^{-1}$);$\Pi_{\text{PM}}$为电子元器件制造的质量与技术控制系数(无量纲);$\Pi_{\text{process}}$为电子设备制造商在开发、制造以及使用过程中的质量与技术控制系数(无量纲)。

Π_{PM}与电子元器件生产商的质量控制、产品执行的质量标准、试验水平等相关,取值范围 0.5~2,默认值为 1.6。Π_{process}与电子设备研制方(元器件使用者)在设备的需求分析、设计、电路板制造、设备集成、系统集成、运行维护及质量管理等质量控制过程相关,取值范围 1~8,默认值为 4。针对选定的特定电子设备制造商,在其选用了特定的电子元器件之后,按照 FIDES 指南 2009 评估计算程序,即可得到确定的 Π_{PM}、Π_{process}值。

FIDES 指南 2009 中的可靠性预计模型将电子设备按照整个寿命周期的使用情况,分为各个阶段,每个阶段由于任务的要求不同,其所对应的应力也就不同。按阶段划分,物理失效率 $\lambda_{\text{physical}}$的表达式为

$$\lambda_{\text{physical}} = \sum_{i}^{\text{phases}} \left(\frac{\text{Annual\_time}_{\text{phase}-i}}{8760} \cdot \lambda_{\text{phase}-i} \right) \tag{3-4}$$

式中:$\lambda_{\text{physical}}$为物理失效率($h^{-1}$);8760 为一年的日历小时数(h);$\text{Annual_time}_{\text{phase}-i}$为第 i 阶段年平均持续时间(h);$\lambda_{\text{phase}-i}$为第 i 阶段的物理失效率(h^{-1})。

对于某一特定阶段第 i,物理失效率表达为

$$\lambda_{\text{phase}-i} = \left[\sum_{\text{physical\_contributions}} (\lambda_0 \cdot \Pi_{\text{acceleration}}) \right] \cdot \Pi_{\text{induced}} \tag{3-5}$$

式中:λ_0为基础失效率(h^{-1}),与元器件类型、材料、工艺和封装相关;$\Pi_{\text{acceleration}}$为应力加速系数(无量纲);$\Pi_{\text{induced}}$为过应力系数(无量纲),反映产品在寿命周期内遭受的超出设计预期的过应力影响,主要反映机械过应力、电过应力和热过应力的大小和频次,以及元器件固有的对过应力的敏感度相关,取值范围 1~100;$\sum_{\text{physical_contributions}}$为物理贡献因子,包括温度、温度循环、机械振动等应力。

其中,$\Pi_{\text{acceleration}}$为各类应力的加速系数,在 FIDES 指南 2009 中,分别采用相应的模型获得取值。温度应力加速采用 Arrhenius 模型,温度循环应力加速采用 Norris-Land-zberg 模型,湿度应力加速采用 Peck 模型,机械振动应力采用 Basquin 模型,电应力采用与温度应力联合的电压降额指数模型。化学应力主要考虑盐

雾等污染水平的强弱进行影响分级的方法进行。各应力加速模型的表达式如式(3-6)~式(3-10)所示。

温度应力加速采用Arrhenius模型，表达式为

$$\Pi_{\text{thermal}}=\exp\left[\frac{-E_{\text{a}}}{8617\times10^{-5}}\cdot\left(\frac{1}{T_{\text{J}}+273}-\frac{1}{293}\right)\right] \tag{3-6}$$

式(3-6)与式(3-2)的主要差别是，在FIDES指南2009可靠性预计模型中的基础失效率参考温度为20℃。

式中：Π_{thermal}为温度应力加速系数(无量纲)；E_{a}为激活能，与芯片工艺结构相关(eV)。

温度循环应力加速采用Norris-Land-zberg模型，其表达式为

$$\Pi_{\text{Tcy}}=\left(\frac{24}{N_0}\times\frac{N_{\text{cy-annual}}}{t_{\text{annual}}}\right)\times\left[\frac{\min\ (\theta_{\text{cy}},2)}{\min\ (\theta_0,2)}\right]^p\times\left(\frac{\Delta T_{\text{cycling}}}{\Delta T_0}\right)^m\times e^{1414\times\left(\frac{1}{T_0+\Delta T_0+273}-\frac{1}{T_{\text{max-cycling}}+273}\right)} \tag{3-7}$$

式中：Π_{Tcy}温度循环应力加速系数(无量纲)；N_0为参考温度循环次数(无量纲)；$N_{\text{cy-annual}}$为年温度循环次数(无量纲)；t_{annual}为年温度循环平均持续时间(h)；θ_0为参考温度循环持续时间(h)；θ_{cy}为温度循环持续时间(h)；T_0为参考温度(℃)；ΔT_0为参考温度循环振幅(℃)；$\Delta T_{\text{cycling}}$为温度循环振幅(℃)；$T_{\text{max-cycling}}$为温度循环最高温度(℃)；$m$、$p$为温度循环应力加速模型参数(无量纲)。

热机械应力与产品的温度循环相联系，无论产品处在工作或非工作阶段，都要考虑温度的变化。特别是在开机和关机状态转换下以及产品的日夜循环，也要考虑温度的变化。温度循环应力加速模型的参考条件可考虑自然的昼夜循环温差。

例如：$\Delta T_0=20$℃，$N_0=2$次/天，$\theta_0=12\text{h}$，$T_{\text{max-cycling}}=T_0+\Delta T_0=40$℃。

湿度应力加速采用Peck模型，其表达式为

$$\Pi_{\text{RH}}=\left(\frac{\text{RH}_{\text{ambient}}}{\text{RH}_0}\right)^p\times e^{\frac{E_{\text{ha}}}{K_{\text{B}}}\left(\frac{1}{T_0+273}-\frac{1}{T_{\text{ambient}}+273}\right)} \tag{3-8}$$

式中：Π_{RH}为湿度应力加速系数(无量纲)；RH_0为参考相对湿度(%)；$\text{RH}_{\text{ambient}}$为环境相对湿度(%)；$E_{\text{ha}}$为等效激活能(eV)；$K_{\text{B}}$为玻尔兹曼常数(eV/K)；$T_0$为参考温度(℃)；$T_{\text{ambient}}$为环境温度(℃)；$p$为湿度应力加速模型参数(无量纲)。

湿度应力加速模型的参考条件为室内良好条件。例如：$\text{RH}_0=70\%$，$T_0=20$℃。

机械振动应力加速采用Basquin模型，其表达式为

$$\Pi_{\text{mech}}=\left(\frac{G_{\text{RMS}}}{G_{\text{RMS0}}}\right)^p \tag{3-9}$$

式中：Π_{mech}为机械振动应力加速系数(无量纲)；G_{RMS0}为参考的振幅均方根加速度(g)；G_{RMS}为环境的振幅均方根加速度(g)；p为机械振动应力加速模型参数

(无量纲)。

Basquin 定律揭示出随着振动量级的增加,元器件失效风险会随之增加。机械振动应力的参考条件为 $G_{\mathrm{RMS0}}=0.5\mathrm{g}$。

以下依然以集成电路为例,介绍 FIDES 可靠性预计模型中物理失效率 $\lambda_{\mathrm{physical}}$ 的建模方法。从集成电路失效物理分析来看,其失效可独立地分为芯片失效和封装失效两部分。芯片失效主要受温度和电应力的影响,封装失效主要受温度循环应力、温度应力、湿度应力和机械振动应力的影响。而温度循环对集成电路封装的影响又可分为封装管壳和引脚焊接两个部分。由此,物理失效率的表达式为

$$\lambda_{\mathrm{physical}}=\sum_{i}^{\mathrm{phases}}\left(\frac{t_{\mathrm{annual}}}{8760}\right)_{i}\times\begin{pmatrix}\lambda_{\mathrm{0thermal}}\times\Pi_{\mathrm{thermal}}\\+\lambda_{\mathrm{0Tcy\_case}}\times\Pi_{\mathrm{Tcy\_case}}\\+\lambda_{\mathrm{0Tcy\_solderjoints}}\times\Pi_{\mathrm{Tcy\_solderjoints}}\\+\lambda_{\mathrm{0RH}}\times\Pi_{\mathrm{RH}}\\+\lambda_{\mathrm{0mech}}\times\Pi_{\mathrm{mech}}\end{pmatrix}\times(\Pi_{\mathrm{induced}})_{i}\qquad(3-10)$$

式中:$\lambda_{\mathrm{physical}}$为物理失效率($\mathrm{h}^{-1}$);$i$ 为第 i 阶段;t_{annual}为第 i 阶段年平均持续时间(h);$\lambda_{\mathrm{0thermal}}$为温度应力下的基础失效率($\mathrm{h}^{-1}$);$\Pi_{\mathrm{thermal}}$为温度应力加速系数(无量纲);$\lambda_{\mathrm{0Tcy_case}}$为温度循环应力下管壳的基础失效率($\mathrm{h}^{-1}$);$\Pi_{\mathrm{Tcy_case}}$为温度循环应力下管壳的温度应力加速系数(无量纲);$\lambda_{\mathrm{0Tcy_solderjoints}}$为温度循环应力下引脚焊接点的基础失效率($\mathrm{h}^{-1}$);$\Pi_{\mathrm{Tcy_solderjoints}}$为温度循环应力下引脚焊接点的温度应力加速系数(无量纲);λ_{0RH}为湿度应力下的基础失效率(h^{-1});Π_{RH}为湿度应力加速系数(无量纲);λ_{0mech}为机械应力下的基础失效率(h^{-1});Π_{mech}为机械应力加速系数(无量纲);Π_{induced}为过应力系数(无量纲),反映产品在寿命周期内遭受的超出设计预期的过应力影响,主要反映机械过应力、电过应力和热过应力的大小和频次,以及元器件固有的对过应力的敏感度相关,取值范围 1~100。

有时需要更加精确计算 Π_{induced}过应力系数时,可以参照公式(3-11):

$$\Pi_{\mathrm{induced}\_i}=(\Pi_{\mathrm{placement}\_i}\times\Pi_{\mathrm{application}\_i}\times\Pi_{\mathrm{ruggedising}})^{0.511\times\ln(C_{\mathrm{sensibility}})}\qquad(3-11)$$

式中:Π_{induced}为过应力系数(无量纲);$\Pi_{\mathrm{placement}}$为位置系数(无量纲);$\Pi_{\mathrm{application}}$为应用系数(无量纲);$\Pi_{\mathrm{ruggedising}}$为严酷度系数(无量纲);$C_{\mathrm{sensibility}}$为敏感性系数(无量纲);$i$ 为第 i 阶段。

公式(3-10)通过各应力加速模型,建立了电子设备任务环境应力剖面对其可靠性影响的桥梁关系。公式(3-10)建立的模型中各参数数据来源于电子设备任务环境应力剖面,如表 3-1 所列。该示例的相关信息简要描述如下:

某近地低轨道(LEO)卫星舱内对地探测电子设备,轨道高度 700km,轨道周期为 1.67h,该电子设备每一轨道周期开机一次对地观测,开机工作时间占 15%。卫

星舱内平均热控温度40℃,温度波动5℃,开机温升为10℃。卫星上的振动量级近似为0,太空的真空环境通常相对湿度为0,化学应力水平最低。电子设备在关机时,各应用因子评审项的评分因子均取为1,由此,$\Pi_{\text{application}}=1$。在开机时,主要受外部供电的重度影响,$\Pi_{\text{application}}=1.5$,由此可以得到LEO对地探测的电子设备常规应力综合剖面,如表3-1所列。

表3-1　LEO对地探测器常规应力综合剖面

LEO轨道对地探测器常规应力综合剖面														
			温度和湿度		温度循环				机械	化学				过应力
阶段名称	日历时/h	开/关	环境温度/℃	相对湿度/%	ΔT/℃	循环次数/年	循环持续时间/h	最高循环温度/℃	随机振动/Grma	盐雾污染	环境污染	应用污染	防护水平	$\Pi_{\text{application}}$
关机	7446	关	40	0	5	5256	1.42	43	0	弱	弱	弱	非密封	1
开机	1314	开	50	0	20	5256	0.25	50	0.5	弱	弱	弱	非密封	1.5

在FIDES指南2009的可靠性预计模型中,对于显示器、硬盘、电池、风扇、键盘等有限寿命的产品,在产品寿命周期内用恒定失效率的指数分布可靠性模型来描述并不精确。为此发展出下列方法,将此类对象的失效率分为恒定失效率和损耗失效率两部分,如图3-2所示。

$$\lambda(t)=\lambda_{\text{constant}}+\lambda_{\text{wearout}}(t) \tag{3-12}$$

式中:$\lambda(t)$为有限寿命产品总失效率(h^{-1});$\lambda_{\text{constant}}$为有限寿命产品与随机失效相关的恒定失效率($h^{-1}$);$\lambda_{\text{wearout}}(t)$为有限寿命产品与损耗失效相关的随时间变化的失效率(h^{-1})。

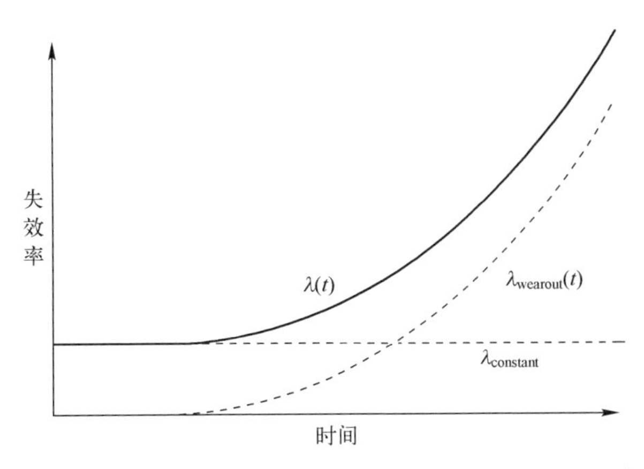

图3-2　具有损耗机理的有限寿命产品失效率随时间变化曲线

对于这类有限寿命产品,通常需要采用定期预防性维修策略(periodic preventative maintenance, MPP),即到达计划更换周期时(接近有限寿命时),及时更新为新部件。新部件刚更新时,其损耗机理失效率为零,这样就可以降低部件损耗性失效带来的风险。此时,这类场景下的失效率如何预计呢?

采用定期预防性维修策略,其部件失效率随时间变化曲线如图 3-3 所示。

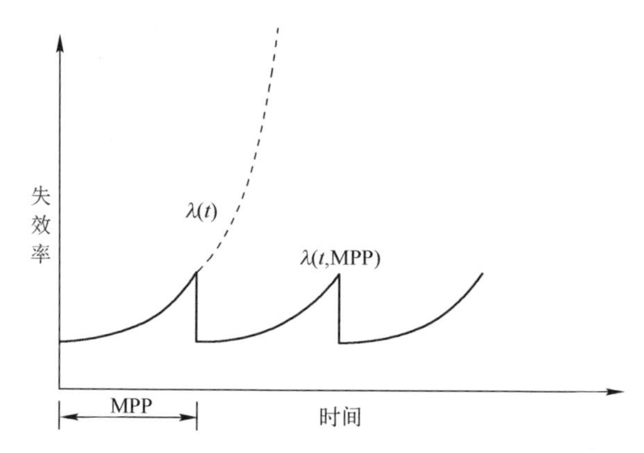

图 3-3　定期预防性维修(MPP)部件瞬时失效率随时间变化曲线

如图 3-3 所示,由于损耗失效机理导致失效率随时间而变化,不能够像恒定失效率可以在可靠性指标的分解和合成中简单相加,所以,给工程应用中可靠性指标的分解和合成计算带来一定的困难。为了解决这一问题,可以定义一个等效的恒定失效率 λ_{eff},使得在给定的任务周期 T 的末期生存概率等效。

$$\exp(-\lambda_{\text{eff}} \cdot T) = R(T) = \exp\left(-\int_0^T \lambda_{\text{wearout}}(t)\,\mathrm{d}t\right) \tag{3-13}$$

式中:λ_{eff}为任务周期 T 内的等效恒定失效率(h^{-1});T 为任务周期(h);$R(T)$为任务周期 T 的末期生存概率(无量纲);$\lambda_{\text{wearout}}(t)$为有限寿命产品与损耗失效相关的随时间变化的失效率(h^{-1})。

假设损耗性失效服从两参数威布尔(Weibull)分布:

$$\lambda_{\text{wearout}}(t) = \beta \frac{t^{\beta-1}}{\eta^{\beta}} \tag{3-14}$$

式中:$\lambda_{\text{wearout}}(t)$为有限寿命产品与损耗失效相关的随时间变化的失效率(h^{-1});t 为时间(h);β 为威布尔分布形状因子(无量纲);η 为威布尔分布尺度因子(无量纲)。

为此,将公式(3-14)代入公式(3-13)的定义,在任务周期 T 末期等效的恒定失效率为

$$\lambda_{\text{eff}} = \frac{T^{\beta-1}}{\eta^{\beta}} \tag{3-15}$$

显然,对于在周期MPP内定时更新的部件,其损耗性失效的等效恒定失效率为

$$\lambda_{\text{eff}}=\frac{\text{MPP}^{\beta-1}}{\eta^{\beta}} \tag{3-16}$$

由此,对于任务周期 T 内或定期预防性维修周期MPP内,可以采用恒定失效率 λ_{eff} 进行可靠性指标的分解与合成,这给工程应用带来了简化的计算方法。这一方法虽然是基于两参数威布尔分布建立的,也可以比较容易地推广到其他分布类型,如电子元器件常见的对数正态分布等情况。如果产品的损耗性失效服从对数正态分布,则 T 时刻的可靠度可用以下表达式表示,即

$$R(T)=1-\Phi\left[\frac{\ln T-\mu}{\sigma}\right] \tag{3-17}$$

式中:μ 和 σ 为对数正态分布的参数;Φ 为标准正态分布累积分布函数。

由此,可以得到在对数正态分布情况下的等效恒定失效率为

$$\lambda_{\text{eff}}=-\frac{1}{T}\ln\left\{1-\Phi\left[\frac{\ln T-\mu}{\sigma}\right]\right\} \tag{3-18}$$

3.3 空间辐射环境可靠性的基本模型

从地面至36000km的深空,日常生活中包括地面计算机网络系统、高铁、电力系统、核电站、医疗设备,以及飞机、卫星等内部的关键电子设备,其日常工作的环境均为空间辐射环境。2000年以后,随着深亚微米集成电路的更新换代,日常工作的空间辐射环境对上述关键电子设备的危害影响越来越显著,已经不容忽视。目前,国际上主流的可靠性预计模型如FIDES指南2009,MIL-HDBK-217F等尚未纳入空间辐射环境导致上述关键电子设备产生的失效率。本书介绍的空间辐射环境可靠性的基本概念首次出现在IEEE国际可靠性与维修性2016年年会(IEEE RAMS 2016)上发表的 *A Method of Space Radiation Environment Reliability Prediction* 论文中。该论文参照3.2节所述的FIDES指南2009电子设备可靠性预计模型框架,基于空间辐射效应总剂量效应(TID)、位移损伤效应(DD)、单粒子效应(SEE)属于先进半导体集成电路的本征物理失效机理的特性,聚焦于物理失效率 $\lambda_{\text{physical}}$ 模型,在传统的温度、温循、湿度、机械振动等应力之外,扩展增加了空间辐射环境应力。扩展后的物理失效率模型为

$$\lambda_{\text{physical}}=\lambda_{\text{NSRE}}+\lambda_{\text{SRE}} \tag{3-19}$$

式中:$\lambda_{\text{physical}}$ 为物理失效率(h^{-1});λ_{NSRE} 为由于温度、温循、湿度、机械、化学等应力造成的物理失效率(h^{-1}),具体可参见公式(3-10);λ_{SRE} 为由于空间辐射环境应力

造成的 TID、DD、SEE 等的物理失效率(h^{-1})。

公式(3-19)是空间辐射环境可靠性技术原理的基础,是建立空间辐射环境可靠性(λ_{SRE})、传统的非空间辐射环境可靠性(λ_{NSRE})与总体可靠性(公式(3-3)中的 $\lambda_{physical}$ 与 λ)之间关系的重要桥梁。

公式(3-19)能够成立的必要条件是温度、温循、湿度、机械振动应力等诱发的失效与空间辐射效应诱发的失效是相互独立的。经研究分析表明,从失效机理上分析,温循、湿度和机械振动应力与空间辐射环境应力导致的失效应当是相互独立的。如:温循应力导致器件封装疲劳,器件在温循过程中会累积永久性损伤,诱发材料弱化。主要失效模式包括电介质/薄膜断裂、键合丝断裂、芯片断裂和脱落、焊接疲劳等失效。湿度应力会对器件的芯片金属化层和键合盘造成腐蚀。机械振动和冲击应力造成金属引线空洞,材料裂纹生长,引起金属或其他材料断裂。温循、湿度和机械振动应力主要引起半导体器件封装失效,而空间辐射环境应力主要引起芯片相关的失效。因此,本书认为其相互独立性基本成立。

而温度应力与空间辐射环境应力的独立性,从现有的试验研究结果分析,主要是发现了温度与单粒子闩锁 SEL 效应具有相关性。AD7714、LTC1604、MAX708、72V36110、TSS902E 等器件不同温度下的 SEL 试验[6],试验结果表明,芯片温度越高,SEL 敏感截面越大,如图 3-4 所示。

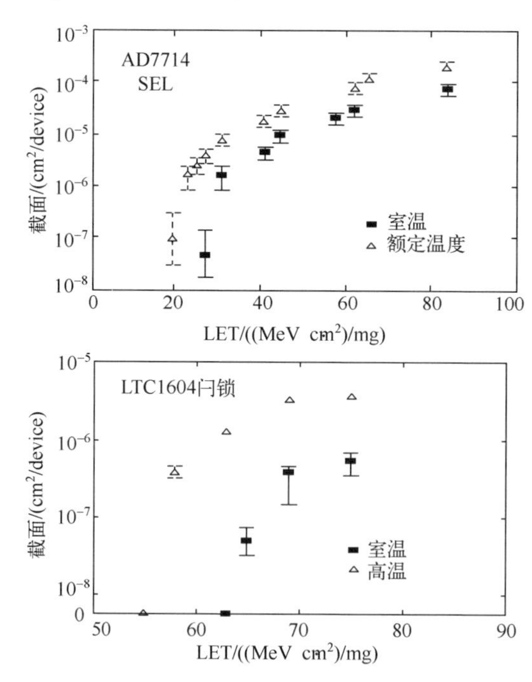

图 3-4　AD7714 及 LTC 1604 在 85℃ 和室温条件下的 SEL 敏感截面

但是,温度应力与 SEL 效应的相关性目前还没有建立定量模型。然而,目前的工程应用实践,要求在高温下开展 SEL 效应试验,并且开展 SEL 效应预计,通常得到加严的结果,获得偏保守的工程上可接受的预计结果。因此,在目前的认识水平上,在工程可接受的准确性上,可以粗略地认为空间辐射环境应力与温度、温循、湿度、机械振动等其他传统的非空间辐射环境应力是相互独立的。因此,公式(3-19)成立的必要条件基本具备。

那么,公式(3-19)中的 λ_{SRE} 又如何获得呢? 本书首次[7]提出了空间辐射环境可靠性的基本模型,即

$$\lambda_{SRE}=\lambda_{TID}+\lambda_{DD}+\lambda_{SEE} \tag{3-20}$$

式中:λ_{SRE} 为由于空间辐射环境应力导致 TID、DD、SEE 等效应引起的物理失效率(h^{-1});λ_{TID} 为由于空间辐射环境应力导致 TID 效应引起的物理失效率(h^{-1});λ_{DD} 为由于空间辐射环境应力导致 DD 效应引起的物理失效率(h^{-1});λ_{SEE} 为由于空间辐射环境应力导致 SEE 效应引起的物理失效率(h^{-1})。

公式(3-20)是空间辐射环境可靠性的基本模型,是空间辐射环境可靠性技术原理的标志性理论模型,在不同量纲、不同物理内涵的工程化底层器件级试验数据与顶层任务成功之间,建立了定量的桥梁关系。适用于器件级、板级、设备级、系统级的不同分类分组方式下的空间辐射环境可靠性的计算。

公式(3-20)能够成立的必要条件是,空间辐射环境应力导致的物理失效与温度等其他应力导致的物理失效是相互独立的,并且公式(3-20)中空间辐射环境应力导致 TID、DD、SEE 效应引起的物理失效之间也是相互独立的。前面已经阐述了空间辐射环境应力导致的物理失效与温度等其他应力导致的物理失效可以认为是相互独立的。现有研究表明,总剂量效应与位移损伤效应是相互独立的,位移损伤效应与单粒子效应也是相互独立的,但是总剂量效应与单粒子效应的独立性未获得完全证实。通常情况,在采用公式(3-20)考虑两类效应的综合效应时,暂时忽略两类效应之间的相互影响。

3.4　空间辐射环境可靠性的指标制定与分配理论

空间辐射环境可靠性会影响卫星、飞机和地面系统的安全性、可靠性、维修性、可用性等任务指标。目前,国际上统称为可信性指标。这些任务指标在不同工程应用中可能采用不同的分组分级方法,进一步细分为不同的分组分级任务指标。系统中的不同敏感器件在不同的空间辐射环境下产生的敏感效应不同。有的会产生硬失效,有的会产生软失效,导致计划的或非计划的系统中断,表现为电子系统级别的软失效和硬失效。不同软硬失效类型会影响不同的分组分级任务指标。例

如：与 GPS 对接的系统，可能采用与 GPS 类似的任务指标分组方法，如表 3-2 所示。系统如果采用其他的任务指标分组方法，可以在理解本节内涵的基础上，建立空间辐射环境效应产生的软硬失效与各分组任务指标之间的关系，为建立空间辐射环境可靠性与任务指标之间的定量模型确立必需的输入条件。

表 3-2 空间辐射环境危害对任务指标分组的影响关系

任务指标				
可用性				
计划中断		非计划中断连续性		
短期硬失效	长期硬失效	短期硬失效	长期硬失效	短期软失效
				完好性风险
可靠性与可维修性				
平均故障间隔时间 $MTBF_1$	$MTBF_2$	$MTBF_3$	$MTBF_4$	$MTBF_5$
平均修复时间 $MTTR_1$ T_1	$MTTR_2$ T_2	$MTTR_3$ T_3	$MTTR_4$ T_4	$MTTR_5$ T_5
空间辐射环境可靠性				
TID DD	TID DD	SEE (SEL、SEB、SEGR、SEDR、SESB) TID,DD	SEE (SEL、SEB、SEGR、SEDR、SESB) TID,DD	SEE (SEU、SET、MCU、SEFI、SED、SEHE)
定期维修替换单元	定期替换	临时备份单元替换	临时替换	自检纠错重启

系统的可靠性由空间辐射环境可靠性与非空间辐射环境可靠性构成。为了使空间辐射环境不成为系统可靠性的主要影响因素，制定顶层空间辐射环境可靠性指标时，可以要求控制空间辐射环境可靠性指标为系统失效率的 1/10。

为确保设计的系统不会因为空间辐射环境危害影响其生存性与任务成功，可以采用多种方法分配指标。如平均分配法、权重分配法、经验评分法、最小代价法等。

空间辐射环境可靠性的指标分配方法与传统可靠性的指标分配方法，其主要区别如表 3-3 所列。主要区别体现在两个方面，一是可供分配的指标要求不同，二是可以分配的对象不同。

表 3-3 空间辐射环境可靠性指标分配要素

对比项	空间辐射环境可靠性	传统可靠性
可供分配的要求	空间辐射危害影响的各类任务指标	可靠性指标
分配对象	空间辐射危害敏感的效应与器件	所有器件

主要原因是,对于空间辐射环境应力敏感的半导体集成电路,在直接影响任务成功指标的电子设备或电子系统中执行的规定功能至关重要时,才需要采用空间辐射环境可靠性指标来加以控制。一是,由于空间辐射环境应力危害可能影响的各类分组任务指标不同,所以基于物理失效机理,基于底层敏感器件与顶层任务成功之间的定量影响关系,可供分配的任务指标要求不同。二是,针对同一组任务指标要求,如果任务剖面空间辐射环境应力与辐射敏感器件清单均不确定,对空间辐射环境应力危害敏感的器件与效应不同,则分配对象也会不同。

所以,在暂时不了解系统内部空间辐射环境可靠性构成关系的设计初期,可以参照传统可靠性的分配方法加严分配比例关系。经过几轮迭代计算后,基本上可以大致掌握系统级、设备级、器件级各级各组实际空间辐射环境可靠性指标(如失效率)占总体可靠性指标(如失效率)的真实比例。

空间辐射环境可靠性技术原理,是基于空间辐射环境可靠性的基本概念、基本模型,指导开展空间辐射环境可靠性指标制定、分配、预计、试验、评价、改进建议、防护效果再评估的一套闭环迭代的技术理论体系。是一套思想、方法与工具。其核心是建立了空间辐射环境可靠性的基本模型,基于对辐射损伤效应物理机理与内涵的深刻理解和工程实践经验,综合考虑单粒子效应、总剂量效应、位移损伤效应的影响,建立了空间辐射环境可靠性与顶层任务成功之间的关系,空间辐射环境可靠性与地面试验数据之间的关系,以及空间辐射环境可靠性、传统的非空间辐射环境可靠性与总体可靠性之间的关系。从而,定量地建立了电子系统底层辐射敏感器件地面模拟试验数据与顶层任务成功之间的分组分级关系。其详细内容已经得到了工程应用[8],将在后续各章节逐一展开介绍。

参考文献

[1] MIL-HDBK-217F,Reliability Prediction of Electronic Equipment[S],1991.

[2] GJB299C. 电子设备可靠性预计手册[S]. 北京:中国人民解放军总装备部,2006.

[3] TELCORDIA TECHNOLOGIES. Reliability Prediction Procedure for Electronic Equipment[R]. Telcordia Technologies Special Report,2011-1,332(3).

[4] UTE C 80-810. Reliability Data Handbook:RDF 2000[S]. 2000-7.

[5] AIRBUS FRANCE,EUROCOPTER,NEXTER ELECTRONICS,et al. FIDES guide 2009-Reliability Methodology for Electronic Systems[M]. 2010-9.

[6] FAROKH I,TETSUO F. MIYAHIRA. Results of Single-Event Effects Measurements Conducted by the Jet Propulsion Laboratory[C]// Radiation Effects Data Workshop. IEEE,2006.

[7] Qunyong Wang, Dongmei Chen, Hua Bai. A Method of Space Radiation Environment Reliability Prediction. 978-1-5090-0249-8/16© 2016 IEEE RAMS.

[8] Qunyong Wang, Dongmei Chen, Hua Bai, Fajian Shi. Accurate Reliability Prediction based on RIDM. 978-1-7281-3690-5/20© 2020 IEEE RAMS.

第4章

空间辐射环境可靠性预计

4.1 空间辐射环境可靠性预计基本方法

4.1.1 预计基本模型

在热、机械等常规环境应力基础上，考虑增加空间辐射环境应力，建立基于失效物理的扩展 FIDES 可靠性模型，应用于国内卫星、飞机、地面电子系统的可靠性预计和防护设计，并通过卫星搭载试验验证和飞机飞行试验验证。扩展 FIDES 模型获得国际上的高度认可，该研究成果曾获得 2016 RAMS 年会最佳论文奖[1]。根据第 3 章所描述的空间辐射环境基本模型，将空间辐射物理失效率 λ_{SRE} 表示为 3 种辐射效应引起失效率之和，即

$$\lambda_{SRE}=\lambda_{TID}+\lambda_{DD}+\lambda_{SEE} \tag{4-1}$$

式中：λ_{TID} 为空间辐射环境总剂量效应引起的失效率（h^{-1}）；λ_{DD} 为空间辐射环境位移损伤效应引起的失效率（h^{-1}）；λ_{SEE} 为空间辐射环境单粒子效应引起的失效率（h^{-1}）。

这里需要注意的是，对于卫星电子系统，由于卫星空间轨道的辐射源主要是重离子、高能质子及电子辐射，需要考虑卫星电子系统的 3 种辐射效应，即总剂量效应、位移损伤效应和单粒子效应。

对于航空电子系统，根据国际标准 IEC-62396-1“航空电子过程管理-大气辐射影响第一部分：航空电子设备单粒子效应应对策略”[2]，在 20000m 以下大气层中，飞机全生命周期末期累计的总剂量效应和位移损伤效应可以忽略，因此，在飞机电子系统的大气辐射环境可靠性预计过程中，可以认为 λ_{TID} 和 λ_{DD} 项为零，仅考虑单粒子效应；但是，对于在临近空间飞行的飞行器，仍需要考虑 3 种辐射效应，即总剂量效应、位移损伤效应和单粒子效应。

对于地面电子系统，由于地面系统地面辐射源主要是高能中子、热中子[3]，主要考虑中子辐射产生的单粒子效应。

4.1.2　预计关键要素

空间辐射环境考虑要素很多，主要包括以下因素[4-17]：空间辐射环境应力、辐射诱发器件效应、器件本征敏感特性表征、辐射敏感器件清单、防护策略、任务指标、故障传递率等。

其中，辐射敏感清单特指的是卫星、飞机和地面系统中会受到空间辐射影响的敏感器件清单。空间辐射环境可靠性预计就是以清单中的敏感器件为基本对象而进行的，同样，后续的试验及防护设计也是重点针对清单中的敏感器件和设备而进行的。例如，卫星中一般对空间辐射环境敏感的器件主要包括 FPGA、CPU、DSP、A/D、D/A、SRAM、EEPROM、PROM、时间管理器、总线控制器、总线驱动器、低压稳压器、接口电平芯片、DC/DC、运算放大器、分立器件、光耦等常用器件。表 4-1 所列为清单中应重点分析敏感器件情况。

表 4-1　卫星器件的敏感效应

<table>
<tr><th>序号</th><th colspan="2">器件类型</th><th>敏感效应</th></tr>
<tr><td rowspan="4">1</td><td rowspan="4">单片数字电路</td><td>CPU</td><td>SEE：SEL、SEU、SEHE、SEFI、SED。
TID</td></tr>
<tr><td>FPGA</td><td>SEE：
合逻辑和时序逻辑对单粒子效应非常敏感，其中配置、Block-RAM、IOB 对 SEU 敏感，POR、SelectMap、IOB 等模块对 SEFI 敏感。SEE 的类型包括 SEL、SEDR、SEU、SEFI、SED。
TID</td></tr>
<tr><td>存储器</td><td>SEE：
SRAM：SEL、SEU、MCU/SMU、SEHE。
SRAM/SDRAM：SEL、SESB、SEU、MCU/SMU、SRHE、SEFI。
EEPROM/ PROM：SEL、SEDR、SEFI、SED。
TID</td></tr>
<tr><td>DSP</td><td>SEE：SEL、SEU、SEHE、SEFI、SED
TID</td></tr>
<tr><td>2</td><td>混合集成电路</td><td>DC/DC</td><td>SEE：SEB、SEGR、SEU、SET 和 SEL。
SET 和 SEL 针对整个 DC/DC 转换器。
TID</td></tr>
<tr><td rowspan="2">3</td><td rowspan="2">混合信号集成电路</td><td>A/D</td><td rowspan="2">SEE：SEL、SEU、SEFI、SET、SED。
SEU 主要针对缓存区。
SET 主要针对 D/A。
SEL 主要针对 A/D 和 D/A 转换器。
SEL 免疫。
TID</td></tr>
<tr><td>D/A</td></tr>
</table>

续表

序号	器件类型		敏感效应
4	线性器件	低压稳压器	SEE TID DD
		运算放大器	SEE:SEU、SEL、SET。 TID
		时间管理器	SEE:SET。 TID
		总线驱动器	SEE:SET。 TID
5	分立器件	MOSFET	SEE:SEGR、SEB。 TID
		VDMOS	
6	总线控制器		SEE:SEU、SEL。 TID
7	接口芯片		SEE TID
8	光电器件	光耦	DD
		太阳能电池	
		传感器	

4.2 宇宙空间辐射环境可靠性预计

4.2.1 宇宙空间辐射环境可靠性预计程序

卫星空间辐射可靠性预计程序如图 4-1 所示，输入是卫星的任务轨道、设计寿命、任务要求、可用性、连续性和完好性任务指标等，输出是卫星空间辐射可靠性预计接受报告，预计流程包括卫星任务轨道的空间辐射环境预计、卫星辐射防护措施和敏感器件防护措施识别、敏感器件的辐射应力计算、敏感器件的试验数据获得、敏感器件的空间辐射失效率预计方法、根据可靠性模型开展空间辐射环境可靠性预计等主要步骤。

例如，在预计任务轨道空间辐射应力时，需要确定的主要输入条件有任务发射时间、任务周期、任务轨道参数、屏蔽厚度，输出为各种空间辐射效应的应力：重离子单粒子效应的任务轨道平均 LET 能谱、质子单粒子效应的任务轨道平均质子能谱、TID 效应的任务末期累积电离辐射总剂量、DD 效应的任务末期累积非电离辐射总剂量。

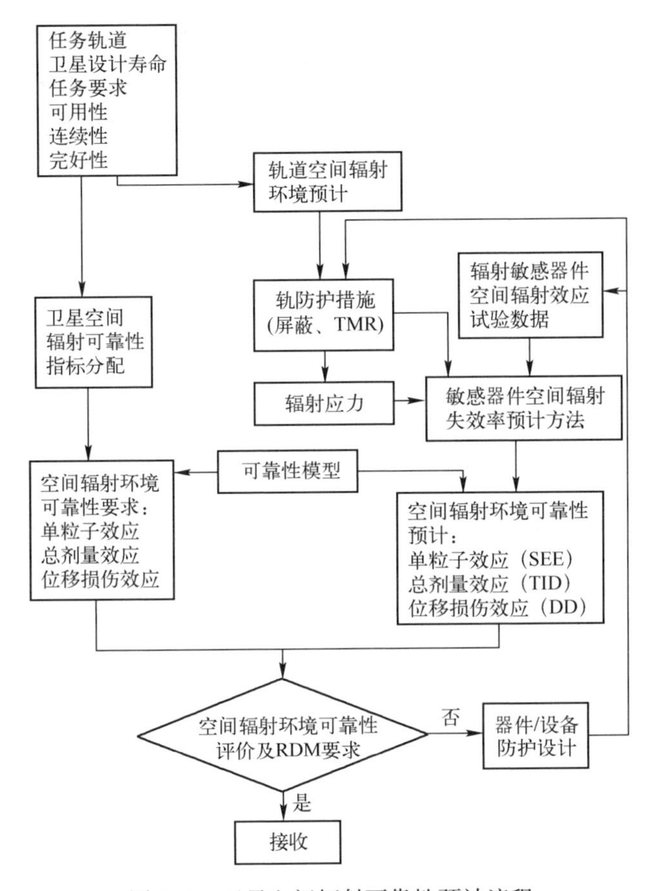

图 4-1　卫星空间辐射可靠性预计流程

4.2.2　器件空间辐射环境可靠性预计模型

空间辐射环境引起的敏感器件失效率,可表示为 3 种独立的辐射效应率之和,即

$$\lambda_{\text{SRE-dev}} = \lambda_{\text{TID-dev}} + \lambda_{\text{DD-dev}} + \lambda_{\text{SEE-dev}} \tag{4-2}$$

式中:$\lambda_{\text{TID-dev}}$为空间辐射环境总剂量效应引起的器件失效率(h^{-1});$\lambda_{\text{DD-dev}}$为空间辐射环境位移损伤效应引起的器件失效率(h^{-1});$\lambda_{\text{SEE-dev}}$为空间辐射环境单粒子效应引起的器件失效率(h^{-1})。

4.2.3　器件 TID 与 DD 失效率预计

辐射敏感器件 TID 和 DD 均是累积效应,随着器件辐射剂量的累积,器件的失效率逐渐增加。研究表明,可用对数正态分布描述辐射敏感器件的 TID 和 DD。下面以 TID 为例介绍失效率预计方法,这些方法同样适用于 DD 的失效率预计。

对于已知失效分布参数(μ,σ)的器件,根据对数正态分布函数性质,在轨辐射敏感器件 TID 生存概率点估计的表达式为

$$p_{s\text{-TID}}(R_{\text{SPEC-TID-dev}}(T)) = 1-\Phi\left[\frac{\ln(R_{\text{SPEC-TID-dev}}(T))-\mu}{\sigma}\right] \tag{4-3}$$

式中:Φ 为标准正态分布的分布函数,$\Phi(x)=\int_{-\infty}^{x}\frac{1}{(2\pi)^{1/2}}\mathrm{e}^{-u^2/2}\mathrm{d}u$;$R_{\text{SPEC-TID-dev}}(T)$ 为从任务开始 0 时刻到 T 时刻器件累积的电离辐射总剂量;$\mu=\overline{\ln(R_{\text{FAIL-TID}})}=\frac{1}{n}\sum_{i=1}^{n}\ln((R_{\text{FAIL-TID-}i}))$ 为表征器件平均抗辐射能力;$\sigma=\left(\frac{1}{n-1}\sum_{i=1}^{n}[\ln(R_{\text{FAIL-TID-}i})-\mu]^2\right)^{1/2}$ 为表征器件抗辐射离散性;$R_{\text{FAIL-TID-}i}$ 为第 i 只器件电离辐射总剂量失效值,由试验获得。

由于试验样品数量有限,通过试验获得的器件本征抗 TID 和 DD 能力存在抽样偏差,可以采用区间估计来计算 TID 效应在任务末期生存概率。为了计算置信区间,引入正态分布单边容限因子 KTL,是样本数 n、生存概率 P_S 和置信区间 c 的函数,如下式所示,90%置信度下单边容限因子 KTL 数值如图 4-2 所示,即

$$KTL(n,c,P_S)=\frac{t_{n-1,c}(-\sqrt{n}\,u_{P_S})}{\sqrt{n}} \tag{4-4}$$

式中:u_{P_S} 为标准正态分布函数的 P_S 分位数;$t_{n-1,c}$ 为自由度 $n-1$ 的非中心 t 分布函数的 c 分位数。

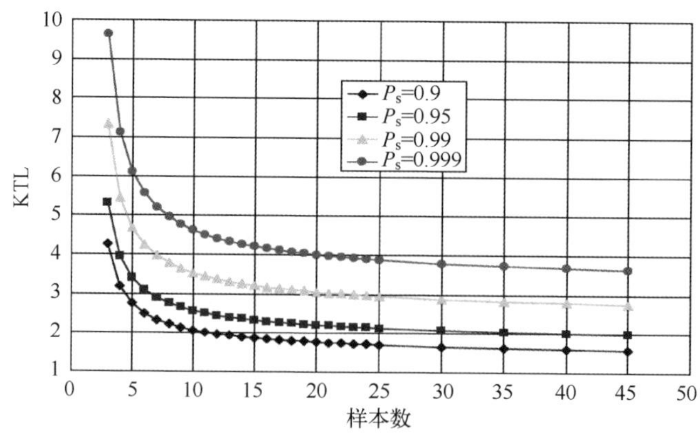

图 4-2　90%置信度下单边容限因子 KTL(彩插见书末)

可通过数值计算,获得使得下列等式成立的 P_S 值,即

$$\mathrm{KTL}(n,c,P_S)=\frac{\mu-\ln(R_{\mathrm{SPEC-TID-dev}})}{\sigma} \tag{4-5}$$

辐射敏感器件的 TID 失效服从对数正态分布,其瞬时失效率随着器件累积的电离辐射总剂量的增加而增加,如图 4-3 所示。

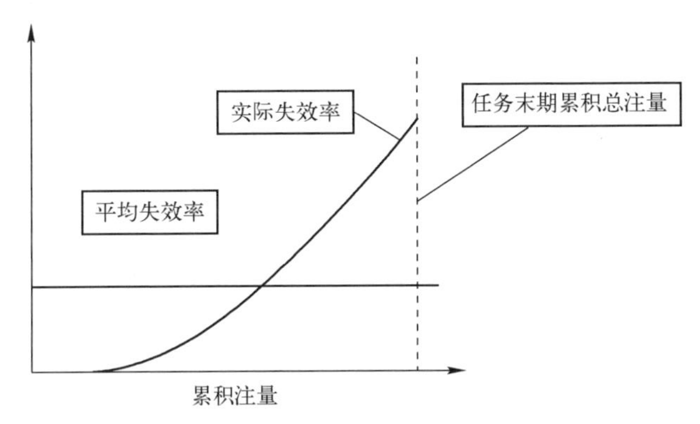

图 4-3　TID 瞬时失效率示意图

为便于工程应用,以任务末期生存概率相等为条件,将其折算为恒定失效率。超出航天器设计寿命时,该位 TID 失效率计算公式不适用。任务期间辐射敏感器件位移损伤效应平均失效率为

$$\lambda_{\mathrm{TID-dev}}=-\frac{1}{T_{\mathrm{end}}}\ln(p_{s-\mathrm{TID}}) \tag{4-6}$$

在工程实践中,经常遇到的问题是,有些敏感器件只有有限的试验数据,其分布参数未知。例如,对于微电子器件国家军用标准规定的鉴定试验,试验样品在接受规定的辐射剂量/注量后,终点电测试应当合格,TID 试验的抽样要求为抽取 22 只样品 0 失效,DD 试验的抽样要求为抽取 11 只样品 0 失效。这样的试验数据是工程实践中最常遇到的情况。这种类型的抽样方案为成败型 LTPD(Lot Tolerance Percent Defective)抽样方案,即设置一定的试验应力条件,最终根据合格的样品数量来判定是否通过试验。当母体数量大于 200,在 90%置信度下,合格判定数为 0 和 1 的生存概率如表 4-2 所列。从表中可以看出,通过 22(0)试验的样本母体,在试验给定的辐射应力条件下,在 90%置信度下的生存概率为 0.9;通过 11(0)试验的样本母体,在试验给定的辐射应力条件下,在 90%置信度下的生存概率为 0.8。LTPD 抽样方案优点是不需要知道样本的分布形式,即可对给定试验应力条件下的生存概率进行定量评价。LTPD 抽样方案的主要问题是:只能对给定试验应力条件下的生存概率进行定量评价,当实际任务的辐射应力不等于给定试验应力条件时,则无法进行定量评价;当需要评价的生存概率高时,需要极多的样品数,如表 4-2

所列,当需要评价的生存概率为 0.99 时,采用 0 失效抽样方案,需要 231 只样品;需要评价的生存概率为 0.999 时,采用 0 失效抽样方案,需要 2303 只样品。

表 4-2 LTPD 抽样方案表(置信度:90%,N>200)

合格判定数(c)	LTPD							
	20	10	5	2	1	0.5	0.2	0.1
0	11	22	45	116	231	461	1152	2303
1	18	38	77	195	390	778	1946	3891

当被试器件工艺稳定,辐射失效应力取对数后的最大标准差 σ 有较好的估计时,可以使用过试验方法。过试验因子定义为试验辐射应力水平 R_T 与辐射规范水平 R_{SPEC} 的比值。根据试验样本数 n,置信度 c,生存概率 P_S,σ 的最大估计值 σ_{max} 时,可以按照以下公式计算在 R_{SPEC} 下的生存概率,即

$$P_S = \Phi\left[\overline{\Phi}(P_T) + \frac{\ln(R_T/R_{SPEC})}{\sigma_{max}}\right] \tag{4-7}$$

式中:P_S 为待求的在 R_{SPEC} 下的生存概率;P_T 为试验辐射应力水平 R_T 下样品的生存概率;Φ 为标准正态累积分布函数,$\overline{\Phi}$ 为 Φ 的反函数。

可根据 LTPD 表对试验生存概率进行计算,对于 n 个样本 0 失效的情况,也可用以下公式估计置信度 c 下的试验生存概率,即

$$P_T = \exp[\ln(1-c)/n] \tag{4-8}$$

例如,已知某批器件的 TID 失效分布服从对数正态分布,分布参数 σ 的最大估计值 $\sigma_{max}=0.5$,在试验辐射剂量为 150krad(Si)时,抽取的 22 只样品无一失效,试求在任务累积总剂量为 50krad(Si)时,器件的生存概率,即

$$P_S = \Phi\left[\overline{\Phi}(P_T) + \frac{\ln(R_T/R_{SPEC})}{\sigma_{max}}\right] = \Phi\left[\overline{\Phi}(0.9) + \frac{\ln(150/50)}{0.5}\right] = \Phi[1.28+2.20] = 0.99975 \tag{4-9}$$

4.2.4 器件 SEE 事件率预计

任务期间诱发辐射敏感器件单粒子效应的主要辐射源有重离子和质子,单粒子失效率的表达式为

$$\lambda_{SEE-dev} = \lambda_{SEE-dev-H} + \lambda_{SEE-dev-P} \tag{4-10}$$

式中:$\lambda_{SEE-dev-H}$ 为任务辐射环境中重离子诱发的单粒子事件率(h^{-1});$\lambda_{SEE-dev-P}$ 为任务辐射环境中质子诱发的单粒子事件率(h^{-1})。

(1) 根据地面模拟试验数据结合任务轨道的环境特性预计重离子诱发的 $(SEErate)_{dev-H}$ 辐射敏感度可以用截面表示,单位为 cm^2/device 或 cm^2/bit,截面是

入射粒子种类和能量的函数。对于重离子,截面可以用 LET 表示,单位为(MeV · cm^2)/mg。使用 IRPP(Integrated Rectangular Parallelepiped)模型[18,19]预计重离子诱发的$(SEErate)_{dev-H}$,重离子诱发的单粒子效应率计算方法-IRPP 模型为

$$(SEErate)_{dev-H} = \frac{A}{4S}\int_{LET_{i,min}}^{LET_{i,max}} \left\{\frac{d\sigma_{ion}}{d(LET)}(LET_i)\int_{\frac{h}{D_{max}}LET_i}^{LET_{max}} \frac{d\phi}{d(LET)}P_{CL}(>D(LET))d(LET)\right\}d(LET_i) \quad (4-11)$$

式中:$(SEErate)_{dev-H}$为预计敏感器件重离子诱发的单粒子事件率((次/device)·h);l、w、h 为器件单粒子敏感体积的长度、宽度和高度,其中 $l=w=\sqrt{\sigma_{sat}}$,h 为器件有源区的实际高度;A 为敏感体积的总面积,$A=2\times(l\times w+l\times h+w\times h)$;$S$ 为半导体芯片平面敏感体积的表面积,$S=l\cdot w$;$\frac{d\phi}{d(LET)}$为任务轨道空间环境的 LET 微分谱;d(LET)为对给定的 LET 值,器件的临界弦长,与器件的 w、l、h 相关;$P_{CL}(>D(LET))$为大于临界弦长的累积分布,与器件的 w、l、h 相关,可使用蒙特卡罗仿真计算获得;$\frac{d\sigma_{ion}}{d(LET)}$为器件的微分翻转截面;$D_{max}$为器件敏感体积中的最大弦长;$LET_{max}$为任务轨道空间环境的 LET 谱的最大 LET 值;$LET_{i,min}$为器件微分翻转截面$\frac{d\sigma_{ion}}{d(LET)}$的下限;$LET_{i,max}$为器件微分翻转截面$\frac{d\sigma_{ion}}{d(LET)}$的上限。

高能粒子在半导体敏感体积中产生电荷 Q 的数量与入射粒子的 LET 值以及粒子在敏感体积中的传播路径长度(弦长)D 的乘积成正比[15,16]。当产生电荷大于临界电荷时($Q>Q_c$),发生单粒子效应。对于已知长、宽、高为(l,w,h)的敏感体积,入射粒子的弦长与粒子入射位置(x,y)和入射角度(θ,ψ)相关,如图 4-4 所示。对于从四面八方随机入射的粒子,在敏感体积内的粒子弦长分布可以通过蒙特卡罗仿真方法进行计算。

采用蒙特卡罗仿真方法对(20×10×5)的敏感体积弦长分布进行计算,弦长的累计分布(CDF)和分布密度(PDF)如图 4-5 所示。从图中看到在敏感体积特征尺寸(长、宽、高)处,分布密度出现尖峰,累积分布出现大的拐点。

对于敏感体积的厚度尺寸 H 小于长度和宽度的 1/3 时,可使用 Bradford 1979 近似公式描述弦长 S 的累积分布为

$$\begin{cases} CDF = 1-0.25\times S/H & (S\leq H) \\ CDF = 0.75\times(H/S)^{2.2} & (S>H) \end{cases} \quad (4-12)$$

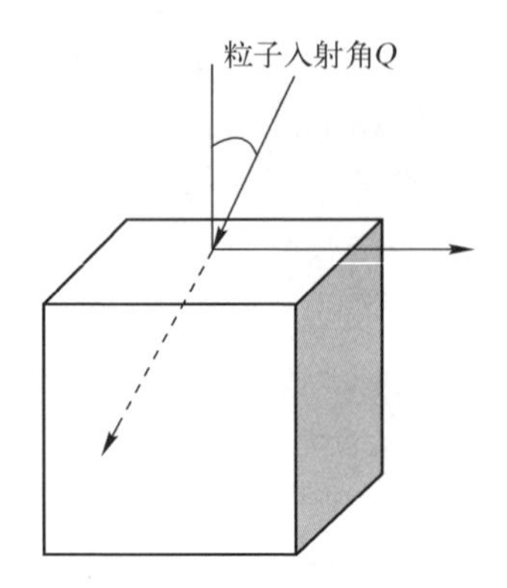

图 4-4　入射粒子在敏感体积内的弦长

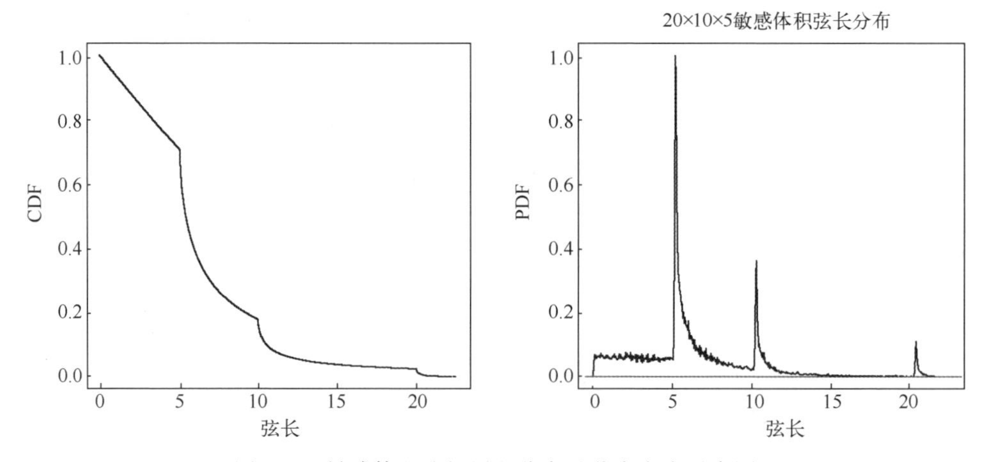

图 4-5　敏感体积弦长累积分布及分布密度示意图

（2）根据地面模拟试验数据预计质子诱发的$(\text{SEErate})_{\text{dev-}P}$。质子试验可预计空间环境中器件的 SEE 失效率[20]。根据式(4-11)预计质子单粒子事件率为

$$(\text{SEErate})_{\text{dev-}P}=\int_{E_{\min}}^{E_{\max}}\frac{\mathrm{d}\Phi(E)}{\mathrm{d}E}\sigma(E)\mathrm{d}E \tag{4-13}$$

式中：$(\text{SEErate})_{\text{dev-}P}$为质子单粒子事件率($\text{device}^{-1}\cdot\text{h}^{-1}$)；$\frac{\mathrm{d}\Phi(E)}{\mathrm{d}E}$为任务轨道空间环境质子注量率的微分谱；$\sigma(E)$为地面试验获得器件的单粒子事件截面($\text{cm}^2$/device 或 cm^2/bit)；E 为质子能量(MeV)；$E_{\min}$为空间环境质子微分能量谱的最小能量(MeV)；$E_{\max}$为空间环境质子微分能量谱的最大能量(MeV)。

4.2.5　器件采取防护措施后单粒子翻转错误率的计算

对于非破坏性单粒子效应，在某个时间段内可发生多次发生，因此，通常用于

描述元器件失效的指数分布不能用来描述非破坏单粒子效应[12,21]。在空间辐射环境不变的假设下，可以使用泊松分布计算单粒子效应敏感器件发生翻转的概率，以确定器件的风险或生存概率。泊松分布为

$$P(k,t)=\frac{\exp(-\lambda t)(\lambda t)^{k}}{k!} \tag{4-14}$$

式中：$P(k,t)$为在时间间隔t内，器件发生k次翻转的概率；t为时间间隔；k为翻转次数；λ为单位时间内器件的平均翻转率（$\mathrm{device}^{-1}\cdot\mathrm{h}^{-1}$）。

当器件的非破坏性单粒子效应造成的错误信号未被发现，得以输出和传播，则会造成整机及系统失效。若采取防护措施，如EDAC编码可发现特定字节中的2bit翻转错误，纠正1bit翻转错误；三模冗余（TMR）的投票表决机制，可发现并且屏蔽某一发生错误的部位，则器件发生可纠正的错误，不会造成整机及系统失效。刷新机制是周期性的对存储单元进行纠错，发现并改正错误，降低由于错误数量的累积所导致的纠正措施的失效，从而降低器件在任务期间失效的概率。

（1）刷新周期内发生单粒子翻转错误率的计算。当器件采用定时刷新措施时，周期内发生单粒子翻转错误率的计算可参考近似公式为

$$\lambda_{\text{dev-scrub}}=\frac{Q_S}{t_S} \tag{4-15}$$

式中：t_S为器件刷新周期，即器件两次刷新的间隔时间；Q_S为刷新周期内由于单粒子翻转造成器件输出错误的概率。

Q_S与刷新周期内器件发生单粒子翻概率及器件发生单粒子翻转造成输出错误的概率相关，关系式为

$$Q_S=\sum_{k=0}^{\infty}P(F_S\mid k)P(k,t_S) \tag{4-16}$$

式中：$P(F_S\mid k)$为器件发生k次单粒子翻转造成输出错误的概率。

（2）采用三模冗余（TMR）后敏感器件单粒子翻转错误率的计算。假设A、B、C为3个相同的存储单元，每个存储单元含X个bit，对3个相同单元输出进行表决形成器件的输出，D为未能采用TMR防护的存储单元，含Y个bit。假设每bit单粒子翻转率为λ_{bit}，刷新时间为t_S，则当$X\lambda_{\text{bit}}t_S<<1$时，可根据下式计算采用三模冗余（TMR）防护措施后敏感器件的单粒子事件率，即

$$\lambda_{\text{dev-TMR}}=Y\lambda_{\text{bit}}+3X\lambda_{\text{bit}}^{2}t_S \tag{4-17}$$

式中：$\lambda_{\text{dev-TMR}}$为敏感器件采用TMR防护措施后的单粒子事件率（$\mathrm{device}^{-1}\cdot\mathrm{h}^{-1}$）；$\lambda_{\text{bit}}$为每bit的单粒子事件率（$\mathrm{bit}^{-1}\cdot\mathrm{h}^{-1}$）；$t_S$为刷新周期；$X$为$A$、$B$、$C$各模块存储单元的bit数；$Y$为$D$模块存储单元的bit数。

（3）采用EDAC后器件单粒子错误率的计算。当器件采用EDAC编码能够纠正单bit翻转错误时，可根据下式计算采用EDAC后器件的单粒子错误率，即

$$\lambda(t_S)_{\text{dev-EDAC}}=\frac{1}{2}N(B\lambda_{\text{bit}})^2 t_S \tag{4-18}$$

式中：$\lambda(t_S)_{\text{dev-EDAC}}$为刷新周期为 t_S器件的错误率（$\text{device}^{-1}\cdot\text{h}^{-1}$）；$\lambda_{\text{bit}}$为存储单元每位的单粒子错误率（$\text{bit}^{-1}\cdot\text{h}^{-1}$）；$B$ 为器件每字所包含的位数；N 为器件存储字节的容量。

4.2.6 器件空间辐射效应环境可靠性预计案例

某卫星 2015 年发射，轨道为 GEO，设计寿命 10 年，卫星所用的 SRAM 型 FPGA 所处位置等效屏蔽厚度为 4mm（Al），利用空间环境预估软件得到器件在任务末期累积的电离辐射剂量为 69.8krad（Si）。

1. 器件地面总剂量失效率预计

器件地面总剂量试验数据如表 4-3 所列，求器件的 λ_{TID}。

表 4-3 FPGA 的失效剂量 R_{TIDFAIL}试验值

样品编号	R_{TIDFAIL}/krad（Si）
1	310
2	180
3	170
4	210
5	210
6	170
7	507
8	210
9	210
10	250
11	170

求解步骤：

（1）将表 4-3 中的数据代入式（4-3）中计算得到 FPGA 的 TID 效应失效分布参数 $\mu=12.3$，$\sigma=0.33$。

（2）将失效分布参数及任务末期累积总剂量带入下式得到

$$\lambda_{\text{TID}}=-\frac{1}{8760\times10}\ln\left\{1-\Phi\left[\frac{\ln(69800)-12.3}{0.33}\right]\right\}=2.5\times10^{-9}\text{h}^{-1} \tag{4-19}$$

2. SEE 单粒子效应预计

该器件单粒子效应地面试验数据发现器件 BRAM 和配置位发生单粒子翻转

现象。

BRAM:辐射前,对被试器件 BRAM 写入固定数“0×55”;辐射至一定注量后读出 BRAM,与固定数“0×55”比较,统计翻转次数。共监测了 8192bit BRAM。BRAM 单粒子试验数据如表 4-4 所列。

表 4-4　BRAM 单粒子试验数据

重　离　子	LET 值/((MeV · cm^2)/mg)	注量/(ions/ cm^2)	SEU/次数	截面/(cm^2/ device)
C	1.73	3.40×10^5	5	1.47×10^{-5}
Cl	13	1.90×10^5	25	1.32×10^{-4}
Ti	22.2	2.55×10^5	65	2.55×10^{-4}
Cu	32.4	1.09×10^5	32	3.13×10^{-4}

配置位:辐射前,对被试器件写入配置程序,辐射至一定注量后读出配置位,与正确配置位比较,统计翻转次数。共监测 7543040bit 配置位。配置位单粒子试验数据如表 4-5 所列。

表 4-5　配置位单粒子试验数据

重　离　子	LET 值/((MeV · cm^2)/mg)	注量/(ions/ cm^2)	SEU/次数	截面/(cm^2/ device)
C	1.73	1.01×10^6	33282	3.295×10^{-2}
Cl	13	5.50×10^4	5841	1.062×10^{-1}
Ti	22.2	2.34×10^5	38123	1.629×10^{-1}
Cu	32.4	1.89×10^5	31767	1.681×10^{-1}

对数据进行威布尔分布拟合,BRAM 拟合曲线如图 4-6 所示。单粒子翻转阈值为 0.86(MeV · cm^2)/mg,单粒子翻转饱和截面为 $3.8\times10^{-8}cm^2$/bit,W 值为 11.42,S 值为 1.35。

配置位拟合曲线如图 4-7 所示。配置位单粒子翻转阈值为 0.86(MeV · cm^2)/mg,单粒子翻转饱和截面为 $2.2\times10^{-8}cm^2$/bit,W 值为 6.06,S 值为 0.99。

任务轨道重离子积分能谱如图 4-8 所示,则该器件在 GEO 轨道下,BRAM 的单粒子翻转事件率预计值为 4.90×10^{-6}(天$^{-1}$ · bit^{-1}),或等效于 0.04(天$^{-1}$ · device^{-1});配置位单粒子翻转事件率预计值为 6.67×10^{-6}(天$^{-1}$ · bit^{-1}),或等效于 50.3(天$^{-1}$ · device^{-1})。

根据式(4-11),则该器件在任务轨道上,因为空间辐射环境而导致的失效率为 2.098h^{-1} · device^{-1}。

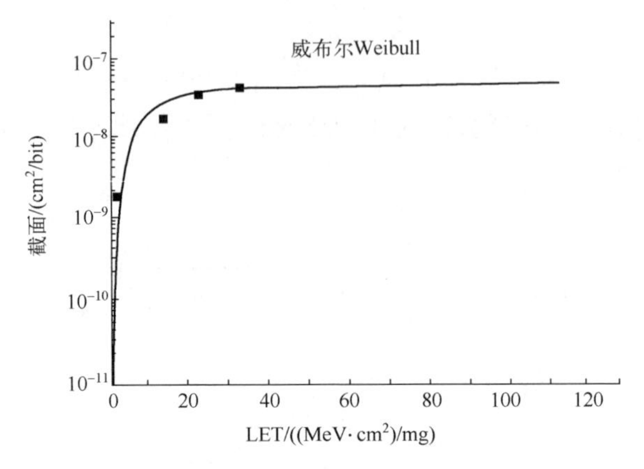

图 4-6　BRAM 单粒子试验数据威布尔拟合

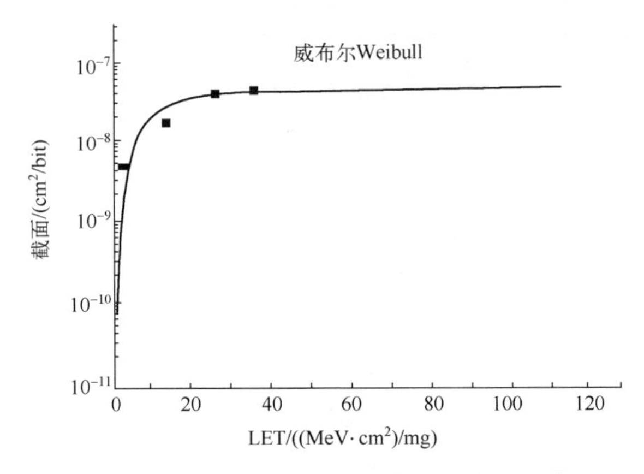

图 4-7　配置位单粒子试验数据威布尔拟合

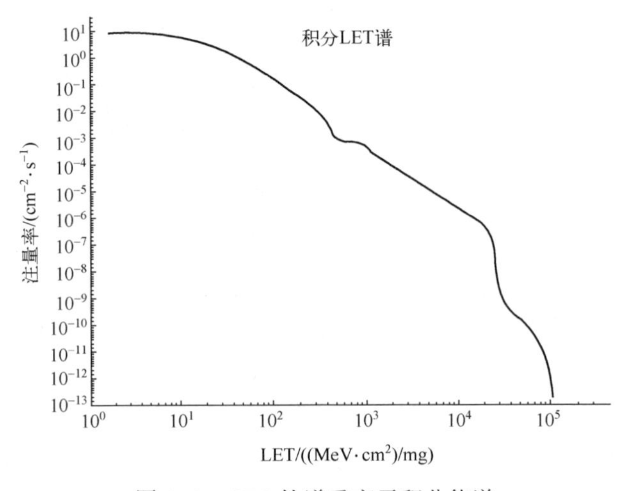

图 4-8　GEO 轨道重离子积分能谱

4.3　大气空间辐射环境可靠性预计

4.3.1　航空电子设备大气中子 SEE 故障率预计模型

航空电子设备大气中子单粒子效应引起的故障可以划分为单粒子软故障和硬故障两类，其 SEE 故障率的计算公式如下所示[1,2]，即

$$\lambda_{SEE}=\lambda_{soft-fault}+\lambda_{hard-fault} \tag{4-20}$$

式中：λ_{SEE}为航空电子设备大气中子单粒子效应故障率(h^{-1})；$\lambda_{soft-fault}$为航空电子设备大气中子单粒子效应软故障率(h^{-1})；$\lambda_{hard-fault}$为航空电子设备大气中子单粒子效应硬故障率(h^{-1})。

4.3.2　航空电子设备大气中子 SEE 故障率预计程序

航空电子设备 SEE 故障率预计[23-26]流程如图 4-9 所示，首先，确定航空电子设备中的大气中子辐射敏感器件清单，查阅器件大气中子辐射数据库，获得器件对应的主要单粒子效应类型，及其单粒子效应截面数据和相关资源数据，例如 SRAM 型 FPGA 器件大气中子 SEU、SEFI、SEL 效应截面。以及器件 BRAM 存储位数和 CRAM 存储位数等；然后，根据飞行剖面要求，确定相应的辐射环境应力，如飞行航线上的最劣辐射区域的中子注量率，或单架飞机全寿命周期中子辐射注量，或机群任务期间的中子辐射注量等；最后，基于辐射环境应力和器件 SEE 效应的截面数

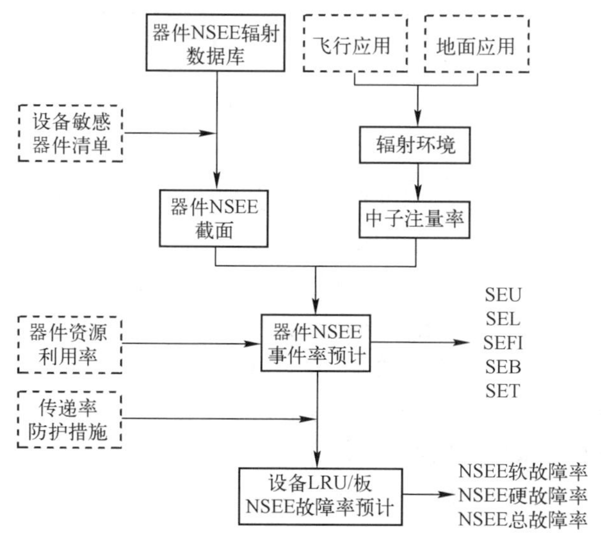

图 4-9　航空电子设备 NSEE 率预计流程

据,可计算辐射敏感器件的大气中子单粒子效应率,结合器件的资源利用率、防护措施以及故障传递率等因素,可计算由大气中子单粒子效应引起的设备故障率。

4.3.3 大气中子辐射环境应力计算

大气中子辐射环境应力是飞机航线的中子辐射注量率,应力计算模型包括波音模型、NASA 模型及修正模型。修正模型主要通过以下步骤得到飞行任务航线上任意位置点的中子注量率,如图 4-10 所示。

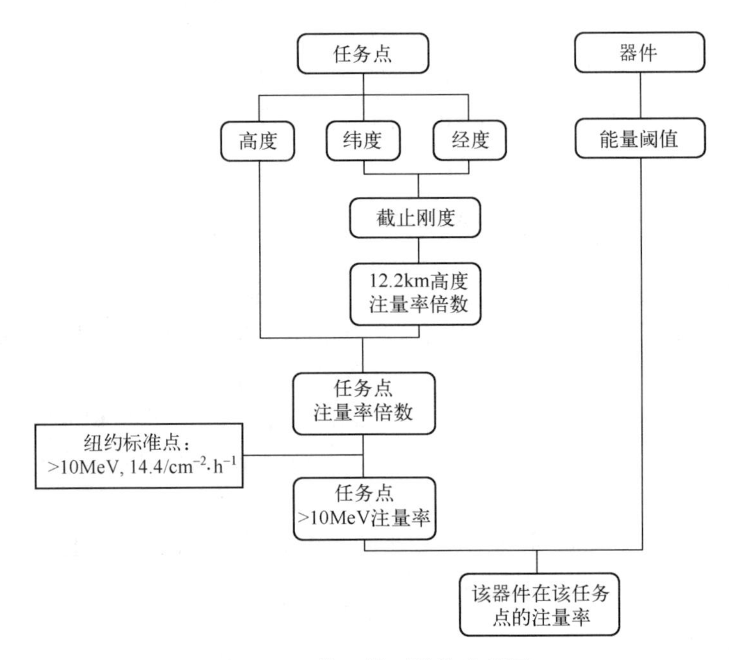

图 4-10 修正模型计算流程图

(1) 查全球经纬度与截止刚度对应表(表 4-6、表 4-7),得某任务点所在的经纬度在 12.2km 海拔高度对应的地磁截止刚度。

(2) 查截止刚度与 12.2km 高度的注量率倍数表(表 4-8),得该任务点在 12.2km 高度时注量率相对于纽约地面的倍数。

(3) 通过波音模型高度比例关系(见表 4-9),得到在任务高度时该任务点相对于纽约地面的注量率倍数;当只知任务点纬度、高度时,可直接查表 4-9 得到任务点相对纽约地面注量率的倍数。

(4) 乘以纽约地面能量>10MeV 时的标准注量率值,得该点的能量>10MeV 时的注量率。

(5) 根据器件的能量阈值,换算该器件在该任务点的大气中子注量率。

其中,在正常情况下,太阳活动相关系数取 1,太阳耀斑等极端太阳活动情况则另外考虑(表 4-6~表 4-10)。

表 4-6　全球经纬度与截止刚度对应表(经度:0°~180°)

纬度/(°)	东经/(°)												
	0	15	30	45	60	75	90	105	120	135	150	165	180
90	0.01	0.01	0.01	0.01	0.01	0.01	0.01	0.01	0.01	0.01	0.01	0.01	0.01
85	0.01	0.01	0.02	0.02	0.03	0.03	0.03	0.03	0.03	0.03	0.03	0.02	0.02
80	0.03	0.04	0.06	0.07	0.08	0.09	0.09	0.10	0.10	0.09	0.09	0.07	0.06
75	0.09	0.13	0.15	0.17	0.19	0.18	0.21	0.23	0.21	0.22	0.22	0.20	0.17
70	0.24	0.32	0.38	0.41	0.43	0.43	0.46	0.48	0.51	0.54	0.52	0.51	0.42
65	0.59	0.68	0.74	0.83	0.84	0.87	0.91	0.97	1.01	1.10	1.12	1.07	0.91
60	1.10	1.28	1.40	1.45	1.53	1.61	1.61	1.72	1.82	1.94	1.99	1.91	1.69
55	2.01	2.25	2.35	2.39	2.49	2.59	2.71	2.79	2.98	3.19	3.18	3.06	2.74
50	3.30	3.53	3.69	3.74	3.94	3.98	4.18	4.32	4.53	4.90	4.76	4.53	4.18
45	4.91	5.13	5.23	5.29	5.47	5.71	5.88	6.06	6.41	6.70	6.70	6.28	5.44
40	7.13	7.35	7.36	7.44	7.78	8.23	8.65	8.92	9.36	9.77	9.61	8.80	7.73
35	9.76	9.74	9.95	10.27	10.74	11.28	11.22	11.41	11.74	11.99	11.50	10.50	9.43
30	11.61	11.76	11.93	12.33	12.82	13.53	14.00	14.16	14.12	13.87	13.36	12.63	11.59
25	13.29	13.64	13.94	14.26	14.72	15.22	15.54	15.59	15.40	14.99	14.37	13.64	12.91
20	14.19	14.58	14.91	15.28	15.78	16.31	16.62	16.61	16.32	15.80	15.13	14.43	13.76
15	14.62	15.06	15.45	15.89	16.44	16.99	17.29	17.25	16.90	16.33	15.67	15.03	14.44
10	14.64	15.12	15.58	16.08	16.70	17.26	17.57	17.52	17.16	16.60	16.00	15.45	14.95
5	14.30	14.78	15.29	15.88	16.55	17.13	17.46	17.43	17.10	16.59	16.08	15.66	15.27
0	13.62	14.09	14.64	15.30	16.02	16.62	16.96	16.98	16.70	16.29	15.91	15.63	15.37
-5	12.70	13.10	13.67	14.39	15.15	15.75	16.10	16.17	15.97	15.66	15.44	15.32	15.19
-10	11.56	11.91	12.48	13.23	13.98	14.53	14.86	14.98	14.87	14.67	14.60	14.67	14.72
-15	10.13	10.47	11.03	11.78	12.43	12.96	13.21	13.33	13.25	13.23	13.33	13.60	13.87
-20	8.52	8.75	9.20	9.83	10.33	10.65	10.73	10.80	10.84	10.54	10.66	11.84	12.57
-25	7.07	7.23	7.59	7.99	8.12	7.82	7.42	7.38	7.40	7.65	8.40	9.48	9.99

续表

纬度/(°)	东经/(°)												
	0	15	30	45	60	75	90	105	120	135	150	165	180
-30	5.78	5.72	5.83	5.87	5.71	5.37	5.23	5.16	5.09	5.37	5.82	6.54	7.90
-35	4.72	4.33	4.33	4.34	4.18	3.94	3.49	3.36	3.37	3.57	4.11	4.90	5.55
-40	3.85	3.52	3.47	3.27	2.89	2.57	2.18	2.06	2.03	2.22	2.58	3.18	4.11
-45	3.16	2.78	2.54	2.29	1.92	1.56	1.28	1.10	1.10	1.20	1.47	2.07	2.62
-50	2.55	2.16	1.90	1.61	1.31	0.93	0.68	0.53	0.51	0.60	0.75	1.09	1.66
-55	2.00	1.68	1.42	1.10	0.81	0.53	0.33	0.23	0.22	0.24	0.36	0.55	0.90
-60	1.51	1.21	0.96	0.74	0.50	0.28	0.13	0.08	0.06	0.07	0.12	0.25	0.46
-65	1.19	0.90	0.66	0.47	0.27	0.14	0.06	0.02	0.01	0.01	0.03	0.09	0.20
-70	0.79	0.61	0.43	0.29	0.15	0.07	0.02	0.00	0.00	0.00	0.01	0.03	0.08
-75	0.53	0.38	0.25	0.16	0.08	0.04	0.01	0.00	0.00	0.00	0.00	0.01	0.04
-80	0.30	0.24	0.15	0.10	0.06	0.03	0.01	0.00	0.00	0.00	0.00	0.01	0.03
-85	0.16	0.13	0.10	0.08	0.06	0.04	0.03	0.02	0.02	0.02	0.02	0.03	0.04
-90	0.08	0.08	0.08	0.08	0.08	0.08	0.08	0.08	0.08	0.08	0.08	0.08	0.08

表 4-7 全球经纬度与截止刚度对应表(经度:180°~360°)

纬度/(°)	东经/(°)												
	180	195	210	225	240	255	270	285	300	315	330	345	360
90	0.01	0.01	0.01	0.01	0.01	0.01	0.01	0.01	0.01	0.01	0.01	0.01	0.01
85	0.02	0.01	0.01	0.00	0.00	0.00	0.00	0.00	0.00	0.00	0.00	0.01	0.01
80	0.06	0.04	0.02	0.01	0.00	0.00	0.00	0.00	0.00	0.00	0.01	0.02	0.03
75	0.17	0.12	0.08	0.04	0.01	0.00	0.00	0.00	0.00	0.01	0.03	0.05	0.09
70	0.42	0.33	0.19	0.11	0.05	0.02	0.01	0.01	0.01	0.04	0.08	0.16	0.24
65	0.91	0.73	0.49	0.30	0.16	0.07	0.04	0.03	0.06	0.18	0.30	0.47	0.59
60	1.69	1.32	0.93	0.64	0.38	0.22	0.17	0.17	0.25	0.44	0.68	0.94	1.10
55	2.74	2.20	1.68	1.21	0.80	0.50	0.38	0.42	0.58	0.91	1.32	1.79	2.01
50	4.18	3.43	2.75	2.07	1.44	1.01	0.78	0.80	1.08	1.62	2.32	2.93	3.30
45	5.44	4.83	4.09	3.13	2.38	1.72	1.38	1.38	1.89	2.65	3.79	4.51	4.91

续表

纬度/(°)	东经/(°)												
	180	195	210	225	240	255	270	285	300	315	330	345	360
40	7.73	6.43	5.43	4.64	3.56	2.74	2.20	2.18	2.85	4.14	5.37	6.38	7.13
35	9.43	8.91	7.67	6.03	5.06	4.05	3.21	3.21	4.15	5.68	8.12	9.37	9.76
30	11.59	10.42	9.66	8.66	6.78	5.36	4.33	4.28	5.58	8.57	10.55	11.18	11.61
25	12.91	12.26	11.59	10.71	9.37	7.43	5.93	5.83	7.98	10.73	12.09	12.85	13.29
20	13.76	13.19	12.67	12.00	10.98	8.87	7.41	7.05	9.56	12.06	13.06	13.72	14.19
15	14.44	13.93	13.48	12.96	12.10	10.54	8.99	9.25	11.60	12.79	13.59	14.15	14.62
10	14.95	14.50	14.10	13.65	12.99	12.03	11.10	11.33	12.36	13.18	13.77	14.20	14.64
5	15.27	14.89	14.51	14.11	13.61	12.91	12.26	12.26	12.74	13.30	13.64	13.91	14.30
0	15.37	15.05	14.71	14.34	13.92	13.40	12.87	12.65	12.88	13.17	13.26	13.34	13.62
-5	15.19	14.97	14.69	14.37	14.00	13.57	13.08	12.78	12.80	12.85	12.69	12.55	12.70
-10	14.72	14.62	14.43	14.19	13.89	13.52	13.08	12.71	12.55	12.36	11.92	11.52	11.56
-15	13.87	13.97	13.93	13.81	13.60	13.30	12.89	12.46	12.14	11.73	11.05	10.26	10.13
-20	12.57	12.96	13.16	13.21	13.13	12.91	12.54	12.07	11.59	10.88	9.87	8.93	8.52
-25	9.99	11.02	11.84	12.39	12.49	12.38	12.06	11.55	10.88	9.93	8.68	7.58	7.07
-30	7.90	9.30	9.05	10.75	11.63	11.70	11.46	10.87	9.98	8.90	7.37	6.54	5.78
-35	5.55	6.50	7.87	8.25	9.87	10.85	10.73	10.07	9.11	7.70	6.38	5.45	4.72
-40	4.11	4.66	5.52	6.69	8.15	9.69	9.67	9.14	8.09	6.60	5.73	4.52	3.85
-45	2.62	3.33	4.22	4.89	6.06	7.74	8.64	8.10	7.34	6.23	4.69	3.77	3.16
-50	1.66	2.21	2.91	3.75	4.58	5.47	6.78	6.90	6.08	4.80	3.90	3.11	2.55
-55	0.90	1.36	1.91	2.62	3.35	4.18	4.76	4.81	4.50	3.88	3.16	2.45	2.00
-60	0.46	0.78	1.19	1.73	2.28	2.97	3.58	3.74	3.49	3.07	2.43	1.97	1.51
-65	0.20	0.42	0.65	1.04	1.50	1.94	2.41	2.53	2.39	2.20	1.87	1.47	1.19
-70	0.08	0.21	0.38	0.60	0.91	1.21	1.48	1.61	1.63	1.47	1.24	1.03	0.79
-75	0.04	0.10	0.20	0.34	0.51	0.65	0.81	0.93	0.95	0.87	0.80	0.66	0.53
-80	0.03	0.06	0.11	0.18	0.25	0.34	0.42	0.47	0.48	0.46	0.46	0.36	0.30
-85	0.04	0.06	0.08	0.11	0.12	0.17	0.21	0.19	0.23	0.22	0.19	0.19	0.16
-90	0.08	0.08	0.08	0.08	0.08	0.08	0.08	0.08	0.08	0.08	0.08	0.08	0.08

表4-8 截止刚度与12.2km高度的注量率倍数关系

截止刚度/GV	倍　数	截止刚度/GV	倍　数	截止刚度/GV	倍　数	截止刚度/GV	倍　数
0.00	561.70	2.20	506.89	8.38	193.2	13.43	111.25
0.01	561.70	2.30	503.85	8.99	174.36	13.50	110.34
0.02	561.70	2.32	497.65	9.23	167.52	13.57	109.77
0.03	561.70	2.40	493.72	9.56	163.33	13.62	109.49
0.05	561.70	2.56	483.35	9.57	162.04	13.76	108.20
0.06	561.70	2.73	463.07	9.66	161.49	13.77	108.10
0.08	561.70	2.75	463.07	10.17	153.78	13.80	107.74
0.09	561.70	2.85	454.95	10.55	146.52	13.88	107.01
0.13	561.70	3.01	447.68	10.81	142.74	13.92	106.75
0.14	561.70	3.05	441.25	10.97	140.69	14.06	105.50
0.17	561.69	3.20	429.35	10.98	140.12	14.10	105.15
0.19	561.70	3.30	419.22	11.10	138.42	14.19	104.37
0.20	561.70	3.56	399.60	11.23	132.08	14.20	104.20
0.24	561.70	3.68	385.15	11.25	139.55	14.35	103.09
0.25	561.70	3.71	387.28	11.32	134.72	14.37	102.84
0.27	561.70	4.18	356.77	11.59	131.82	14.46	102.01
0.28	561.70	4.28	346.05	11.61	131.57	14.64	100.62
0.36	561.70	4.30	360.00	11.66	130.16	14.65	100.54
0.38	561.70	4.33	347.28	11.67	130.16	14.71	100.05
0.42	561.70	4.55	333.40	11.72	131.18	14.94	98.24
0.52	561.70	4.71	329.90	12.22	123.64	14.95	98.16
0.55	561.70	4.90	313.20	12.35	122.38	15.16	96.56
0.68	561.69	5.02	311.59	12.36	122.50	15.37	95.00
0.74	561.67	5.37	290.39	12.39	121.59	16.00	90.21
0.78	561.63	5.43	287.54	12.67	119.06	17.00	82.41
0.79	561.67	5.58	280.60	12.72	119.06		
0.85	561.50	5.83	272.62	12.73	118.84		
0.89	561.48	6.04	260.48	12.87	116.93		
0.93	561.39	6.10	262.51	12.88	116.82		
0.99	560.73	6.63	239.35	12.91	116.30		
1.08	560.16	6.78	233.48	12.99	115.68		
1.10	559.93	6.86	232.13	13.02	115.37		
1.15	560.04	7.13	222.10	13.06	114.96		
1.19	558.02	7.17	230.46	13.07	114.66		
1.44	551.49	7.41	213.65	13.20	113.35		
1.69	540.63	7.57	211.90	13.22	113.35		
1.85	530.70	7.73	204.62	13.26	112.96		
1.86	534.99	7.89	196.71	13.31	112.66		
2.19	514.32	8.03	195.44	13.38	111.74		

表4-9 各高纬度相对纽约地面注量率倍数关系

高度/m	纬度/(°)														
	0	12	21	27	33	39	40.7	42	45	49	55	62.5	69	76	90
24380	151.2	151.2	190.6	230.1	302.4	414.1	453.5	486.4	558.7	650.7	742.8	795.3	808.5	821.6	828.2
22860	153.7	153.7	193.9	234.0	307.5	421.1	461.2	494.7	568.2	661.8	755.3	808.8	822.2	835.6	842.2
21340	156.3	156.3	197.1	237.9	312.6	428.1	468.9	502.9	577.7	672.8	767.9	822.3	835.9	849.5	856.3
19810	158.9	158.9	200.3	241.8	317.7	435.2	476.6	511.1	587.1	683.8	780.5	835.8	849.6	863.4	870.3
18290	160.1	160.1	201.9	243.7	320.3	438.7	480.4	515.3	591.9	689.3	786.8	842.5	856.5	870.4	877.3
16760	158.9	158.9	200.3	241.8	317.7	435.2	476.6	511.1	587.1	683.8	780.5	835.8	849.6	863.4	870.3
15240	148.6	148.6	187.4	226.2	297.2	407.1	445.9	478.2	549.2	639.7	730.2	781.9	794.8	807.7	814.2
13720	130.7	130.7	164.8	198.9	261.4	358.0	392.0	420.5	483.0	562.5	642.0	687.5	698.9	710.2	715.9
12190	112.7	112.7	142.2	171.6	225.5	308.8	338.2	362.7	416.7	485.3	553.9	593.1	602.9	612.7	617.6
11860	108.9	108.9	137.3	165.7	217.8	298.3	326.7	350.4	402.5	468.7	535.0	572.9	582.3	591.8	596.5
10670	76.9	76.9	96.9	117.0	153.7	210.6	230.6	247.3	284.1	330.9	377.7	404.4	411.1	417.8	421.1
9140	48.7	48.7	61.4	74.1	97.4	133.4	146.1	156.6	179.9	209.6	239.2	256.1	260.4	264.6	266.7
7620	30.7	30.7	38.8	46.8	61.5	84.2	92.2	98.9	113.6	132.4	151.1	161.8	164.4	167.1	168.4
6100	16.7	16.7	21.0	25.3	33.3	45.6	50.0	53.6	61.6	71.7	81.8	87.6	89.1	90.5	91.2
4570	10.2	10.2	12.9	15.6	20.5	28.1	30.7	33.0	37.9	44.1	50.4	53.9	54.8	55.7	56.1
3800	9.0	9.0	11.3	13.6	17.9	24.6	26.9	28.9	33.1	38.6	44.1	47.2	48.0	48.7	49.1
3050	5.1	5.1	6.5	7.8	10.2	14.0	15.4	16.5	18.9	22.1	25.2	27.0	27.4	27.9	28.1
1520	1.3	1.3	1.6	1.9	2.6	3.5	3.8	4.1	4.7	5.5	6.3	6.7	6.9	7.0	7.0
0	0.5	0.5	0.6	0.7	0.9	1.3	1.0	1.5	1.7	2.0	2.3	2.4	2.5	2.5	2.5

表4-10 不同阈值能量倍数关系

序　　号	能量/MeV	实际计算值/($cm^{-2}\cdot h^{-1}$)	与1~10MeV倍数关系	中子注量率/($cm^{-2}\cdot h^{-1}$)	与1~10MeV倍数关系
1	>1	8716	2.79	9200	2.88
2	>2	7801	2.50	8300	2.59
3	>3	7255	2.32	7700	2.41
4	>4	6864	2.20	7300	2.28
5	>5	6559	2.10	7000	2.19
6	>6	6308	2.02	6800	2.13
7	>7	6096	1.95	6500	2.03
8	>8	5912	1.89	6400	2.00
9	>9	5749	1.84	6200	1.94
10	>10	5590	1.79	6000	1.88
11	1~10	3126	1.00	3200	1.00

计算案例：

案例一：计算飞机在 6100m、北纬 75°、东经 30°的大气辐射应力。

解题步骤：

（1）确定应力能量范围：假设某 FPGA 的阈值为 2MeV。

（2）查经度、纬度对应截止刚度对应表：查北纬 75°、东经 30°，得截止刚度 $R=0.15\text{GV}$。

（3）查截止刚度对应 12.19km 倍数关系表：$R=0.15$ 时，倍数为 561.7。

（4）查高度、纬度倍数关系表：将倍数关系从 12190m 折算至 6100m，即

$$\frac{\text{Flux}_{6100}}{\text{Flux}_{12190}}=\frac{0.13}{0.88}$$

$$\text{Flux}_{6100}=561.7\times\frac{0.13}{0.88}=83$$

计算注量率为

$$\text{Flux}_{6100,>10\text{MeV}}=83\times14.4=1195(\text{cm}^{-2}\cdot\text{h}^{-1})$$

查能量倍数关系表为

$$\frac{\text{Flux}_{6100,>2\text{MeV}}}{\text{Flux}_{6100,>10\text{MeV}}}=\frac{8300}{6000}$$

$$\text{Flux}_{6100,>2\text{MeV}}=Z=1195\times\frac{8300}{6000}=1653(\text{cm}^{-2}\cdot\text{h}^{-1})$$

答案：飞机在 6100m、北纬 75°、东经 30°的大气中子注量率为 $1653\text{cm}^{-2}\cdot\text{h}^{-1}$。

案例二：当只知任务点纬度与高度时，可直接查高度、纬度倍数关系表。

计算飞机在 6100m、北纬 75°的大气中子注量率。

解题步骤：

（1）确定应力能量范围：假设某 FPGA 的阈值为 2MeV。

（2）查高度、纬度倍数关系表：6100m、76°时，倍数为 90.5。

（3）计算注量率为

$$\text{Flux}_{6100,>10\text{MeV}}=90.5\times14.4=1303(\text{cm}^{-2}\cdot\text{h}^{-1})$$

（4）查能量倍数关系表为

$$\frac{\text{Flux}_{6100,>2\text{MeV}}}{\text{Flux}_{6100,>10\text{MeV}}}=\frac{8300}{6000}$$

$$\text{Flux}_{6100,>2\text{MeV}}=Z=1303\times\frac{8300}{6000}=1803(\text{cm}^{-2}\cdot\text{h}^{-1})$$

得到飞机在6100m、北纬75°的大气中子注量率为1803cm^{-2} · h^{-1}。

ER-2数据为中子注量率实测数据，所测能量范围为1eV~10GeV。对ER-2实际测量值与播音模型、NASA模型、STP模型计算值进行比较，当能量范围>1MeV时，其比较结果如表4-11所列，其比例关系如表4-12所列。

表4-11 能量范围>1MeV时，各模型值与ER-2实际值对比

序号	地理位置	截止刚度/GV	大气厚度/(g/cm^2)	高度/km	中子注量率/(cm^{-2} · h^{-1})				
					ER-2实测值	ER-2实测值>1MeV	波音模型值>1MeV	NASA模型值>1MeV	修正模型>1MeV
1	19°N，127°W	11.8	53.5	20.3	4608	2643	4220	4309	3955
2	54°N，117°W	0.8	56	20	36720	21062	17234	27418	17459
3	56°N，121°W	0.7	101	16.2	36000	20649	16817	25918	17037
4	38°N，122°W	4.3	201	11.9	12240	7021	6272	9770	7171
5	37°N，76°W	2.7	1030	0	43.92	25.19	26.17	129.48	42.27

表4-12 能量范围>1MeV时，各模型值与ER-2实际值比例

序号	地理位置	截止刚度/GV	大气厚度/(g/cm^2)	高度/km	中子注量率比值			
					ER-2实测值>1MeV	波音模型值>1MeV	NASA模型值>1MeV	修正模型>1MeV
1	19°N，127°W	11.8	53.5	20.3	1.00	1.60	1.63	1.50
2	54°N，117°W	0.8	56	20	1.00	0.82	1.30	0.83
3	56°N，121°W	0.7	101	16.2	1.00	0.81	1.26	0.83
4	38°N，122°W	4.3	201	11.9	1.00	0.89	1.39	1.02
5	37°N，76°W	2.7	1030	0	1.00	1.04	5.14	1.68

4.3.4 大气中子 SEU 和 SET 引起的设备软故障率计算方法

航空电子设备大气中子 SEU 和 SET 单粒子效应引起的软故障率的计算公式为

$$\lambda_{\text{soft-error}} = \sum_{i} ((\lambda_{\text{SEU-}i} + \lambda_{\text{SET-}i}) \times \Pi_{\text{usedResource-}i} \times \Pi_{\text{error-}T\text{-}i}) \tag{4-21}$$

式中：$\lambda_{\text{soft-error}}$为 SEU 和 SET 引起的设备软故障率；$\lambda_{\text{SEU-}i}$为第 i 个器件的 SEU 单粒子翻转事件率；$\lambda_{\text{SET-}i}$为第 i 个器件的 SET 单粒子瞬态事件率；$\Pi_{\text{usedResource-}i}$为第 i 个器件的应用资源利用率；$\Pi_{\text{error-}T\text{-}i}$为第 i 个器件的单粒子效应故障传递率。

$\lambda_{\text{SEU-}i}$的计算公式为

$$\lambda_{\text{SEU-}i} = \sigma_{\text{SEU-}i} \times f \times \Pi_{\text{SEU-}i} \tag{4-22}$$

$\lambda_{\text{SET-}i}$为第 i 个器件的 SET 引起的故障率(h^{-1})。其计算公式为

$$\lambda_{\text{SET-}i} = \sigma_{\text{SET-}i} \times f \times \Pi_{\text{SET-}i} \tag{4-23}$$

式中：$\Pi_{\text{SEU-}i}$为采用 SEU 的防护降额因子，取值范围为[0,1]。如器件内部防护，包括 ECC/EDAC(SECDED)等防护措施或器件外部防护，如 EDAC，值取 0，否则为 1，无量纲[25]；$\sigma_{\text{SEU-}i}$为单粒子效应翻转截面(cm^2)；f 为中子注量率(个/(cm^2·h))；$\sigma_{\text{SET-}i}$为单粒子瞬态截面(cm^2)；$\Pi_{\text{SET-}i}$为采用的 SET 防护降额因子，例如滤波，值取 0，否则为 1，无量纲[23]。

同时，器件的 SEU 截面与实际使用的存储位数相关，计算公式为

$$\sigma_{\text{SEU-}i} = \sigma_{\text{SEU-bit}} \times M_{\text{bit}} \tag{4-24}$$

式中：$\sigma_{\text{SEU-bit}}$为器件每位的 SEU 截面(cm^2/bit)；M_{bit}为该器件的存储位数(bit)。

式(4-21)主要考虑 SEU 和 SET 两种单粒子效应，然而，随着器件的特征尺寸越来越小，一个高能中子在硅材料中产生的大量电子空穴对可能同时分布在邻近单元的敏感区域内，导致多个邻近单元同时发生单粒子翻转效应 MCU，发生在同一个字节中的多位翻转一般称为 MBU，这些多位翻转 MBU/MCU 和单粒子翻转 SEU 都可能引起设备的软错误，因此单粒子软错误率预计应该同时考虑 MBU/MCU 的贡献。通过隔离或离散内存等工艺可以有效预防 MBU 效应，并且已经成为 SRAM 器件的通用工艺，因此，只需考虑 MCU 贡献的软错误率。一般用 MCU 截面/SEU 截面的比值表征 MCU 相对于 SEU 的概率。对于大于 250nm 的器件，这个比值小于 3%，MCU 效应基本上可以忽略；对于在 35~100nm 工艺的 IC 集成电路器件，这个比值的上限是 30%；对于小于 35nm 的器件，这个比值可能高达 100%。特别值得注意的是，只有高能中

子才可能诱发 MCU 和 SEL 效应,因此常用的 14MeV 低能中子源并不能有效探测 MCU 效应,应当采用散列中子源。模块的软错误率是单元的单粒子效应率与多个降额因子相乘再求和,系统的软故障率是不同模块的软错误率与降额因子乘积再求和,如下式所示。

$$
\begin{aligned}
\mathrm{SER}_{\mathrm{system}} &= \sum_{\mathrm{parts}} \mathrm{SER}_{\mathrm{part}} \times \Pi_{\mathrm{de-rating}} \\
\mathrm{SER}_{\mathrm{part}} &= \sum_{\mathrm{cell}} (\mathrm{SER}_{\mathrm{cell}} \times \mathrm{TDR} \times \mathrm{LDR} \times \mathrm{FDR})
\end{aligned}
\tag{4-25}
$$

式中:$\mathrm{SER}_{\mathrm{system}}$为系统的软错误率($h^{-1}$);$\mathrm{SER}_{\mathrm{part}}$为模块的软错误率($h^{-1}$);$\Pi_{\mathrm{de-rating}}$为降额因子(无量纲),可以包括资源利用率 $\Pi_{\mathrm{used\ Resource}-i}$,防护降额因子 $\Pi_{\mathrm{SEE}-i}$,故障传递率 $\Pi_{\mathrm{error}-T-i}$等;TDR 为时序降额因子(无量纲);LDR 为逻辑降额因子(无量纲);FDR 为功能降额因子(无量纲)。

(1) 资源利用率 $\Pi_{\mathrm{used\ Resource}-i}$。对于含有大规模内存块或控制存储块的 FPGA 器件,往往只有部分的存储位资源用于编程和内存,在没有被利用的存储结构资源中发生的单粒子效应并不会引起软错误,因此软错误率的计算可以引入资源利用率乘积因子 $\Pi_{\mathrm{used\ Resource}-i}$,这个因子一般由用户提供。

(2) 防护降额因子 $\Pi_{\mathrm{SEE}-i}$。通常单粒子翻转 SEU 与单粒子瞬态 SET 采取防护措施后,可以有效降低错误传播。

(3) 故障传递率 $\Pi_{\mathrm{error}-T-i}$。故障传递率 $\Pi_{\mathrm{error}-T-i}$用来表征从单元级的单粒子效应到电路软错误,进而导致系统功能故障的转化过程。研究单粒子效应下电路/系统的行为特性,一般采取 3 种研究方法:仿真分析方法、故障注入试验方法以及飞行或地面试验观察方法。

仿真分析方法通过开展电路级和系统级的单粒子效应建模和仿真,精确表征单粒子效应从受影响单元的输出端故障沿电路路径的传输过程,获得电学降额、时序降额、逻辑降额和功能降额等传播因子[11]。设计工程师可以利用这些降额因子快速评估电路和系统的软错误率。例如,针对某一款 CPU 处理器的仿真计算结果表示,原始 SEE 事件约为 4500 个,输出的软错误为 196 个,因此,故障传递率约为 5%。

故障注入试验方法通过硬件故障注入方法,在集成电路中注入故障(通过激光和辐射方法注入、引脚强制输入信号、逻辑故障注入、软件执行的故障注入、微处理器在片调试故障注入、重置资源、仿真故障注入等方法),观察故障在电路中的传播效应,测量故障传递率[22]。以处理器为例,通过故障注入试验可以分析处理器执行路径中的故障传播特性,可以用 AVF 架构传播因子表征注入故障所诱发的错误结果比率。大量故障注入试验结果表明,指令执行路径上的故障不一定会导致器件功能错误,这是因为指令字符串一般会包括 NO-OPS 或跳跃分支,从而绕开部分指令流的执行,所以在这部分指令流电路上发生的故障将不会影响系统功能。同样,可以用故障注入技术研究专用集成电路 ASIC 和 FPGA 的故障传播特性。

Xilinx 公司根据大量飞行试验和地面试验的数据分析得出:实际上需要平均 10~100 个翻转才能导致一个功能失效[21],因此 $\Pi_{error-T}$的取值范围为 1/10~1/100,保守估计值 0.1。开展航空电子设备(LRU)的高能中子或质子单粒子效应试验,由于设备(LRU)尺寸大于辐射源束的宽度,因此,需要将辐射源瞄准 LRU 的目标敏感器件。这种方法可以测定单粒子效应(SEE)在 LRU 中传播并诱发功能终止、死锁或重启等故障和失效的传递率。

国内通过大量试验结果表明 $\Pi_{error-T-i}$大约为 1/52。因此,通过试验观察方法、建模仿真方法和故障注入方法得到的故障传递率结果是一致的,基本上在 1/10~1/100 之间,保守的故障传递率是 10%。总结来说,这是由于受到电路设计和系统逻辑结构的屏蔽作用,只有少数关键单元的单粒子翻转才能导致设备故障行为或功能故障。

4.3.5 大气中子 SEL 和 SEFI 引起的设备软故障率计算方法

大气中子单粒子效应 SEL 和 SEFI 引起的设备软故障率的计算公式为

$$\lambda_{soft-error} = \sum_i (\lambda_{SEL-i-soft} + \lambda_{SEFI-i}) \tag{4-26}$$

式中:$\lambda_{SEL-i-soft}$为第 i 个器件的大气中子 SEL 引起的软故障率(h^{-1}),且该器件采取了限流防护措施;λ_{SEFI-i}为第 i 个器件的大气中子 SEFI 引起的软故障率(h^{-1})。其计算公式为

$$\lambda_{SEL-i-soft} = \sigma_{SEL-i} \times f \times \Pi_{SEL-i} \tag{4-27}$$

$$\lambda_{SEFI-i} = \sigma_{SEFI-i} \times f \tag{4-28}$$

式中:$\sigma_{SEL-i-soft}$为第 i 个器件 SEL 截面(cm^2/device);σ_{SEFI-i}为第 i 个器件 SEFI 截面(cm^2/device);Π_{SEL-i} 为采取了限流防护措施后的 SEL 防护因子。

4.3.6 大气中子 SEL 和 SEB 引起的设备硬故障率计算方法

大气中子单粒子效应引起的设备硬故障率的计算公式为

$$\lambda_{hard-fail} = \sum_i (\lambda_{SEL-i-hard} + \lambda_{SEB-i}) \tag{4-29}$$

式中:$\lambda_{SEL-i-hard}$为第 i 个器件的大气中子 SEL 引起的硬故障率(h^{-1}),且该器件未采取限流防护措施;λ_{SEB-i}为第 i 个器件的大气中子 SEB 引起的硬故障率(h^{-1})。其计

算公式为

$$\lambda_{SEL-i} = \sigma_{SEL-i} \times f \times (1 - \Pi_{SEL-i}) \tag{4-30}$$

$$\lambda_{SEB-i} = \sigma_{SEB-i} \times f \tag{4-31}$$

式中：σ_{SEL-i}为第 i 个器件 SEL 截面(cm^2/device)。σ_{SEB-i}为第 i 个器件 SEB 截面(cm^2/device)。

4.3.7　器件 SEE 截面获取方法

目前国内外航空电子设备中开展 SEE 试验的器件数据公开的较少,其截面试验数据存在不足。但是在航天领域已经开展了大量的重离子及质子单粒子试验,积累了大量数据。由于高能质子(大于 50MeV)诱发单粒子效应机理与中子诱发单粒子效应机理基本相同,其饱和截面数据可以等同采用。对于重离子试验数据,采用 FOM 等方法可以将其转换成中子单粒子试验数据[18,27],也可以采用工艺相似性经验方法获得截面数据,但其准确性相对较差。可以按以下优先级获得器件 SEE 截面数据,用于航空电子设备 SEE 故障率的计算。

(1) 有高能中子单粒子试验数据的以试验数据为准[28]。

(2) 有完整质子单粒子效应截面的,以质子饱和截面作为大气中子单粒子效应截面。

(3) 有完整重离子单粒子翻转截面数据的,以 FOM 方法计算大气中子单粒子效应截面[19]。

(4) 无试验数据的,按工艺相似性经验方法计算大气中子单粒子效应截面。

1. 单粒子效应截面试验数据

已公开发表的航空电子器件的单粒子效应数据来源包括在国际电工委员会下的 IEC62396-1 标准[29-35]、各类器件厂家发表的部分试验数据以及国际组织公开的辐射数据库等,还有我国自己已开展的辐射试验数据。例如,国际电工委员会 IEC62396-1 标准收集了 SRAM 器件的 SEU 截面数据、DRAM 器件的 SEU 截面数据、NOR 和 NAND 型 Flash 器件(包括 SLC 和 MLC 工艺)的 SEU 截面数据、SRAM 的 MCU 截面数据、DRAM 的 SEFI 截面数据、FPGA 和处理器的 SEFI 截面数据、CMOS 工艺器件(包括 SRAM 和处理器)的 SEL 截面数据、光耦和比较器和 PWM 器件的 SET 截面数据、MOSFET 和 IGBT 功率器件的 SEB 截面数据。

公开的单粒子效应截面试验数据库的网络连接包括 NASA 戈达德中心辐射数据库(http://radhome.gsfc.nasa.gov/radhome/parts.htm)、NASA 喷气推进实验室单粒子效应数据库(http://radnet.jpl.nasa.gov/SEE.htm)、NASA 喷气推进实验室质子单粒子效应数据库(http://radnet.jpl.nasa.gov/Compedi/P/ProtonSeeCompendium.htm)、ESA 辐射数据库(http://www.escies.org/public/radiation/database.html)、北京圣涛平

试验工程技术研究院辐射数据库。

2. 利用 FOM 方法获取 NSEE 截面

可以将重离子单粒子截面数据转换为中子单粒子截面数据。首先提供完成完整的 4 参数重离子单粒子翻转截面数据,包括以下参数。

(1) σ_{sat}:饱和截面,单位 cm^2。

(2) LET_{th}:LET 阈值,单位$(MeV \cdot mg)/cm^2$。

(3) w:尺度因子,无量纲。

(4) s:形状因子,无量纲。

大气中子单粒子翻转截面公式为

$$\sigma_n = 2.22E-5 \times FOM \tag{4-32}$$

式中:σ_n 为中子单粒子敏感截面,单位为 cm^2;FOM 为品质因数,计算方法为

$$FOM = \frac{\sigma_{sat}}{L_{0.25}^2} = \frac{\sigma_{sat}}{(LET_{th} + w \times (0.288)^{1/s})^2} \tag{4-33}$$

式中:$L_{0.25}$为饱和截面 25%时对应的 LET 值。

3. SEE 通用截面

无试验数据时,获取器件 SEE 截面,通过分析历史数据,按器件种类、工艺等特征参数进行分类分析,拟合出截面随器件特征参数变化的规律。目前已经得到 CPU、DSP、CPLD、FPGA、FLASH、SRAM、DRAM、AD/DA、光电耦合器、运放比较器、脉宽调制器、MOSFET、IGBT 等 20 多类器件的 NSEE 截面计算经验公式。按器件种类、工艺等条件,通过查表获得相应的截面预计结果。未提及的半导体器件(如 EEPROM、EPROM、二极管、三极管等)为大气中子单粒子非敏感器件,截面取值为 0。

(1) CPU、DSP、CPLD 及其他信号类处理器。CPU、DSP、CPLD 及其他信号类处理器的大气中子单粒子效应主要包括单粒子翻转 SEU、单粒子闩锁 SEL 和单粒子功能中止 SEFI。根据 IEC62396-1 发布的处理器类 SEU 翻转率数据,SEU 的保守截面值在 $1.0 \times 10^{-13} cm^2/bit$。

处理器单粒子闩锁效应 SEL 的通用截面与器件工艺有关,例如,采用 SOI 工艺的处理器没有单粒子闩锁效应 SEL,可认为 SEL 的截面为零,硅材料 CMOS 处理器的 SEL 截面大小与特征工艺尺寸相关,通过威布尔曲线拟合,得到硅材料 CMOS 处理器的通用截面数据拟合公式,即

$$\sigma_{SEL-CMOS} = \exp(-19.662037 - 0.003003 \times S) \tag{4-34}$$

式中:$S \in (45, 1000)$ 为 CMOS 处理器的工艺尺寸(nm);$\sigma_{SEL-CMOS}$ 为 CMOS 处理器 SEL 截面(cm^2/device)。

处理器单粒子功能中止 SEFI 效应的截面与处理器类型、厂家工艺有关,根据

已发表的试验数据，经过威布尔曲线拟合，可得到处理器的通用 SEFI 截面，一般是工艺尺寸的函数关系。例如，Intel 处理器芯片可以划分为带缓存的和不带缓存的两种类型，相应地，通用 SEFI 截面分别由以下表达式所示；PowerPC 处理器的通用 SEFI 截面与工艺尺寸的关系及其他 CPU 和信号处理器的通用 SEFI 与工艺尺寸的关系为

$$\sigma_{\text{SEFI-Intel-cache}}=\exp(-19.533681-0.002682\times S) \tag{4-35}$$

式中：$S\in(180,500)$ 为带缓存 Intel 处理器的工艺尺寸（nm）；$\sigma_{\text{SEFI-Intel-cache}}$ 为带缓存 Intel 处理器 SEFI 效应的通用截面（cm^2/ device），并且

$$\sigma_{\text{SEFI-Intel-nocache}}=\exp(-22.22963+0.00235\times S) \tag{4-36}$$

式中：$S\in(180,500)$ 为不带缓存 Intel 处理器的工艺尺寸（nm）；$\sigma_{\text{SEFI-Intel-nocache}}$ 为不带缓存 Intel 处理器 SEFI 效应的通用截面（cm^2/ device），并且

$$\sigma_{\text{SEFI-PowerPC}}=\exp(-19.85526-0.01575\times S) \tag{4-37}$$

式中：$S\in(90,500)$ 为 PowerPC 处理器的工艺尺寸（nm）；$\sigma_{\text{SEFI-PowerPC}}$ 为 PowerPC 处理器 SEFI 效应的通用截面（cm^2/device），并且

$$\sigma_{\text{SEFI-DSPs-CPUs}}=\exp(-19.533681-0.002682\times S) \tag{4-38}$$

式中：$S\in(65,350)$ 为其他 CPU 和 DSP 处理器的工艺尺寸（nm）；$\sigma_{\text{SEFI-DSPs-CPUs}}$ 为其他 CPU 和 DSP 处理器 SEFI 效应的通用截面（cm^2/device）。

（2）DRAM 存储器。DRAM 存储器的大气中子单粒子效应主要包括单粒子翻转 SEU、单粒子闩锁 SEL 和单粒子功能中止 SEFI。通过数据拟合，得到的 SEU 翻转截面值与工艺尺寸的通用关系为

$$\sigma_{\text{SEU-DRAM}}=\exp(-46.6693+0.05135\times S) \tag{4-39}$$

式中：$S\in(45,300)$ 为 DRAM 存储器的工艺尺寸（nm）；$\sigma_{\text{SEU-DRAM}}$ 为 CMOS 处理器 SEU 截面（cm^2/bit）。

DRAM 存储器单粒子闩锁效应 SEL 的通用截面与器件工艺有关，例如，采用 SOI 工艺的存储器没有单粒子闩锁效应 SEL，可认为 SEL 的截面为零；如果重离子试验的线性能量转移的最小阈值大于 15（MeV · cm^2）/mg，可认为 SEL 的截面为零；采用硅材料 CMOS 工艺的 DRAM 存储器单粒子闩锁效应（SEL）截面不为零，拟合得到的通用截面为

$$\sigma_{\text{SEL-DRAM}}=\exp(-19.662037-0.003003\times S) \tag{4-40}$$

式中：$S\in(45,1000)$ 为 DRAM 存储器的工艺尺寸（nm）；$\sigma_{\text{SEL-DRAM}}$ 为 DRAM 存储器 SEL 截面（cm^2/device）。

DRAM 存储器单粒子功能中止效应 SEFI 的通用截面与工艺尺寸的关系为

$$\sigma_{\text{SEFI-DRAM}}=\exp(-26.173+0.0183\times S) \tag{4-41}$$

式中：$S\in(45,300)$为DRAM存储器的工艺尺寸及范围(nm)；$\sigma_{\text{SEFI-DRAM}}$为DRAM存储器SEFI截面($cm^2$/device)。

(3) SRAM存储器。SRAM存储器的大气中子单粒子效应主要包括单粒子翻转SEU、单粒子闩锁SEL和单粒子功能中止SEFI。其中，SEU翻转截面值随工艺尺寸的变化不明显，保守的SEU截面在$1.0\times10^{-13}cm^2$/bit。

SRAM存储器单粒子闩锁效应SEL的通用截面与器件工艺有关，例如，采用SOI工艺的存储器没有单粒子闩锁效应SEL，可认为SEL的截面为零；如果重离子试验的线性能量转移的最小阈值大于15(MeV·cm^2)/mg，可认为SEL的截面为零；采用硅材料CMOS工艺的SRAM存储器单粒子闩锁效应(SEL)截面不为零，拟合得到的通用截面为

$$\sigma_{\text{SEL-SRAM}}=\exp(-19.662037-0.003003\times S) \tag{4-42}$$

式中：$S\in(45,1000)$为SRAM存储器的工艺尺寸(nm)；$\sigma_{\text{SEL-SRAM}}$为SRAM存储器的SEL截面(cm^2/device)。

SRAM存储器处理器单粒子功能中止效应SEFI的通用截面与工艺尺寸的关系为

$$\sigma_{\text{SEFI-SRAM}}=\exp(-20.986858+0.000877\times S) \tag{4-43}$$

式中：$S\in(65,350)$为SRAM存储器的工艺尺寸及范围(nm)；$\sigma_{\text{SEFI-SRAM}}$为SRAM存储器SEFI截面($cm^2$/device)。

(4) Flash存储器。Flash存储器的大气中子单粒子效应主要包括单粒子翻转SEU、单粒子闩锁SEL。

其中，SEU翻转截面与器件工艺类型有关，对于SLC NAND型Flash器件和NOR型Flash器件，SEU翻转截面值随工艺尺寸的变化不明显，保守截面估计值在$1.0\times10^{-9}cm^2$/device；对于MLC NAND型Flash器件，SEU翻转截面值随工艺尺寸变化，其通用截面为

$$\sigma_{\text{SEU-Flash-MLC}}=\exp(-1.7434-0.1751\times S) \tag{4-44}$$

式中：$S\in(50,90)$为MLC NAND型Flash存储器的工艺尺寸(nm)；$\sigma_{\text{SEU-Flash-MLC}}$为MLC NAND型Flash存储器的SEU截面(cm^2/device)。

Flash存储器单粒子闩锁效应SEL的通用截面与器件工艺有关，例如，采用SOI工艺的没有单粒子闩锁效应SEL，可认为SEL的截面为零；如果重离子试验的线性能量转移LET最小阈值大于15(MeV·cm^2)/mg，可认为SEL的截面为零；采用硅材料CMOS工艺的Flash存储器单粒子闩锁效应(SEL)截面不为零，拟合得到的通用截面为

$$\sigma_{\text{SEL-Flash-MLC}}=\exp(-19.662037-0.003003\times S) \tag{4-45}$$

式中：$S \in (45,1000)$ 为 Flash 存储器的工艺尺寸（nm）；$\sigma_{\text{SEL-Flash}}$ 为 Flash 存储器的 SEL 截面（cm^2/device）。

（5）FPGA 器件。FPGA 器件的大气中子单粒子效应主要包括单粒子翻转 SEU、单粒子闩锁 SEL 和单粒子功能中止 SEFI。按照工艺类型，FPGA 器件划分为 SRAM 型 FPGA、Flash 型 FPGA 和反熔丝型 FPGA 3 种类型 FPGA 器件。

FPGA 的 SEU 翻转截面与工艺类型有关，对于 SRAM 型 FPGA，其 SEU 翻转截面值随工艺尺寸的变化不明显，保守截面估计值在 $1.0\times10^{-13}cm^2$/bit；对于 Flash 型 FPGA，其 SEU 翻转截面值随工艺尺寸的变化不明显，保守截面估计值在 $1.0\times10^{-9}cm^2$/device，如果 Flash 型 FPGA 内部含有触发器、锁存器、内部 SRAM，那么，这些功能块的保守截面估计值仍是 $1.0\times10^{-13}cm^2$/bit；对于反熔丝型 FPGA，其 SEU 翻转截面为 0，但是 FPGA 内部含有的触发器、锁存器、内部 SRAM 功能块的保守截面估计值是 $1.0\times10^{-13}cm^2$/bit。

FPGA 器件的单粒子闩锁效应 SEL 通用截面与工艺类型有关，SOI 工艺的 Flash 型 FPGA 器件没有单粒子闩锁效应 SEL，可认为其 SEL 截面为零；如果重离子试验 LET 最小阈值大于 15（$MeV\cdot cm^2$）/mg，可认为其 SEL 的截面为零；对于硅体材料和 CMOS 工艺的 SRAM 型 FPGA 的单粒子闩锁效应（SEL）截面与工艺特征尺寸相关，拟合得到的通用截面为

$$\sigma_{\text{SEL-FPGA}} = \exp(-19.662037-0.003003\times S) \tag{4-46}$$

式中：$S \in (45,1000)$ 为 FPGA 器件的工艺尺寸（nm）；$\sigma_{\text{SEL-FPGA}}$ 为 FPGA 器件的 SEL 截面（cm^2/device）。

FPGA 器件的单粒子功能中止效应 SEFI 截面与工艺类型有关，Flash 型 FPGA 器件没有单粒子闩锁效应 SEFI，其 SEFI 截面为零；反熔丝型 FPGA 器件没有单粒子闩锁效应 SEFI，其 SEFI 截面为零；对于 SRAM 型 FPGA，单粒子功能中止效应 SEFI 截面与工艺特征尺寸相关，拟合得到的通用截面为

$$\sigma_{\text{SEFI-FPGA}} = \exp(-22.19057+0.01913\times S) \tag{4-47}$$

式中：$S \in (65,130)$ 为 FPGA 器件的工艺尺寸（nm）；$\sigma_{\text{SEFI-FPGA}}$ 为 FPGA 器件的 SEFI 截面（cm^2/device）。

（6）线性器件。线性器件包括光电耦合器、运放比较器和脉宽调制器，对单粒子瞬态 SET 效应敏感，其中，光电耦合器 SET 效应的保守截面估计值在 $1.0\times10^{-7}cm^2$/device；运放比较器 SET 效应的保守截面估计值在 $1.0\times10^{-10}cm^2$/device，脉宽调制器 SET 效应的保守截面估计值是 $1.0\times10^{-9}cm^2$/device。

（7）AD/DA 器件。AD/DA 器件的大气中子单粒子效应主要包括单粒子翻转 SEU、单粒子闩锁 SEL 和单粒子瞬态 SET 效应。AD/DA 器件 SEU 效应的保守截面

估计值在 1.0×10^{-13} cm²/bit。AD/DA 器件 SET 效应的保守截面估计值在 1.0×10^{-10} cm²/device。

AD/DA 器件单粒子闩锁效应 SEL 的通用截面与器件工艺有关,采用硅材料和 CMOS 工艺的 AD/DA 器件单粒子闩锁效应(SEL)截面不为零,拟合得到的通用截面为

$$\sigma_{\text{SEL-AD/DA}}=\exp(-19.662037-0.003003\times S) \tag{4-48}$$

式中:$S\in(45,1000)$为 AD/DA 器件的工艺尺寸和范围(nm);$\sigma_{\text{SEL-AD/DA}}$为 AD/DA 器件的 SEL 截面(cm²/device)。

采用 SOI 工艺的 AD/DA 器件没有单粒子闩锁效应 SEL,可认为 SEL 的截面为零;如果重离子试验中的线性能量转移 LET 最小阈值大于 15(MeV · cm²)/mg,可认为 AD/DA 器件 SEL 效应截面为零。

(8) MOSFET、IGBT 功率器件。MOSFET、IGBT 功率器件的大气中子单粒子效应主要包括单粒子烧毁 SEB。单粒子烧毁 SEB 效应与功率器件工作状态的使用电压有关,只有当使用电压大于 300V 时,才可能发生单粒子烧毁效应 SEB,因此,当 $V_{ds}<300$V 时,SEB 截面为零,当 $V_{ds}\geqslant300$V 时,MOSFET、IGBT 功率器件的通用 SEB 截面可用威布尔曲线拟合,即

$$\sigma_{\text{SEB-MOSFET/IGBT}}=4.82\times10^{-7}\times\left[1-\exp\left(-\left(\frac{V-300}{75.894}\right)^{2.466}\right)\right] \tag{4-49}$$

式中:V为 MOSFET、IGBT 功率器件的工艺尺寸和范围(nm);$\sigma_{\text{SEB-MOSFET/IGBT}}$为 MOSFET、IGBT 功率器件的 SEB 截面(cm²/device)。

4.3.8 设备空间辐射环境可靠性预计案例

4.3.8.1 设备描述

以某飞机系统的机载电子设备为例,该系统有两个 LRU,经过大气中子单粒子效应敏感性分析,共包含 CPU、FPGA、存储器等 9 种敏感器件。

现场可替换单元 LRU-A 包含 CPU、FPGA、FLASH、DRAM 等敏感器件,LRU-B 包含 DSP、FPGA、DAC、ADC、MOSFET 器等敏感器件,敏感器件清单如表 4-13 所列。

表 4-13 设备敏感器件清单

LRU 名称	敏感器件类型	器件型号	厂 家	工艺/(nm^{-1}/$tech^{-1}$)
A	Intel CPU	MG80486DX2-66	Intel	1000/CHMOS
	SRAM 型 FPGA	XC4VFX60	Xilinx	90/CMOS
	SLCNAND FLASH	MT29F8G08AAAWP	Micron	50/CMOS
	DRAM	EDE1104AB-50-E	Elpida	90/CMOS

续表

LRU 名称	敏感器件类型	器件型号	厂　家	工艺/(nm^{-1}/$tech^{-1}$)
B	DSP	SMJ320C6701	TI	180/CMOS
	Flash FPGA	A3PE3000	Actel	130/CMOS
	MOSFET	12P10-TN3-R	UTC	/DMOS
	ADC	S8323	Analog Devices	600/CMOS
	DAC	7664	Analog Devices	1500/CMOS

4.3.8.2 器件敏感截面及防护措施

在单粒子效应故障率计算软件中建立该机载电子设备的单粒子效应评价工程，输入设备敏感器件清单和现有的防护措施，根据单粒子效应截面数据库，得到器件敏感效应和相应的敏感效应截面，如表 4-14 所列。

表 4-14　器件敏感截面计算结果

LRU 名称	器件型号	SEE 敏感类型/(SEU/bit 或其他/device)	资源/bit	SEE 截面/(cm^2/bit)或(cm^2/device)	资源利用率	防护措施
A	MG80486DX 2-66	SEU/寄存器	2096	1.00×10^{-13}	100%	无
		SEU/缓存	65536	1.00×10^{-13}	70%	无
		SEFI/器件	—	2.32×10^{-9}	—	无
		SEL/器件	—	1×10^{-9}	—	限流
	XC4VFX60	SEU/CLB bit	21322496	1.55×10^{-14}	20%	无
		SEU/BRAM bit	4276224	2.74×10^{-14}	70%	无
		SEFI/器件	—	1×10^{-9}	—	无
		SEL/器件	—	0	—	限流
	MT29F8G08 AAAWP	SEU/bit	8589934592	4.40×10^{-17}	70%	无
		SEFI/Device	—	7.41×10^{-13}	—	无
		SEL/Device	—	1×10^{-9}	—	限流
	EDE1104 AB-50-E	SEU/bit	1073741824	3.22×10^{-18}	40%	无
		SEFI/Device	—	2.23×10^{-11}	—	无
		SEL/Device	—	2.21×10^{-9}	—	限流

续表

LRU名称	器件型号	SEE 敏感类型/(SEU/bit 或其他/device)	资源/bit	SEE 截面/(cm^2/bit)或(cm^2/device)	资源利用率	防护措施
B	SMJ320C6701	SEU/寄存器 bit	1024	5.34×10^{-14}	100%	无
		SEU/缓存 bit	524288	5.34×10^{-14}	70%	无
		SEU/RAM	524288	5.34×10^{-14}	70%	无
		SEFI/器件	—	1×10^{-11}		无
		SEL/器件	—	1×10^{-9}	—	限流
	A3PE3000	SEU/BRAM	516096	1.94×10^{-15}	70%	无
		SEFI/Device	—	1×10^{-11}	—	无
		SEL/Device	—	1×10^{-9}	—	限流
	12P10-TN3-R	SEB/Device	—	1×10^{-9}	—	$V_{ds}<200V$
	S8323	SEU/bit	16	1.00×10^{-13}	100%	无
		SET/Device	—	1.00×10^{-10}	—	无滤波
		SEFI/Device	—	0	—	无
		SEL/Device	—	0	—	限流
	7664	SEU/bit	12	1.00×10^{-13}	100%	无
		SET/Device	—	1.00×10^{-10}	—	无
		SEFI/Device	—	0	—	无
		SEL/Device	—	0	—	限流

4.3.8.3 辐射环境设置

机载电子设备的辐射环境设置划分为高空飞行和地面两种典型环境，针对高空飞行环境，输入飞行的高度和纬度数值，得到高空环境下的大气中子注量率，针对地面应用环境，输入所在的城市名称，得以得到地面城市的大气中子注量率(不包含热中子贡献)，如表 4-15 和表 4-16 所列。

表 4-15 典型飞行环境的大气中子注量率计算结果

飞行环境	高度/m	纬度/(°)	中子注量率/($cm^{-2}\cdot h^{-1}$)
典型飞行环境	12000	45	6000

表 4-16　地面环境的大气中子注量率计算结果

城市名称	中子注量率/($cm^{-2}\cdot h^{-1}$)
昆明	21

4.3.8.4　传递率设置

软故障的传递率设置为 0.1。

4.3.8.5　评价结果

在典型飞行环境下，机载电子设备的 SEE 故障率计算结果：中子单粒子效应引起的总故障率为 3.42×10^{-4}/(equipment · h)，设备平均 SEE 故障时间为 2924h，软故障率为 3.42×10^{-4}/(equipment · h)，硬故障率为 0/(equipment · h)，计算结果详见表 4-17。

表 4-17　飞行环境下机载电子设备大气中子单粒子效应引起的故障率评价表

设备	功能板名称	飞行状态下注量率/($cm^{-2}\cdot h^{-1}$)	SEU/SET 软故障率		SEL/SEFI 软故障率	硬故障率	设备总故障率/h^{-1}	MTBSEE/h
			软故障率传递率	软故障率计算/h^{-1}	软故障率/h^{-1}	硬故障率/h^{-1}		
某机载电子设备	A	6000	0.1	2.51×10^{-4}	4.53×10^{-5}	0	3.42×10^{-4}	2924
	B		0.1	2.41×10^{-5}	1.21×10^{-5}	0		
	合计		2.75×10^{-4}		5.74×10^{-5}	0		

在某城市地面环境下，机载电子设备的 NSEE 率计算结果：中子单粒子效应引起的总故障率为 1.09×10^{-5}/(equipment · h)，设备平均 SEE 故障时间为 91911h，软故障率为 1.09×10^{-5}/(equipment · h)，硬故障率为 0/(equipment · h)，计算结果详见表 4-18。

表 4-18　城市地面环境下机载电子设备大气中子单粒子效应引起的故障率评价表

设备	功能板名称	地面注量率/($cm^{-2}\cdot h^{-1}$)	软故障率		SEL/SEFI 软故障率	硬故障率	设备总故障率/h^{-1}	MTBSEE/h
			软故障率传递率	软故障率计算/h^{-1}	固定故障率/h^{-1}	硬故障率/h^{-1}		
某机载电子设备	A	21	0.1	8.79×10^{-6}	1.59×10^{-6}	0	1.09×10^{-5}	91911
	B		0.1	8.42×10^{-8}	4.24×10^{-7}	0		
	合计		8.87×10^{-6}		2.01×10^{-6}	0		

4.4 地面空间辐射环境可靠性预计

考虑到地面和大气环境中的中子辐射来源基本相同、构成基本相似[36]，地面和飞机的大气辐射可靠性预计方法和程序基本相同。可以利用 NASA 模型和 Boeing 模型计算地面不同经纬度、不同海拔高度地区的大气中子辐射注量率，地面中子辐射注量率要远小于飞机平均飞行高度的中子注量率。例如，在纽约上空 20000m 高度的大气中子注量率是 $6000\mathrm{cm}^{-2}\cdot\mathrm{h}^{-1}$，而纽约地面的大气中子注量率约为 $13\mathrm{cm}^{-2}\cdot\mathrm{h}^{-1}$。因此，地面电子设备中每比特或器件的单粒子效应率是飞机典型飞行高度的 1/300。但是，地面大型网络设备和计算机基础设施中的总存储位数非常庞大。因此，地面大气中子单粒子效应不可忽视。

参考文献

[1] WANG Q, CHEN D, BAI H. A Method of Space Radiation Environment Reliability Prediction[C]// 2016 Annual Reliability and Maintainability Symposium(RAMS). IEEE, 2016.

[2] IEC 62396-1. Process Management for Avionics-Atmospheric Radiation Effects-Part 1: Accommodation of Atmospheric Radiation Effects via Single Event Effects within Avionics Electronic Equipment[S]. Geneva: International Electrotechnical Commission, 2016.

[3] IEC/TS 62396-5. Process Management for Avionics-Atmospheric Radiation Effects-Part 5: Assessment of Thermal Neutron Fluxes and Single Event Effects in Avionics Systems[S]. Geneva: International Electrotechnical Commission,2014.

[4] MIL-HDBK-814. Ionizing Dose and Neutron Hardness Assurance Guidelines for Microcircuits and Semiconductor Devices[S]. 1994-2.

[5] MIL-HDBK-816. Guidelines for Developing Radiation Hardness Assurance Device Specifications[S]. 1994-12.

[6] MIL-HDBK-817. System Development Radiation Hardness Assurance[S]. 1994-2.

[7] ECSS-E-ST-10-12C. Space Engineering Methods for the Calculation of Radiation Received and its Effects, and A Policy for Design Margins, European Cooperation for Space Standardization[S]. Paris: European Space Agency, 2008-11.

[8] ECSS-E-HB-10-12A. Space Engineering Calculation of Radiation and its Effects and Margin Policy Handbook, European Cooperation for Space Standardization[S]. Paris: European Space Agency, 2010-12.

[9] 焦维新. 空间天气学[M]. 北京: 气象出版社, 2003.

[10] KAMIDE Y, CHIAN C A. 日地环境指南[M]. 北京: 科学出版社, 2010.

[11] HEIJMEN T, GAILLARD R, SLAYMAN C, et al. Soft Errors in Modern Electronic Systems[M]. Berlin: Springer, 2011.

[12] MELANIE B, POIVEY C, PETRICK D, et al. Effectiveness of Internal vs. External SEU Scrubbing Mitigation Strategies in a Xilinx FPGA: Design, Test, and Analysis[J]. Nuclear Science IEEE Transactions on, 2008, 55(4):2259-2266.

[13] NASA. Radiation Design Margin Requirement[M]. Preferred Reliability Practices, Practice No. Pd-Ed-1260, 1996-5.

[14] ECSS-E-ST-10-04C. Space Engineering Space Environment, European Cooperation for Space Standardization[S]. Paris: European Space Agency, 2008-11.

[15] BRADFORD N J. A Distribution Function for Ion Track Lengths in Rectangular Volumes[J]. Journal of Applied Physics, 1979, 50(6):3799.

[16] BENDEL L W. Length Distribution of Chords Through a Rectangular Volume[R]. Naval Research Lab Memorandum Report, 1984-7:5369.

[17] IROM F, MIYAHIRA T F. Results of Single-Event Effects Measurements Conducted by the Jet Propulsion Laboratory[C]// Radiation Effects Data Workshop, 2006 IEEE. IEEE, 2006.

[18] PETERSEN L E, LANGWORTHY B J, DIEHL E S. Suggested Single Event Upset Figure of Merit[J]. IEEE Transactions on Nuclear Science, 1983, 30(6):4533-4539.

[19] PETERSEN E. Single Event Effects in Aerospace[M]// Single Event Effects in Aerospace. Wiley-IEEE Press, 2012.

[20] BENDEL L W, Petersen L E. Proton Upsets in Orbit[J]. IEEE Transactions on Nuclear Science, 1984, 30(6):4481-4485.

[21] Springfield. Single Event Effects Mitigation Techniques Report[R]. U. S. Department of Transportation, Federal Aviation Administration, 2016-2.

[22] MIKE D, LAURA D. Incorporation of Atmospheric Neutron Single Event Effects Analysis into a System Safety Assessment[J]. SAE International Journal. of Aerospace, 2011, 4(2).

[23] MUKHERJEE S. Architecture Design For Soft Errors[M]// Architecture Design for Soft Errors. 2011.

[24] MUKHERJEE S S, WEAVER C, EMER J, et al. A Systematic Methodology to Compute the Architectural Vulnerability Factors for a High-Performance Microprocessor[C]// Microarchitecture, 2003. MICRO-36. Proceedings. 36th Annual IEEE/ACM International Symposium on. ACM, 2004.

[25] GHAZANFAR A, MEHDI B T. An Analytical Approach for Soft Error Rate Estimation of SRAM-Based FPGAs[J]. Northeastern University, Department of ECE, 2004.

[26] XUE H, WANG Q, CHEN D. Neutron Single Event Effects(NSEE) Testing & Evaluation Method for Avionics[J]. Journal of Beijing University of Aeronautics and Astronautics, 2015,41(10):1894-1901.

[27] NORMAND E. Extensions of the FOM Method-Proton SEL and Atmospheric Neutron SEU[J]. IEEE Transactions on Nuclear Science, 2004, NS:3494-3504.

[28] KEN V. Atmospheric Radiation Effects Whitepaper: The Growing Impact of Atmospheric Radiation Effects on Semiconductor Devices and the Associated Impact on Avionics Suppliers[J]. 2007.

[29] IEC/TS 62396-2. Process Management for Avionics-Atmospheric Radiation Effects-Part 2: Guidelines for Single Event Effects Testing for Avionics Systems[S]. Geneva: International Electrotechnical Commission,2012.

[30] IEC/TS 62396-3. Process Management for Avionics-Atmospheric Radiation Effects-Part 3: System Design Optimization to Accommodate the Single Event Effects(SEE) of Atmospheric Radiation[S]. Geneva: International Electrotechnical Commission,2013.

[31] IEC/TS 62396-4. Process Management For Avionics-Atmospheric Radiation Effects-Part 4: Design of High Voltage Aircraft Electronics Managing Potential Single Event Effects[S]. Geneva: International Electrotechnical Commission,2013.

[32] IEC/TS 62396-6. Process Management for Avionics-Atmospheric Radiation Effects-Part 6: Extreme Space

Weather and Potential Impact on the Avionics Electronics[S]. Geneva: International Electrotechnical Commission, 2017.

[33] IEC/TS 62396-7. Process Management for Avionics-Atmospheric Radiation Effects-Part 7: Management of SEE Analysis Process in Avionics Design[S]. Geneva: International Electrotechnical Commission, 2017.

[34] IEC/TS 62396-8. Process management for avionics-Atmospheric radiation effects-Part 8: Assessment of proton, electron, pion, muon fluxes and single event effects in avionic systems[S]. Geneva: International Electrotechnical Commission, 2014.

[35] IEC/TS 62686-1. Process Management for Avionics-Electronic Components for Aerospace, Defence and High Performance(ADHP) Applications-Part 1: General Requirements for High Reliability Integrated Circuits and Discrete Semiconductors[S]. Geneva: International Electrotechnical Commission, 2015.

[36] NORMAND E, BAKER T J. Altitude and latitude variations in avionics SEU and atmospheric neutron flux[J]. IEEE Transactions on Nuclear Science, 1993, 40(6): 1484-1490.

[37] JESD89A. Measurement and Reporting of Alpha Particle and Terrestrial Cosmic Ray-Induced Soft Errors in Semiconductor Devices[S]. Arlington, V. A: Joint Electron Device Engineering Council, 2006-10.

第5章

空间辐射环境试验

空间辐射环境试验包含多种类型，按照试验对象不同可以分为航天级试验、航空级试验、地面级试验。按照试验类型不同可以分为单粒子效应试验、稳态总剂量效应试验、位移损伤效应试验。其中单粒子效应试验又可根据所用粒子不同分为重离子单粒子效应试验、质子单粒子效应试验、中子单粒子效应试验。

5.1 宇宙空间辐射环境试验

航天级试验主要针对的是太空中应用的卫星、航天器中的设备及其所用元器件，它们在空间应用环境中无时无刻不受到宇宙辐射的影响，对其抗辐射能力进行试验和考核就显得尤为重要。

根据宇宙辐射的粒子类型和引发的辐射效应类型不同，分别要进行单粒子效应试验、稳态总剂量效应试验、位移损伤效应试验。其中，单粒子效应试验又可分为重离子单粒子效应试验和质子单粒子效应试验，重离子单粒子效应开展得较多。

下面将分别对单粒子效应试验、稳态总剂量效应试验、位移损伤效应试验，从试验方案设计、试验程序和操作指南、试验数据分析、试验报告编制等方面分别进行介绍。

5.1.1 航天单粒子效应试验

5.1.1.1 试验目的

针对航天产品开展单粒子效应试验，主要就是为了获得产品的单粒子效应效应截面与入射粒子的能量之间的关系，从而获得产品的饱和截面与产生单粒子效应的初始能量阈值。这些数据就可以为预计航天产品的可靠性和开展抗单粒子效应设计提供数据。

以重离子作为入射粒子开展试验时,入射粒子能量用线性能量传输值(LET)表示;以质子作为入射粒子开展试验时,入射粒子能量用能量(E)表示。

5.1.1.2 国内外标准

目前,国际上针对重离子和质子单粒子效应试验所采用标准主要包括美国材料与试验协会(ASTM)发布的 ASTM F1192、电子产业联盟(EIA)的电子工程设计发展联合会(JEDEC)发布的 EIA/JESD 57、欧洲航天局(ESA)发布的 ESCC 25100、美军标 MIL-STD-750D—2000 方法 1080 等;国内的单粒子效应试验标准主要是国军标 GJB 7242、以及电子行业标准 QJ10005 这两个标准(表 5-1)。

(1) ASTM F1192—2018[1]:半导体器件重离子引起的单粒子效应的测试标准指南。该标准定义了集成电路和其他器件在重离子($Z\geqslant 2$)辐射下的翻转、闩锁、功能终止、瞬态、场效应管烧毁和栅穿现象的试验要求与程序。不适用于中子、质子以及其他轻离子通过其他机理引起的翻转、闩锁、功能中止、瞬态、场效应管烧毁和栅穿现象。

(2) EIA/JESD 57—1996[2]:半导体器件重离子引起的单粒子效应的测试程序。该标准主要规定了集成电路地面模拟单粒子效应试验要求和程序。适用于重离子辐射下产生单粒子翻转、多位单粒子翻转、瞬态、单粒子栅穿、单粒子闩锁、单粒子烧毁及单粒子功能中止等效应。不适用于中子、质子以及其他轻离子等产生的各种效应。

(3) ESA/SCC Basic Specification No. 25100—2002[3]:单粒子效应测试方法指南。该标准定义了半导体集成电路和半导体分立器件由重离子或质子引起的单粒子效应的试验要求。

(4) MIL-STD-750F—2012[4]方法 1080:半导体器件的测试方法指南。该标准规定用于 MOSFET 器件上的重离子、中子、质子或其他轻离子引起的 SEB 和 SEGR 效应的试验程序。

(5) GJB 7242—2011[5]:单粒子效应试验方法和程序。该标准规定了半导体器件单粒子效应的试验目的、要求和程序等内容,并给出了国内串列静电加速器和回旋加速器的常用粒子参考值,适用于重离子辐射引起的器件单粒子翻转、单粒子闩锁试验。

(6) QJ10005—2008[6]:宇航用半导体器件重离子单粒子效应试验指南。该指南是宇航用半导体器件重离子辐射引起的单粒子效应的试验指南,适用于半导体集成电路和半导体分立器件的单粒子翻转、单粒子闩锁、单粒子扰动等单粒子现象,不适用于功率 MOS 器件的单粒子烧毁。

表 5-1 单粒子试验方法标准

	ASTM F1192	ESCC25100	MIL-STD-750F	GJB7242	QJ10005
适用范围	1. 集成电路 2. SEU、SEL、SEFI、SET 等	1. 半导体集成电路和半导体分立器件 2. SEU、SEL、SEFI、SET 等	1. MOSFET 功率器件 2. SEB 和 SEGR	1. 半导体器件 2. SEU、SEL 等	1. 半导体集成电路 2. SEU、SEL、SEFI、SET 等
辐射源	重离子	重离子、质子	重离子	重离子	重离子
入射深度	大于 30μm(建议)	30μm(建议)	根据工作电压值确定	至少 30μm	30μm
注量率	$10^2 \sim 10^5$ ions(cm^2 · s)	1. 重离子:$10^2 \sim 10^5$ ions(cm^2 · s) 2. 质子:$10^5 \sim 10^8$ ions(cm^2 · s)	$10^2 \sim 10^5$ ions(cm^2 · s)	$10 \sim 10^5$ ions(cm^2 · s)	$100 \sim 10^8$ 离子/(cm^2 · s)
入射角度*	<60°	<60°	垂直	<60°	<60°

*表示入射角度定义为粒子入射方向与表面法线的夹角。

5.1.1.3 试验设备

1. 辐射源

粒子加速器是单粒子效应试验的核心设备,用于输出符合试验要求的重离子或者质子束流。目前国内的单粒子效应试验资源主要还是重离子辐射源,可选择的加速器有中国原子能科学研究院的 HI-13 串列静电加速器和中科院近代物理所的 HIRFL 回旋加速器,两加速器常用的重离子如表 5-2 和表 5-3 所列。此外,中国原子能科学研究院的回旋加速器可以提供中能质子的单粒子效应试验束流。

表 5-2 串列静电加速器单粒子束流技术指标

离子种类	串列端电压 /MV	剥离几率 /%	离子能量 /MeV	表面 LET 值 /((MeV · cm^2)/mg)	硅中射程 /μm
^{1}H	12.453	100	25	0.017	3570
^{3}Li	12.477	90.9	50	0.41	310
^{9}Be	12.377	58.2	62	0.77	207
^{11}B	12.481	29.8	75	1.20	166
^{12}C	12.558	14.9	88	1.61	147
^{16}O	12.434	1.4	112	2.88	113
^{19}F	12.491	0.24	125	3.84	98.8
^{27}Al	12.601	4.3	145	7.81	63.1

续表

离子种类	串列端电压/MV	剥离几率/%	离子能量/MeV	表面 LET 值/((MeV · cm^2)/mg)	硅中射程/μm
^{28}Si	12.473	1.2	156	8.62	60.8
^{32}S	12.444	2.6	165	10.6	59.2
^{35}Cl	12.493	1.4	175	12.6	51.1
^{40}Ca	12.535	3.3	185	17.1	42.4
^{48}Ti	12.590	1.5	195	20.9	39.9
^{56}Fe	12.532	1.7	210	26.7	36.1
^{58}Ni	12.457	2.4	215	29.5	36.3
^{63}Cu	12.566	2.0	220	31.9	34.1
^{72}Ge	12.596	1.35	230	37.0	32.8
^{79}Br	12.362	1.24	235	41.9	31.9
^{89}Y	12.551	1.26	248	47.4	31.0
^{107}Ag	12.614	1.31	265	58.5	29.0
^{107}Ag	12.495	0.025	300	59.0	31.5
^{127}I	12.553	1.41	270	65.2	29.2
^{127}I	12.545	0.005	320	66.9	32.4
^{197}Au	12.495	1.09	300	81.8	27.3
^{197}Au	12.519	0.0096	360	86.1	30.4

表 5-3　回旋加速器单粒子束流技术指标

离子种类	能量/(MeV/u)	能量/MeV	射程/μm	LET/((MeV · cm^2)/mg)	LET_{max}/((MeV · cm^2)/mg)	LET_{max}对应的能量/MeV
^{12}C	80	960	9560	0.2437	5.128	3
^{14}N	80	1120	8050	0.3374	6.036	4
^{16}O	75	1200	6300	0.4620	7.165	5
^{20}Ne	80	1600	5700	0.6838	8.949	14
^{24}Mg	6.54	156.96	81.24	6.097	11.49	16
^{26}Mg	6.54	170.04	88.02	6.095	11.49	18
^{32}S	5.35	171.2	54.15	11.12	16.57	32.5
^{35}Cl	6.0	210	63.63	11.52	17.35	40
^{36}Ar	82	2952	3260	2.267	18.65	40
^{40}Ar	58	2320	2010	2.945	18.65	45

续表

离子种类	能量/(MeV/u)	能量/MeV	射程/μm	LET/((MeV·cm^2)/mg)	LET_{max}/((MeV·cm^2)/mg)	LET_{max}对应的能量/MeV
^{40}Ca	6.1	244	58.28	15.08	21.54	65
^{56}Fe	22	1232	317.54	11.21	29.31	110
^{58}Ni	50	2900	1040	7.360	31.39	120
^{84}Kr	25	2100	335.33	18.77	40.92	180
^{129}Xe	8.0	1032	75.81	62.58	69.23	450
^{136}Xe	15.1	2053.6	154.41	50.24	69.26	500
^{209}Pb	1.1	229.9	22.05	75.03	98.05	1000
^{238}U	0.807	192.066	19.65	72.15	119.4	1300

试验过程中,除了对粒子加速器产生的辐射束流提出能量、注量率、入射深度、角度等方面要求外,还应对束流的束斑面积和均匀性提出要求。一般情况下,束流束斑至少应覆盖芯片或目标区域,同时束斑范围内的均匀性要大于90%(即不均匀性小于等于10%)。

2. 粒子束流测量系统

粒子束流测量系统主要用于对辐射源的状态进行监控,测量粒子束流的强度、能量和均匀性等参数。离子束流测量系统一般由束流强度测量系统、束流均匀性测量系统、束流能量测量系统等组成。

束流强度测量系统可以是闪烁探测器、位置灵敏探测器、电离室或次级粒子探测器等,应具有优于±10%的测量精度,能连续、实时监测离子注量。

束流均匀性测量系统由可移动闪烁探测器或位置灵敏探测器等组成,应具有优于±10%的测量精度。

束流能量测量系统由锂漂移探测器等组成,测量精度应满足要求。

3. 单粒子效应试验标定系统

重离子单粒子效应试验实施过程复杂,涉及粒子加速器操作、束流参数测量及诊断、单粒子效应识别及实时监测、试验数据处理等多个环节,各关键环节都可能引入误差或错误,传统的单粒子效应试验基本上是依靠设计保证试验实施条件及关键参数,而缺乏误差测量的有效手段和装置,由于现场缺乏对系统误差的实时监测,对试验中出现的不合逻辑错误分析也难以归零。

国外已经开始针对单粒子效应试验的误差分析及监控技术进行广泛深入的研究,其中最突出的手段就是引入“试验标准件”监测系统误差,并及时修正错误。欧洲航天局 ESA 的 SEU Monitor 束流监测系统就是其中的典型产品,该系统在加速器束流调试时可提供对注量率、LET、能量、束斑均匀性等相关参数的对比验证。

国内北京圣涛平试验工程技术研究院率先开展了重离子单粒子效应试验标定系统的研制，并将在中国科学院近代物理研究所和中国原子能科学研究院的加速器上开展重离子单粒子效应的标定验证。

标定系统由3个部分组成，即硬件系统、上位机软件系统及标定参考数据。通过上位机软件控制硬件系统，调用标定参考数据。

硬件系统由主控板及目标板组成，目标板由对单粒子翻转效应敏感的存储器构成。考虑到单粒子翻转效应的特性，目标器件选用须符合以下要求。

（1）陶瓷封装，由于辐射源粒子射程有限，采用陶瓷封装便于开帽。

（2）单粒子在存储0、1情况下翻转概率均衡。

（3）在LET能量小于5(MeV·cm^2)/mg情况下也发生翻转，且随着LET值增大，截面特性分布均匀，符合威布尔分布。

（4）在高能LET能量情况下，不易发生多位翻转。

（5）抗闩锁能力大于75(MeV·cm^2)/mg。

（6）抗总剂量大于120krad(Si)，对单粒子翻转特性影响较小。

（7）在室温到125°C，不同温度下单粒子翻转敏感特性一致。

（8）中子、质子单粒子翻转截面较小。

（9）单粒子静态试验、动态试验下单粒子翻转截面结果一致。

（10）目标器件不同方向辐射下单粒子翻转截面结果一致。

标定系统的使用：

（1）选择标定系统进行试验，获取定标数据作为辐射源标准LET-截面曲线。

（2）用户开展试验前，应先对标定系统进行辐射试验，获取各LET对应的翻转截面。

（3）将用户获取的LET翻转截面与辐射源标准LET-截面曲线进行比较，若误差在范围内，该辐射源满足试验要求，反之，则对辐射源误差进行分析，改进辐射源，使其达到试验要求。标定系统软件如图5-1所示。

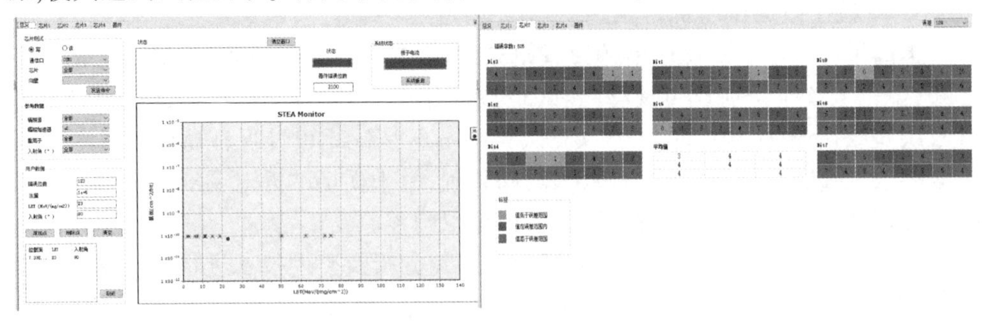

图5-1　标定系统软件

4. 单粒子效应测试系统

单粒子效应测试系统主要是用于对辐射过程中发生的单粒子效应的现象和相关数据进行记录。通常，测试系统由辐射夹具、含目标芯片电路板（下位机）、测试计算机（上位机）、电源、导线及连接器等相关部组件构成。完整的单粒子效应测试系统一般应满足以下基本要求。

（1）能对器件进行初始化和功能检测。

（2）能使用相关的通信协议，实现上位机对下位机的控制。

（3）数据采集速度与被试器件的工作频率相匹配。

（4）对采集到的异常情况进行诊断并且能够实时显示。

（5）能够对采集的数据进行优化。

（6）能够对数据进行编程、存储、修复等操作。

（7）能够实时监测单粒子闩锁。

（8）保护被试器件避免SEL引起烧毁。

（9）具有自动复位或手动复位的功能。

5. 目标芯片的应用程序（需要时）

对于微处理器、FPGA、DSP等可编程类的器件，为了更好地进行试验获得相应数据，需要对器件进行配置和开发设计，使其具有相应的测试功能。例如，对微处理器的配置可以使其具有以下功能。

（1）寄存器测试。将预定程序存入寄存器中，不断评估寄存器的状态，尽量少用内部指令以隔离寄存器的干扰。

（2）高速缓冲存储器测试。将预定程序存入高速缓冲存储器中，不断评估高速缓冲存储器的状态，尽量少用内部指令以隔离高速缓冲存储器的干扰。

（3）特定的指令类型或程序的测试。

6. 温度测量系统（需要时）

在辐射期间，部分器件周边温度或芯片表面温度可能会出现温度变化，此时，可根据需要增加温度测量系统对辐射过程中的温度变化进行实时测量、记录。

5.1.1.4　开展试验的流程

单粒子效应的试验一般要经过前期的试验准备、试验实施、数据分析等几个主要过程。图5-2所示为单粒子效应试验的一般流程。

1. 器件预估

为了选择合适的LET值来开展试验，建议试验前对被试器件的单粒子效应敏感性做初步分析，一般参考工艺、功能相同或相近器件的单粒子效应历史数据，获得大致的LET阈值范围。

2. 摸底试验

需要时可对器件进行摸底试验，辅助器件的预估对器件单粒子效应敏感性进

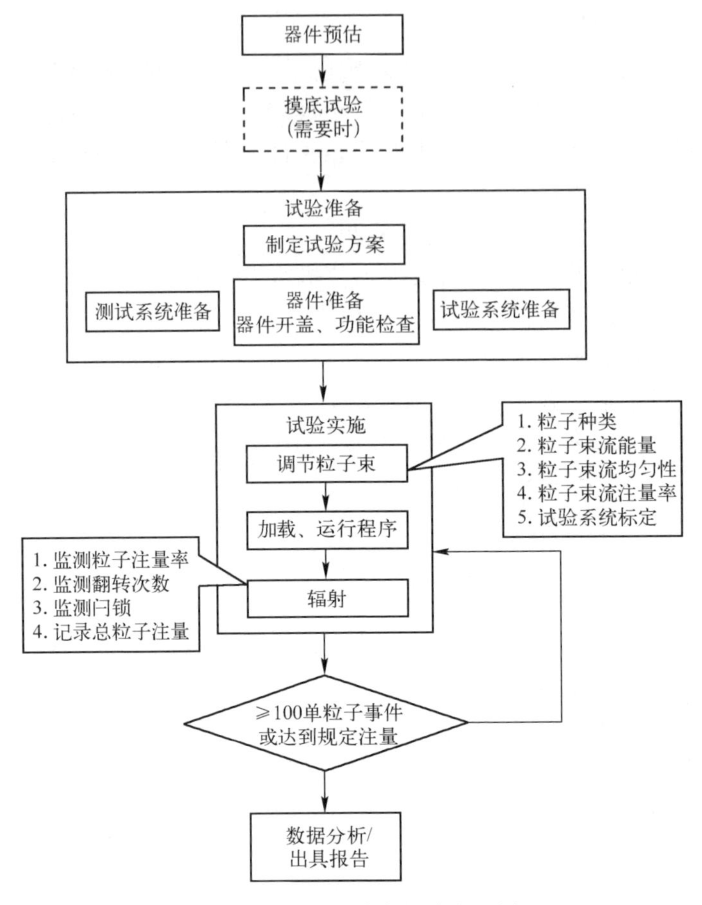

图 5-2　单粒子效应试验流程图

行初步判断。

3. 试验准备

试验准备主要包括 3 个方面,分别是试验方案的准备、试验系统和测试系统的准备、试验器件的准备。其中试验方案中要对单粒子效应试验的试验条件、试验实施过程、监测要求、数据处理方法等内容进行明确要求。试验方案至少应包括以下内容。

(1) 试验方案的名称与编号。

(2) 器件类别、名称、批次、封装形式。

(3) 研制/生产单位名称及地址。

(4) 测试系统研制人(姓名及联系方式)。

(5) 试验目的。

(6) 依据/参考的试验标准。

(7) 抽样方案。

(8) 器件的结构(工艺):体硅 CMOS、外延 CMOS、CMOS SOI、特征尺寸。

(9) 辐射试验类型。

(10) 试验类型:SEU、MBU、SEL、SEFI 或其他。

(11) 应用的工程型号(如需要)。

(12) 试验单位。

(13) 辐射设备提供单位名称及地址。

(14) 辐射源名称及型号。

(15) 试验用的离子:离子的种类、能量、LET 值、射程及入射角度。

(16) 测试系统描述:测试周期、频率、静态条件、测试向量、试验期间被试器件所施加的电压。

(17) 辐射试验顺序,描述试验的每一步和这些步骤的相关要求。

(18) 其他特殊要求或说明。

4. 试验实施。

试验实施过程中的一个重要环节就是设置合适的辐射源,一般辐射源的设置应满足以下要求。

(1) 按预估的 LET 阈值范围确定离子种类和能量。选用的离子种类和能量点数应至少具备 5 种以上不同的有效 LET 值,离子的有效 LET 值应能覆盖被试器件从刚开始出现单粒子事件到单粒子事件达到饱和截面所相应的 LET 范围。对非破坏性试验,建议 LET 值从大到小的顺序进行辐射;对破坏性试验,建议 LET 值从中间向两边的顺序进行辐射。

(2) 选择的离子在硅中有足够的射程,通常要求大于 30μm。

(3) 如果需要,可以采用倾斜入射以获得有效 LET 值的增加。但离子的射程必须满足要求,且离子在通过敏感区体积内的 LET 值变化不大,倾角不大于 60°,倾斜入射对单粒子闩锁试验不适用。

(4) 单粒子翻转试验时的注量率的选择以每秒产生 1~4 次错误为宜。

(5) 若总注量达到规定的要求而未出现错误,则认为在该 LET 值下器件单粒子效应不敏感,可以增加入射离子有效 LET 值。

(6) 若翻转总数达到 100 个(或规定值),或总注量达到规定值,则停止辐射,根据规范变换有效 LET。

试验实施过程中另一个关键环节就是对束流状态进行调试,束流状态是否满足试验要求、是否会引入误差将直接影响到试验的最终结果。因此,在束流状态调试完毕后,在进行器件单粒子效应试验前,应使用单粒子试验标定系统进行先期的单粒子效应测试,将测试的单粒子翻转截面数据和基准数据进行比对,如果翻转截面数据一致且翻转均匀分布,则表明该束流参数准确有效可以进行后续的器件试验流程。

按试验方案要求,调整满足要求的束流,包括能量、注量率、辐射面积和均匀度等。试验最终目标是得到单粒子效应截面与 LET 的点阵图,LET 的变化从阈值增加到出现饱和截面,至少 5 个点。

试验现场数据记录要求清晰、准确及全面,信息至少应包括辐射轮次、器件型号、样品编号、辐射离子种类、离子能量、离子入射深度、离子入射角度、表面 LET 值、注量、单粒子效应类型、错误数等。试验数据的具体分析和处理详见 5.2.1.3 节,试验报告详见 5.2.1.4 节。

5. 数据分析并出具报告

试验数据分析过程详见后文 5.1.2.6 节。

5.1.1.5 常见器件单粒子效应测试

本节将针对部分常见器件单粒子效应试验的监测和测试方法进行介绍。

1. CPU 单粒子效应测试

CPU 单粒子效应测试应包括 SEU、SEL 及 SEFI 的测试。

1) SEU 测试

CPU SEU 测试主要包括寄存器和高速缓存。

(1) 寄存器 SEU 测试。

① 静态自测试。半静态测试过程中,程序计数器和指令寄存器被连续调用,其他寄存器静止。开发一段紧凑的程序,实现辐射前初始配置寄存器及在辐射中循环不断读取配置寄存器状态等功能,如图 5-3 所示。如果一个错误被检测出,寄存器内容和状态被上报上位机,寄存器内容应被重新加载,辐射累积注量应达到 10^7 ions/cm^{2}或出现不少于 100 个翻转。或程序被迫终止,该轮次试验结束。

② 动态自测试。动态自测试要求对某寄存器写入一定向量,转移该寄存器内容给别的寄存器或专用寄存器,然后返还给该寄存器,比较初始值,统计单粒子事件。此方法可循环执行以下的步骤来检测通用寄存器:

- 用操作数 0×55555555(被乘数)加载通用寄存器;
- 用操作数 0×2(乘数)加载下一个通用寄存器;
- 将寄存器相乘,并且将结果写入第一个寄存器;
- 增加寄存器指示器(现在第二个成为被乘数,第三个寄存器为乘数),重复前三步,直到所有的寄存器都记录有乘法的结果;
- 读取整个通用寄存器,并且检查是否所有的结果都与预期的值 0×aaaaaaaa 相符合;

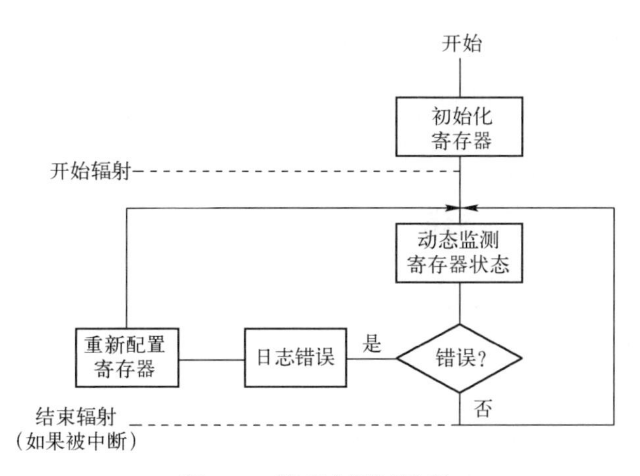

图 5-3　静态自测试流程

- 如果不相符合,将结果记录为翻转。

该测试有 3 种可能的结果:

- 没有翻转的记录;
- 结果与预期值不相匹配,但是只有一至两个位是错误的,记为寄存器;
- 结果与预期值不相匹配,但是有很多位都是错误的,算为处理部件翻转,因为其发生在算术逻辑部件或寄存器选址逻辑。

(2) 内部 Cache SEU 试验。内部 Cache 一般不被直接寻址,需采用特殊程序监测 Cache 的单粒子事件。具体方法为:开发一段程序,循环不断地读取外部存储器数据(存储器容量与内部 Cache 容量相同),读出的数据与外部存储器预存数据相比较,如有不同,则记录内部 Cache 发生单粒子翻转。

2) SEL 测试

在辐射期间,实时监测被试器件的工作电流,如电流增大超过规定值(一般该值设置为正常工作电流的 1.5 倍),则记录为 SEL。发生 SEL 时要及时隔断电流保护被试器件。

3) SEFI 测试

CPU SEFI 主要包括程序跑飞/自动复位、程序挂起、软件运行异常及操作系统运行异常。在辐射试验期间,应监测和记录这些异常情况和次数,分别统计其截面。

2. FPGA 单粒子效应测试

FPGA 单粒子效应测试应包括 SEU、SEL 及 SEFI 的测试。

1) SEU 测试

SEU 测试应在静态和动态 2 种试验下进行。

(1) 静态试验。FPGA 的 SEU 静态试验一般应包括配置存储器、可编程逻辑模块、块存储器、用户双稳态触发器及寄存器。试验一般遵循以下步骤。

① 辐射前,写配置 bit 流。

② 通过回读,确定配置正确。

③ 记录静态功耗电流。

④ 辐射至一定注量后,暂停。

⑤ 记录静态功耗电流。

⑥ 通过回读,确定辐射后的配置。

⑦ 比较辐射前后的配置数据。

⑧ 记录所有逻辑模块的位翻转个数。

⑨ 通过加载、回读,确定电流及回读功能是否正常。

⑩ 更换不同的 LET 值重离子,重新试验。

(2) 动态试验。FPGA 的 SEU 动态试验一般针对可编程逻辑模块和块存储器,考核单粒子瞬态对 SEU 截面的贡献。辐射期间一般把可编程逻辑模块和块存储器配置成自测试电路链,在数据链的终端自动统计经过可编程逻辑模块和块存储器发生的错误数量。

在 SEU 动态试验中测得的截面与被试器件工作频率相关,试验时,器件工作频率应设置为额定工作频率。

2) SEL 测试

在辐射期间,实时监测被试器件的工作电流,如电流增大超过规定值(一般该值设置为正常工作电流的 1.5 倍),暂停辐射,在不断电的情况下,对器件进行回读、重新配置、再回读的操作,如果操作失败,则记录为 SEL。如果上述操作正常,表示器件还没有发生 SEL,断电重启被试器件,恢复辐射继续进行试验。

FGPA 的单粒子闩锁敏感性与工作电压相关,试验期间,器件工作电压、内核电压、I/O 电压及锁相环(PLL)电压均应设置为额定工作电压。

3) SEFI 测试

不同结构的 FPGA,其单粒子功能中止的表现是不同的,FPGA SEFI 测试一般包括以下 6 种。

(1) 上电复位(POR)SEFI。

(2) SelectMAP 配置 SEFI。

(3) 帧地址寄存器 Frame Address Register (FAR) SEFI。

(4) 回读(Readback)SEFI。

(5) 擦洗(Scrub)SEFI。

FPGA SEFI 监测是通过回读上述寄存器中的数据与预定值相比较的方式实现的,回读的数据与预定值不一致,判断发生了 SEFI。

3. 存储器单粒子效应测试

存储器单粒子效应测试应包括 SEU、SEL 及 SEFI 的测试。

1）SEU 测试

SEU 测试应在静态和动态 2 种试验下进行。

（1）静态试验。辐射前，对被试存储器写入测试向量，测试向量一般是 55H、全“0”或全“1”；辐射期间，不对存储器进行读、写或编程、擦除等操作；辐射至一定注量后，读出所有存储单元的状态值，与试验前写入的数值相比较，统计多少个位发生变化，该统计值即为在该注量下的翻转次数。SEU 静态试验辐射可分步进行，每次辐射累积的翻转数不能超过器件位总数的 10%。

（2）动态试验。辐射前，对被试存储器写入测试向量，测试向量一般是 55H、全“0”或全“1”；辐射期间，循环遍历地址访问器件所有的储存单元状态值，与预期的数值相比较，如发现有异同，则统计为 SEU 或 MBU（一个字节内出现 2 个或 2 个以上的错误）。

2）SEL 测试

在辐射期间，实时监测被试器件的工作电流，如电流增大超过规定值（一般该值设置为正常工作电流的 1.5 倍），则记录为 SEL。发生 SEL 时要及时隔断电流保护被试器件。

3）SEFI 测试

SEFI 监测是通过监测器件的读、写、编程或擦除等操作功能实现的。在辐射期间，全地址向器件进行“写”“编程”“擦除”（针对 EEPROM 及 Flash memory）和全地址“读”操作，写入向量值随地址逐步增大，即地址“0”的存储字节写全“0”、地址“1”的存储字节写“01H”、地址“2”的存储字节写“11H”，以些类推，读出的数据与预定值比较，看是否发生大面积错误，如果是即发生了 SEFI。

4. DSP 单粒子效应测试

DSP 单粒子效应测试应包括 SEU、SEFI 及 SEL 的测试。

1）SEU 测试

SEU 测试应在静态和动态 2 种试验下进行。

（1）静态测试。辐射前向寄存器或存储单元写 0×AA 或 0×55，包括：CPU 寄存器、EMIF、HPI、McBSPs、DMA、SPI、定时器中的寄存器或 FIFO 存储结构、内部存储器等。

辐射后读取所有寄存器或存储单元状态，按位状态进行比较，统计翻转次数。

（2）动态测试。执行测试程序，如向指定外设接口连续发送固定数据（如 0×AA 或 0×55）。开始辐射后监测外设接口数据，并与初始值比较。若发现错误，中断辐射，中断测试程序，并读取执行测试程序时所用的寄存器和存储器状态，并与预计值比较,统计翻转位数。统计完成后,若达不到翻转位数统计要求,重复上述过程直到达到试验要求。

2) SEFI 测试

在进行单粒子翻转、单粒子瞬态的试验过程中,如果器件丧失正常功能,则认为发生了单粒子功能终止。

3) SEL 测试

重离子入射器件导致内部可控硅结构开启,形成低阻大电流状态,一般监测电源电流来判断器件是否发生单粒子闩锁。如果电源电流突然增加超过规定值,则记录一次单粒子闩锁。需根据 DSP 各模块供电情况,监测各功能模块的电流,一般包括:

(1) I/O 模块工作电流;

(2) 内核 Core 工作电流;

(3) PLL 模块工作电流。

5. SiP 单粒子效应测试

SiP 单粒子效应测试应包括 SEU、SET、SEFI、SEL、SEB 及 SEGR 的测试。

1) SEU 测试

SEU 测试应在静态和动态 2 种试验下进行。

(1) 静态测试。对于含有存储单元的电路,需进行静态功能单粒子翻转试验,试验流程如下。

① 辐射前,对被试器件写入测试向量,记录初始功耗电流。

② 辐射至 $10^6 cm^{-2}$的注量,然后读出所有存储单元的状态值,与试验前写入的数值相比较,统计多少个 bit 发生变化,该统计量即为在该注量下的翻转次数。

③ 在辐射期间,需监测被试器件工作电流,如果工作电流超过规定值,则记录发生一次单粒子闩锁,同时记录发生 SEL 对应的注量,暂停离子束流,对被试器件进行断电重启操作,器件恢复正常后,重新进行辐射试验,辐射至新的注量(新注量值应设置比上次发生锁定时注量要小一些,避免再次发生锁定读不出数据),然后读出所有存储单元的状态值,与试验前写入的数值相比较,统计多少个 bit 发生变化,该统计值即为在该注量下的翻转次数。

(2) 动态测试。对于含有存储单元的电路,需进行动态功能单粒子翻转试验,试验流程如下。

① 辐射前,对被试器件写入测试向量,记录初始功耗电流。

② 辐射期间,循环访问器件所有的储存单元状态值,与试验前写入的向量相比较,如发现有异同,则统计为 SEU。在试验过程中如发生 SEU,应对该字节重新写入正确值。统计的 SEU 次数不少于 100 个或注量达到 $10^7 cm^{-2}$,停止

辐射。

③ 在辐射期间监测功耗电流。

2）SET 测试

对于有模拟输出信号的器件，需进行单粒子瞬态试验，试验流程如下。

（1）试验前对器件施加静态或动态偏置，并施加特定测试向量，记录初始功耗电流。

（2）在辐射期间实时监测其输出信号，如果输出波形发生畸变，则认为发生了单粒子瞬态，当发生错误数达到指定数量（如 100 次）或达到指定的累积注量（如 $10^7 cm^{-2}$）时，停止辐射，记录辐射注量。

3）SEFI 测试

在进行单粒子翻转、单粒子瞬态的试验过程中，如果器件丧失正常功能，则认为发生了单粒子功能终止。

4）SEL 测试

该试验仅限于内部含有 CMOS 工艺的 SiP 器件，重离子入射器件导致内部可控硅结构开启，形成低阻大流状态，一般监测电源电流来判断器件是否发生单粒子闩锁。如果电源电流突然增加超过规定值，则记录为单粒子闩锁。

建议利用计算机控制的可编程电源实现 SEL 的监测及记录，通过测量采样电阻的压降来监视流过的电流。当电流超过规定值时，电压比较器通过与参考电压比较，发出信号，切断电源开关，保护被试器件。

5）SEB 测试

对被试器件施加规定的栅源电压 V_{GS} 和源漏电压 V_{DS}，然后辐射被试器件。监测源漏电流 I_{DS}，当 I_{DS} 超过规定值时，停止辐射，并记录发生 SEB 时的注量。

6）SEGR 测试

对被试器件施加规定的 V_{GS} 和 V_{DS}，然后辐射被试器件。监测 I_{GS}，当 I_{GS} 超过规定值时，停止辐射，并记录发生 SEGR 时的注量。

5.1.1.6　试验数据分析

用 i（通常要求 $i \geqslant 5$）种不同 LET 的离子，以倾角 $\theta(i)$ 入射到芯片表面，入射到芯片表面的离子总数为 $\Phi(i)$，检测器件发生的单粒子事件数为 $N(i)$。利用下式计算 LET(i) 的离子入射器件的单粒子截面 $\sigma(i)$ 和有效 LET 值 $\mathrm{LET}(i)_{\mathrm{eff}}$[6]，即

$$\sigma(i) = N(i) / \Phi(i) \times \cos\theta(i) \tag{5-1}$$

式中：i 为不同 LET 离子的种类数；$\sigma(i)$ 为第 i 种 LET 离子的单粒子效应截面（cm^2/dvice，cm^2/bit）；$N(i)$ 为第 i 种 LET 离子测得的单粒子事件数（个）；$\Phi(i)$ 为第 i 种 LET 离子的总注量（cm^{-2}）；$\theta(i)$ 为第 i 种 LET 离子的入射角（°），并且

$$\mathrm{LET}(i)_{\mathrm{eff}} = \mathrm{LET}(i) / \cos\theta(i) \tag{5-2}$$

式中：$LET(i)_{eff}$为以 θ 角入射的第 i 种 LET 离子的有效 LET 值（$(MeV \cdot cm^2)/mg$）；$LET(i)$为第 i 种 LET 离子的 LET 值（$(MeV \cdot cm^2)/mg$）。

利用试验获得的 $\sigma(i)$ 与 $LET(i)_{eff}$ 的关系数据，做威布尔曲线拟合画出 σ-LET 的关系曲线，如图 5-4 所示。获得饱和截面 σ_{sat}、阈值 LET_{th}、尺度参数 w、形状参数 s 等值，即

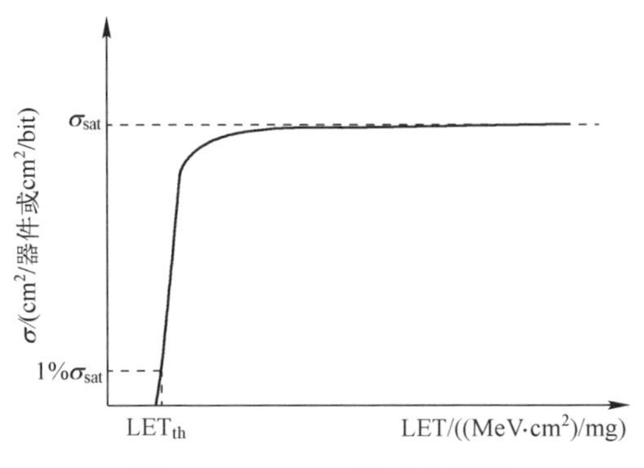

图 5-4　σ～LET 关系曲线[6]

$$\sigma = \sigma_{sat}\left[1 - e^{-\left(\frac{LET - LET_{th}}{W}\right)^{S}}\right] \tag{5-3}$$

式中：σ 为单粒子效应截面（cm^2/dvice，cm^2/bit）；σ_{sat} 为饱和截面（cm^2/dvice，cm^2/bit）；LET 为 LET 值（$(MeV \cdot cm^2)/mg$）；LET_{th} 为 LET 阈值（$(MeV \cdot cm^2)/mg$）；w 为尺度参数；s 为形状参数。

5.1.1.7　试验报告

试验后应写试验报告。试验报告内容至少包据：

(1) 试验报告编号；

(2) 试验方案编号；

(3) 器件描述；

(4) 器件类别、名称、型号规格、批次、封装形式、数量、生产单位、质量等级、器件工艺；

(5) 样品处理：样品是否开帽，芯片尺寸，芯片钝化，芯片表面是否涂胶，是否去除内涂胶及去除方法；

(6) 辐射源的地点；

(7) 有源区深度，并标注该值的来源：测量值或生产厂提供；

(8) 试验类别：SEU、SEL、SEFI 等；

(9) 辐射源的种类，离子种类、能量、粒子入射角度、LET 值、有效 LET 值和射程；

(10) 被试器件的温度；

(11) σ~LET 曲线;

(12) 其他。

5.1.1.8　试验案例

随着我国航天事业的不断发展,航空用器件的空间单粒子效应需求不断增加,每年在中国原子能科学研究院和中国科学院近代物理研究所都会开展大量的空间单粒子效应试验,为航天应用积累了大量的试验数据。

以某国产微处理器为例,其综合使用了中国原子能科学研究院的 HI-13 串列加速器和中国科学院近代物理研究所的 HIRFL 重离子加速器进行中重离子单粒子效应试验,主要对器件的 SEU 和 SEL 进行考核与评估。重离子选用情况详见表 5-4,其中 C、Cl、Ti、Br、I 重离子辐射主要是进行器件的 SEU 试验,用以拟合器件 LET 值与截面的曲线,同时进行 SEL 的监测;Bi 重离子辐射则是为了进行器件的 SEL 试验。

表 5-4　试验用重离子

重　离　子	能量 /MeV	有效 LET 值 /((MeV · cm^2)/mg)	射程 /μm	试验加速器
C	80	1.73	127	HI-13
Cl	160	13	46.0	HI-13
Ti	160	22.2	32.9	HI-13
Br	218	42	30.2	HI-13
I	250	63.7	27.8	HI-13
Bi	923.2	99.8	53.7	HIRFL

(1) 单粒子翻转 SEU 数据。微处理器中的寄存器和 Cache 是 SEU 的主要敏感区域,该国产微处理器的 SEU 试验就是针对寄存器和 Cache 进行监测。其中寄存器采用静态测试的方式,监测扫描链寄存器共 30857bit(监测率 93.8%)。对监测寄存器写入不同的向量并进行辐射,对比写入和辐射后的数据结果,统计翻转位数。测试模式与写入向量的配置方式详见表 5-5。其中 Cache 采用动态 BIST 测试的方法,检测容量为 16KB,共 131072bit(监测率 100%),辐射同时交替进行读写操作,对比写入与读出的数据,统计 1→0 和 0→1 的翻转数量。

表 5-5　寄存器静态扫描模式

模　　式	写 入 向 量	错 误 形 式
无三模扫描	全 1	1→0 翻转
	全 0	0→1 翻转

续表

模　　式	写入向量	错误形式
三模扫描	全 1	1→0 翻转
	全 0	0→1 翻转

辐射采用垂直入射的方式,并要求离子束的不均匀性≤10%、入射深度大于 30μm,以离子注量达到 $10^7 cm^{-2}$ 或发生 100 次翻转为结束条件。统计所获得的试验数据如表 5-6 所列。对各组单粒子效应试验数据威布尔拟合的结果如表 5-7 所列。

表 5-6　国内某型号微处理器的 SEU 试验数据

对象	模式	重离子	有效 LET 值 /((MeV·cm²)/mg)	注量 /cm⁻²	SEU /次数	截面 /(cm²/device)	截面 /(cm²/bit)
寄存器	静态无三模全 0 写入	C	1.73	1.00×10^7	0	/	/
		Cl	13	4.00×10^7	47	1.18×10^{-6}	3.81×10^{-11}
		Ti	22.2	4.00×10^7	209	5.23×10^{-6}	1.69×10^{-10}
		Br	42	8.00×10^6	960	1.20×10^{-4}	3.89×10^{-9}
		I	63.7	4.00×10^7	12060	3.02×10^{-4}	9.77×10^{-9}
	静态无三模全 1 写入	C	1.73	1.00×10^7	0	/	/
		Cl	13	4.00×10^7	60	1.50×10^{-6}	4.86×10^{-11}
		Ti	22.2	4.26×10^7	247	5.80×10^{-6}	1.88×10^{-10}
		Br	42	4.20×10^7	433	1.03×10^{-5}	3.34×10^{-10}
		I	63.7	4.00×10^7	614	1.54×10^{-5}	4.97×10^{-10}
	静态三模全 0 写入	C	1.73	1.00×10^7	0	/	/
		Cl	13	4.00×10^7	30	7.50×10^{-7}	2.43×10^{-11}
		Ti	22.2	4.00×10^7	149	3.73×10^{-6}	1.21×10^{-10}
		Br	42	3.81×10^7	388	1.02×10^{-5}	3.30×10^{-10}
		I	63.7	4.00×10^7	550	1.38×10^{-5}	4.46×10^{-10}
	静态三模全 1 写入	C	1.73	1.00×10^7	0	/	/
		Cl	13	4.00×10^7	33	8.25×10^{-7}	2.67×10^{-11}
		Ti	22.2	4.00×10^7	115	2.88×10^{-6}	9.32×10^{-11}
		Br	42	4.00×10^7	273	6.83×10^{-6}	2.21×10^{-10}
		I	63.7	4.00×10^7	794	1.99×10^{-5}	6.43×10^{-10}

续表

对象	模式	重离子	有效 LET 值/((MeV·cm²)/mg)	注量/cm^{-2}	SEU/次数	截面/(cm^2/device)	截面/(cm^2/bit)
Cache	动态 BIST 模式	C	1.73	1.00×10^{7}	0	/	/
		Cl	13	4.00×10^{7}	147	3.68×10^{-6}	2.80×10^{-11}
		Ti	22.2	4.00×10^{7}	529	1.32×10^{-5}	1.01×10^{-10}
		Br	42	8.74×10^{6}	2516	2.88×10^{-4}	2.20×10^{-9}
		I	63.7	1.52×10^{7}	3905	2.57×10^{-4}	1.96×10^{-9}

表 5-7　国内某型号微处理器的 SEU 试验数据威布尔拟合结果

对　象	模　式	威布尔拟合参数
寄存器	静态 无三模 全 0 写入	翻转阈值:6.44(MeV·cm^2)/mg 饱和截面:9.78×10^{-9} cm^2/bit W:38.07 S:3.63
	静态 无三模 全 1 写入	翻转阈值:6.44(MeV·cm^2)/mg 饱和截面:4.97×10^{-10} cm^2/bit W:24.39 S:1.90
	静态 三模 全 0 写入	翻转阈值:6.44(MeV·cm^2)/mg 饱和截面:4.46×10^{-10} cm^2/bit W:26.37 S:2.18
	静态 三模 全 1 写入	翻转阈值:6.44(MeV·cm^2)/mg 饱和截面:6.44×10^{-10} cm^2/bit W:32.17 S:2.43
Cache	动态 BIST 模式	翻转阈值:6.44(MeV·cm^2)/mg 饱和截面:2.20×10^{-9} cm^2/bit W:30.06 S:3.47

(2) 单粒子闩锁 SEL 数据。微处理器进行 SEL 试验是通过运行测试程序,监测器件测试功能及程控直流电源,其中 1.8V 核心电流由 5V 直流电源经过测试板转化为 1.8V,3.3V 输入输出电流由 3.3V 直流电源直接提供,6 种离子辐射过程中均未发现电流升高的情况。

5.1.2 航天总剂量效应试验

5.1.2.1 试验目的

通过航天级稳态总剂量效应试验，获得航天器件耐总剂量效应的水平，为评价器件的总剂量效应敏感特性和预计卫星等航天器中器件的总剂量效应率提供数据。

对于双极器件，包括线性电路、分立器件、数字电路等，还应考虑其抗低剂量率效应的能力。通过低剂量率效应试验获得双极型器件低剂量率辐射下电特性退化情况，为评价受试器件增强低剂量率效应的敏感特性提供依据。低剂量率效应试验的相关要求详见 5.2.1.3 节。

5.1.2.2 国内外标准

目前，国际上针对稳态总剂量效应试验所采用的标准包括美军标 MIL-STD-883G 方法 1019.7、美国材料与试验协会(ASTM)发布的 ASTM F1892 和欧洲航天局(ESA)发布的 ESA/SCC 22900；国内的稳态总剂量效应试验标准主要包括国军标 GJB548B 方法 1019.2、GJB762.2、GJB5422 和电子行业标准 QJ10004 等。

(1) MIL-STD-883K—2016[7]微电路试验方法标准 1019.9 电离辐射(总剂量)测试程序。该程序详细说明了使用钴 60γ 射线源对已封装的半导体集成电路进行电离辐射(总剂量)效应试验的要求。测试包括室温退火和高温退火。该程序只包括稳态辐射，不适用于脉冲辐射。

(2) ASTM F1892—2018[8]半导体器件的稳态总剂量试验方法指南[9]。该指南规定了半导体器件的总剂量试验，包括剂量、剂量率、温度、偏置条件及辐射时间要求。该指南提供了一些线性双极器件及含有 MOS 工艺器件的测试方法。

(3) ESA/SCC 22900—2003 稳态总剂量辐射试验方法[10]。该规范规定了用于空间的集成电路和分立半导体器件稳态辐射试验的基本要求。根据逻辑和物理评估的要求，该规范主要规定了 2 个阶段的要求：工艺评价、高可靠性器件的鉴定和批次接收。该试验方法仅包含稳态总剂量辐射，并不适用于脉冲辐射。

(4) GJB548B—2005[10]微电子器件试验方法和程序方法 1019.2 电离辐射(总剂量)试验程序。该试验程序规定了对已封装的半导体集成电路进行钴 60γ 射线源电离辐射(总剂量)作用的试验要求。等同采用了 MIL-STD-883F—2004 方法 1019.6 的规定。

(5) GJB762.2—1989[11]半导体器件辐射加固试验方法 γ 总剂量辐射试验。该标准规定了半导体器件总剂量电离辐射效应的试验方法和要求。辐射源为钴 60γ 射线源和电子加速器。该方法仅适用于稳态总剂量辐射，不适用于脉冲类型辐射。

（6）GJB5422—2005[12]军用电子元器件 γ 射线累积剂量效应测量方法。该标准适用于军用电子元器件在钴 60γ 射线源电离辐射（总剂量）效应的试验测量，不适用于脉冲类型辐射效应测量。

（7）QJ10004—2008[13]宇航用半导体器件总剂量辐射试验方法。该标准规定了采用钴 60γ 射线对宇航用半导体器件进行电离总剂量辐射试验的一般要求和试验程序、方法。该标准适于宇航用半导体器件辐射评估试验和验证试验。

对于总剂量试验，从适用范围、辐射源和剂量等方面总结了相关标准的异同，详见表 5-8。

表 5-8　国内外总剂量试验方法标准的异同

不同点	ESA/SCC Basic Spec. No. 22900	MIL-STD-883K，方法 1019.9	GJB548B，方法 1019.2	QJ10004
适用范围	工艺评估和鉴定、空间应用程序期间，ICs 和分立器件的辐射测试方法	封装半导体 ICs 稳态辐射测试方法	同 883G	航天用半导体器件
辐射源	钴 60γ 射线（电离），允许选用其他辐射源	钴 60γ 射线（电离）	同 883G	钴 60γ 射线（电离）
剂量	技术要求的±10%	技术要求的±10%； “回弹”附加 0.5 倍的过辐射	同 883G	/
剂量率	窗口 1，标准剂量率是 1～10rad(Si)/s；窗口 2，低剂量率辐射是 0.01～0.1rad(Si)/s，在试验方同意的情况下可以使用更低的剂量率	条件 A：标准剂量率 50～300rad(Si)/s 条件 B：仅对 MOS 器件来说，如果应用中最大剂量率<50 rad(Si)/s，应统一执行剂量率≥应用的最大剂量率 条件 C：如果试验方同意，可使用预定应用剂量率 条件 D：剂量率≤10^{-4}Gy/s 条件 E：(1) 室温下，小于 10^{-4}Gy/s 的剂量率辐射；(2) 提高温度辐射；(3) 高剂量率试验和高温退火的结合；(4) 转换剂量率；(5) 其他加速试验	条件 A、条件 B、条件 C 同 883G， 条件 D：规定剂量<25krad(Si)，剂量率≤0.01rad(Si)/s，剂量≥25krad(Si)，辐射时间≥1000h 条件 E：规定剂量≤50krad(Si)，剂量率 0.5～5rad(Si)/s。100℃±5℃的高温辐射，不应被应用于规定剂量>50krad(Si)	条件 A：1～10rad/s 或 50～300rad/s 条件 B：0.01～0.1rad/s 条件 C：不大于 0.01rad(Si)/s 条件 D：参与试验各方均同意的剂量率
室温退火 加速退火	24h（先进行） 在 100℃ 下 168h（后进行）	$T_{max}=D_{spec}/R_{max}$（D_{spec} 是总剂量，R_{max} 为最大剂量率） “回弹”在 100℃±5℃ 168h±12h	同 883G	15～35℃下，168h 100℃±5℃下，168h
温度辐射 温度测试	20℃±10℃ 25℃±3℃	24℃±6℃ 25℃±5℃	同 883G	/

续表

不同点	ESA/SCC Basic Spec. No. 22900	MIL-STD-883K，方法 1019.9	GJB548B，方法 1019.2	QJ10004
试验程序	评估试验程序 鉴定和批次验收程序	MOS 和数字双极器件的电离辐射试验程序 双极（BiCMOS）线性或混合信号器件的试验程序	MOS 和双极数字电路电离辐射试验程序	评估试验程序 验证试验程序
退火偏置 测试偏置	±10%；最劣偏置 器件引线短路	±10%；最劣偏置 器件引线短路	同 883G	最劣或应用偏置 器件引线短路

5.1.2.3 试验设备

设备应有辐射源、电参数测量系统、试验电路板、电缆、互连板或开关系统、试验夹具和剂量测定工具。对于电测试系统应采取预防措施，测试系统应绝缘好，屏蔽充分，接地良好；测试系统产生的工频或其他噪声及泄漏源的低能级干扰的量级应足够小，不影响电参数测试。

1. 辐射源

稳态总剂量效应试验所用的辐射源通常采用钴 60γ 源的均匀场。除另有规定，在器件被辐射的范围内用剂量测定系统测得的辐射场不均匀性应小于 10%。钴 60 源的 γ 射线场强度大小的变化不超过±5%，器件与辐射源之间位置的变化以及辐射吸收和散射材料的存在会影响场的均匀性与强度。

2. 剂量测试系统

可以是电离室、热释光剂量计或其他的测试系统，测量不确定度小于 5%。

3. Pb/Al 容器

试验样品和剂量测量系统应放在 Pb/Al 容器中，以减小低能散射辐射引起的剂量增强效应。容器外层要求至少为 1.5mm 厚的铅，内层至少为 0.7mm 厚的铝。

如果能证明低能散射辐射足够小，不会产生剂量增强效应引起的剂量测定误差，也可不用 Pb/Al 容器。

4. 电学测试仪器

电学测量用的全部测量装置应具有精确测量电参数所需要的稳定性、准确性和分辨率。在辐射环境中工作的全部装置应予以适当屏蔽。

5. 试验电路板

试验线路板要求如下。

(1) 待辐射的器件应与辐射期间器件偏置所需的或辐射中测量所需的有关电路一起，安装在试验电路板上或与电路板连在一起。

(2) 除另有规定外，在辐射期间器件引出端以及其他可能影响辐射响应的引脚皆应电连接，即不得浮置。整个试验电路板的几何形状和材料应能使受试器件得到均匀辐射。

(3) 应采用良好的设计和结构以防止振荡,把漏电流减到最小,防止电损坏,并得到精确的测量。

(4) 只有能抗辐射的并且没有显著漏电(相对于受试器件而言)的插座才能用来将器件和相关的电路与试验板连在一起。

(5) 在辐射场中反复使用的所有设备应定期检查其物理或电性能的衰退情况。

(6) 试验板本身使用的元器件应对累积的辐射不敏感,或者应将其与辐射相屏蔽。

(7) 试验夹具所用的材料应对受试器件处的辐射场强度均匀性不产生影响。

(8) 应在辐射场外测量夹具的漏电流。

(9) 在插座中不插装器件,将试验电路板与试验系统连在一起,使所有可能起作用的噪声和干扰源处于工作状态,施加器件试验时的最大偏置,任意两个引出端之间的漏电流不应超过辐射前试验规范中电流最小极限值的10%。

(10) 加速退火试验中对器件施加偏置的试验电路板必须能够经受加速退火试验中的温度要求,并在试验前和试验后均应检查其物理与电学性能的退化情况。

6. 环境试验箱

如果需要提高温度辐射,辐射温箱应该能使电路被辐射时维持在100℃±5℃。温箱应该能在测试时在辐射前一个合理的时间内把电路从室温升高到辐射的温度。也能够在测试时(在辐射后小于20min内)把温度从辐射温度降低到室温。在升温和降温时,这种辐射偏差需要维持。升高、维持、降低电路在测试时的温度应用一个加热槽进行,加热槽使用加热或制冷液,也可以用交替冲入热、冷空气的方法,或者是其他可以得到正确结果的方法。

7. 电参数测试系统

电参数测试器件应满足稳定性、准确性和分辨率要求,以保证测试器件电参数的准确测量。在辐射箱内工作的测试系统的任何部分,都应对累积测试剂量不敏感,或达到所要求的屏蔽条件。

8. 剂量测定

试验前应依据实际情况采用剂量测定仪器或用源衰变修正计算的方法确定受试器件所在位置的辐射场强度,以保证符合试验等级和均匀性要求。应采用下述两种方法之一确定受试器件经受的剂量。

(1) 辐射期间用合适的剂量测定仪器测试。

(2) 对原先的剂量测定值进行修正,得到间隔时间中钴60γ源强度衰减。采取合适的修正方法将测量或计算得到的剂量测试材料中的剂量转换为受试器件中的剂量。

(3) 辐射剂量率。过量载流子的浓度取决于剂量率,这些载流子的迁移率和寿命可以改变捕获电荷的分布。由于电离生成的过量载流子可以改变器件的内部偏置程度,因此,造成器件或电路响应的偏差。由于器件氧化层电荷退火和界面态生长的反作用效应,选择合适的剂量率范围应以器件参与的真实系统操作所遭遇到的辐射环境为依据。

根据应用目的的不同,推荐3个方面的选择剂量率:

条件A:

(1) 总剂量范围在0~300Gy(Si)时,选择分布于1.5~8Gy(Si)间的剂量率;

(2) 总剂量范围在300~10000Gy(Si)时,剂量率基本随总剂量的增加而增加,但不要超过0.02Gy(Si)/s;

(3) 在试验时间和经费有限的情况下,可采用多步骤辐射,辐射初始阶段选择低剂量率进行辐射,辐射后期,可以逐步提高剂量率的值。

条件B:

(1) 标准剂量率:钴60的剂量率范围应为100~1000Gy(Si)/s;

(2) 低剂量率:钴60的剂量率范围应为1~10Gy(Si)/s;

(3) 在试验方同意的情况下,可以采用更低的剂量率。在一个系列试验中,每种辐射剂量水平的剂量速率可以不同,但是,在每次辐射期间,剂量率的变化不应超过±10%。

条件C:

(1) 剂量率范围应为0.5~3Gy(Si)/s。在一个系列试验中,每种辐射剂量等级的剂量率可能不同,但是在辐射期间,剂量率的变化不应超过±10%;

(2) 仅对MOS工艺宇航用器件来说,如果在目的应用中最大剂量率小于0.5Gy(Si)/s,那么,这些测试的部分应该统一执行剂量率大于等于目的应用的最大剂量率的测试;

(3) 如果试验方同意,(作为替换的条件)试验可以在预定应用的剂量率下进行。

5.1.2.4 试验流程

辐射及试验的流程依据图5-5进行。

5.1.2.5 常见器件的测试

1. SiP

1) 辐射偏置规律

辐射过程中,受试SiP应保持辐射试验规范规定的偏置和工作条件。SiP的偏置和工作条件可参考以下条件进行。

(1) 静态偏置。

对于数字端口:输入管脚接电源或接地、输出管脚接 $V_{CC}/2$,双向管脚可配置为

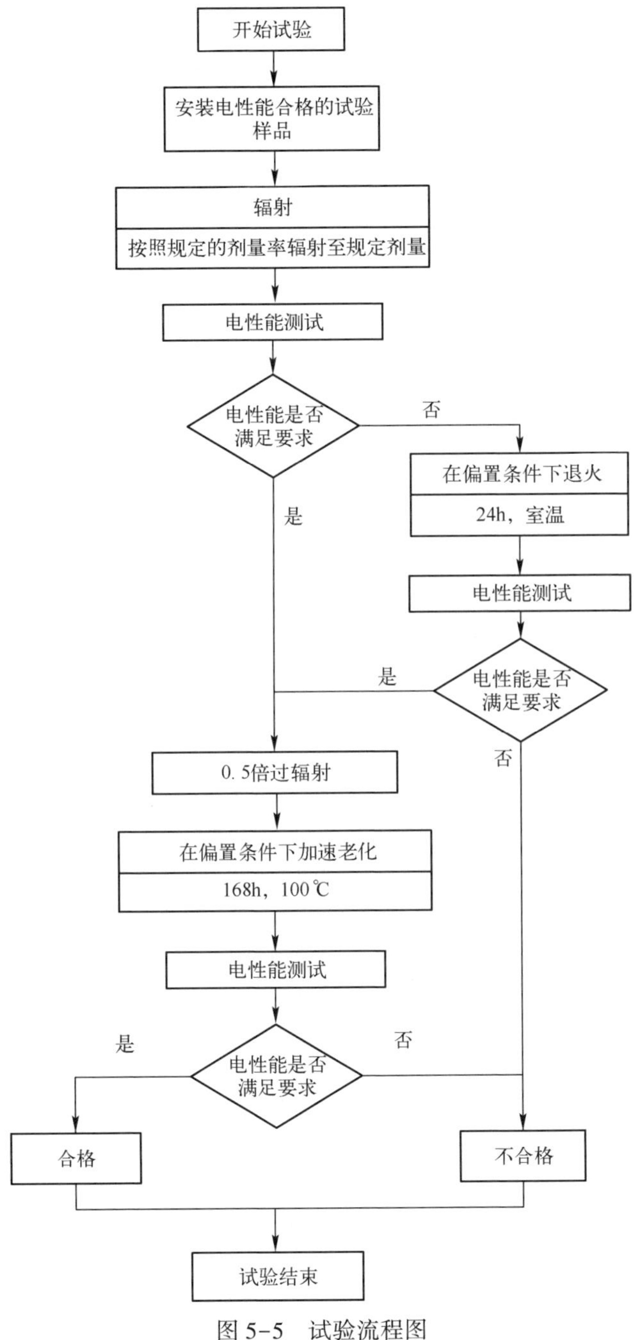

图 5-5　试验流程图

输入管脚/输出管脚进行偏置，时钟脚接间隔接高/低电平。

对于模拟端口：输入端按照器件功能接固定模拟电平，模拟输出端悬空或加适当的负载保护。

(2)不加偏置(“冷备份”状态):所有管腿短接后接地。

(3)动态工作:建议采用器件的最高工作频率,或覆盖用户的工作频率。

2) 电性能测试

(1) 测试参数。进行 SiP 的抗电离总剂量辐射试验时,应进行全参数和功能测试。表 5-9 列出了针对该 SiP 的测试参数。

表 5-9 测试参数

序号	参　　数	序号	参　　数
1	数字+3.3V 电源电流		扩展 IO 读时序
2	数字+1.8V 电源电流	23	等待时间
3	输入低电平电压	24	IO 等待时间满足后到检测到#brdyn 为低的始终上升沿的时间
4	输入高电平电压	25	CPU_CLK 上升沿到#IOCS5 和#RD 下降沿的时间
5	输出低电平低压	26	CPU_CLK 上升沿到 address 有效时间
6	输出高电平电压	27	CPU_CLK 上升沿到#IOCS5 和#RD 上升沿的时间
	扩展 ROM 读时序	28	#brdyn 有效的建立时间
7	等待时间	29	data 的建立时间
8	CPU_CLK 上升沿到#romsn[0]和#RD 上升沿的时间		扩展 IO 写时序
9	CPU_CLK 上升沿到 address 有效的时间	30	等待时间
10	data 的建立时间	31	IO 等待时间满足后到检测到#brdyn 为低的始终上升沿的时间
	扩展 RAM 读时序	32	CPU_CLK 上升沿到#RD 下降沿的时间
11	等待时间	33	CPU_CLK 上升沿到#IOCS5 下降沿的时间
12	CPU_CLK 上升沿到#RD 下降沿的时间	34	CPU_CLK 上升沿到 address 有效时间
13	CPU_CLK 上升沿到#RD 上升沿的时间	35	CPU_CLK 上升沿到 address 有效时间
14	CPU_CLK 上升沿到 address 有效时间	36	CPU_CLK 上升沿到 data 有效时间
15	data 的建立时间	37	CPU_CLK 上升沿到#WR 上升沿的时间
	扩展 RAM 写时序	38	CPU_CLK 上升沿到#IOCS5 上升沿的时间
16	等待时间		watchdog 时序
17	CPU_CLK 上升沿到#RD 下降沿的时间	39	CPU_CLK 上升沿到 WDOGN 变低的时间
18	CPU_CLK 上升沿到#RD 上升沿的时间		
19	CPU_CLK 上升沿到#ramsn4 下降沿的时间		
20	CPU_CLK 上升沿到#ramsn4 上升沿的时间		
21	CPU_CLK 上升沿到 address 有效时间		
22	CPU_CLK 上升沿到 data 有效时间		

(2) 测试顺序。宇航用 SiP 进行总剂量效应试验后,测试需遵循先静态后动态的测试顺序。

3) 失效判据

判断 SiP 通过/失效的标准取决于辐射后的电参数。辐射后电参数的测试值在详细规范中规定的最大允差范围(若有时)及参数极限值范围内,则认为 SiP 合格,否则,认为其失效。

2. FPGA

1) 辐射偏置规律

宇航用 FPGA 进行 TID 试验时,应满足以下条件。

(1) 对 FPGA 器件进行全关状态(all-off)配置。

(2) 宇航用 FPGA 辐射期间,静态偏置较动态工作模式更加恶劣。

(3) 宇航用 FPGA 进行 TID 试验期间,静态偏置的施加应遵循以下原则。

① 输入输出接 $V_{DD}/2$。

② V_{DD}接高电平,V_{SS}接低电平。

③ 各使能端及控制端接入适当电平以使器件处于最低功耗状态。

(4) 理论上,最恶劣偏置的施加应使 NMOS 的 V_{GS} 值达到正的最大值,使 PMOS 的 V_{GS}值达到负的最大值。

2) 电性能测试

(1) 测试参数。总剂量试验后按详细规范要求对 FPGA 进行全参数和功能测试,测试的参数至少包括表 5-10 所列的内容。

表 5-10　FPGA 的 TID 试验敏感参数

敏感参数	逻辑功能
1. 功能	所有的关键结构功能
2. I_{CC}	FPGA 功耗电流
3. 输入阈值电压(V_T)	输入缓冲器
4. 配置	配置 FPGA
5. I/O 端口	FPGA 功能性

(2) 测试顺序。FPGA 辐射后或退火后电参数测试顺序如图 5-6 所示。

直流参数:包括基本直流参数和各种协议 I/O 直流参数。其中基本直流参数应包括数据保持电压、静态供电电流、输出高低电平、输入漏电流、I/O 上下拉电阻等。各种协议 I/O 直流参数应包括每种协议的输出高低电平和高低电平输出电流。

开关参数:包括产品指南中规定所有从管脚到管脚的开关参数。

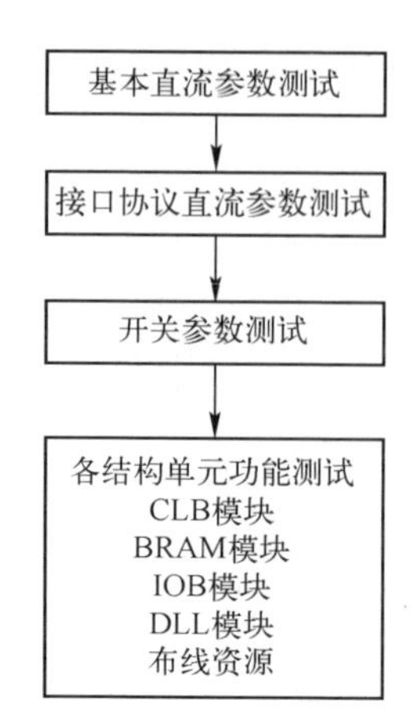

图 5-6　FPGA 退火后电参数测试流程图

功能测试:指面向制造的功能测试,应包括 CLB 模块的 LUT、寄存器、其他逻辑等功能,IOB 模块需考察寄存器和 I/O 功能,Block RAM 模块的单端口、双端口存储功能,DLL 模块的相移、分频、倍频、去偏斜功能。由于 FPGA 的布线资源的功能测试非常复杂,因此,作为可选的测试内容,其中包括水平和垂直方向的单长线、多长线、长线以及各个方向的开关功能。

3) 失效判据

在进行 FPGA 抗总剂量试验考核时,失效判据包括:

(1) FPGA 能否上电,如不能上电,即可认为受试 FPGA 失效;

(2) FPGA 上电后能否进行配置,如不能进行配置,即可认为受试 FPGA 失效;

(3) 任何一个参数超过器件详细规范的规定范围,即可认为受试 FPGA 失效;

(4) FPGA 的功能不正常,即可认为受试 FPGA 失效。

3. 存储器

1) 辐射偏置规律

存储器进行 TID 试验期间,静态偏置的施加应遵循以下原则。

(1) 地址位间隔接高、低电平。

(2) 输入输出接 $V_{DD}/2$。

(3) V_{DD}接高电平,V_{SS}接低电平。

(4) 各使能端接入适当电平以使器件处于非读、写状态。

(5) 理论上,最恶劣偏置的施加应使 NMOS 的 V_{GS} 值达到正的最大值,使 PMOS 的 V_{GS}值达到负的最大值。

2) 电性能测试

(1) 测试参数。总剂量试验后按详细规范要求对存储器进行全参数和功能测试,全参数主要包括直流参数测试、存储数据逻辑状态测试和交流参数测试。

（2）测试顺序。存储器高温退火后，需进行直流参数测试（DC测试）、交流参数测试（AC测试）和功能测试，且测试需遵循一定的顺序，如图5-7所示。

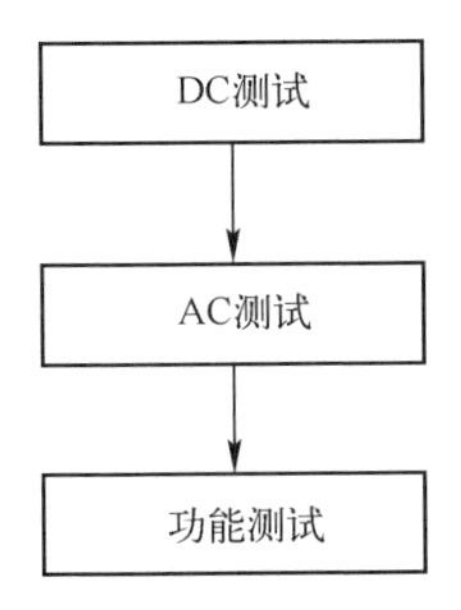

图5-7　存储器退火后电参数测试流程图

3）失效判据

在进行存储器抗总剂量试验考核时，失效判据包括：

（1）器件的参数超过了详细规范中规定的最大允差范围；

（2）器件的参数超过了详细规范中规定的参数范围；

（3）器件功能失效。

4. CPU

1）辐射偏置规律

辐射过程中，选择的负载应使器件结温上升少，以防辐射效应退火。

辐射过程中，器件的偏置条件可从以下方面选择。

（1）器件的最劣偏置，使器件的辐射退化最严重。

（2）选取工作状态作为CPU的辐射偏置条件。

① 受试CPU的V_{DD1}、V_{DD2}、V_{DD3}、V_{DDn}等正电源电压端按照器件手册的规定接地或施加相应的工作电压。

② 受试CPU的V_{SS1}、V_{SS2}、V_{SS3}、V_{SSn}等负电源电压端按照器件手册的规定接地或施加相应的电平。

③ 根据受试CPU特性，对内部寄存器写入“55H”“AAH”或实际工程应用程序。

④ 受试CPU的使能端、时钟信号输入端等其他控制端按照器件手册的规定施加相应的有效电平和时钟信号，保证受试CPU处于工作状态。

（3）当不确定最劣偏置条件，使用条件也不唯一时，应在下面3种偏置下进行辐射试验。

① 静态直流偏置。输入管脚接电源或接地、输出管脚接$V_{CC}/2$，双向管脚可配置为输入管脚/输出管脚进行偏置。时钟脚接高/低电平、reset脚使CPU处于非重启状态。

② 动态偏置。动态试验中,应使用受试 CPU 的最大频率。

③ 不加偏置。所有管腿短接后接地。

2) 电性能测试

(1) 测试参数。总剂量试验后按详细规范要求对 CPU 进行全参数和功能测试,测试的参数至少包括表 5-11 所列的内容。

表 5-11 终点电测试参数

序号	参　数	序号	参　数
1	输入低电平电压	10	ALE 变低后地址保持时间
2	输入高电平电压	11	读信号脉冲宽度
3	输出低电平电压	12	写信号脉冲宽度
4	输出高电平电压	13	读信号有效到有效数据输入时间
5	输入管脚漏电流	14	ALE 低到有效数据输入时间
6	工作模式下电源电流	15	读信号后数据保持时间
7	空闲模式下电源电流	16	写信号后数据保持时间
8	掉电模式下电源电流	17	存储数据逻辑状态变化情况
9	地址有效到 ALE 低时间	18	器件功能实现情况

(2) 测试顺序。CPU 退火后,需进行直流参数测试(DC 测试)、交流参数测试(AC 测试)和功能测试,且测试需遵循一定的顺序,如图 5-8 所示。

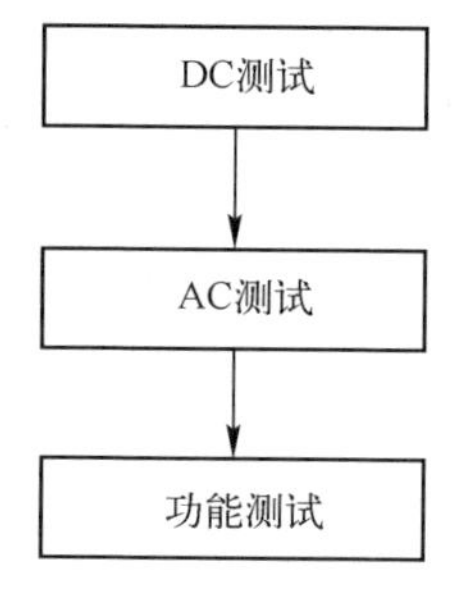

图 5-8 微处理器(CPU)退火后电参数测试流程图

3) 失效判据

在进行 CPU 抗总剂量试验考核时,失效判据包括:

(1) 器件的参数超过了详细规范中规定的最大允差范围;

(2) 器件的参数超过了详细规范中规定的参数范围;

(3) 受试 CPU 发生功能中断。

5. DC/DC

1) 辐射偏置规律

(1) DC/DC 总剂量试验过程中所用偏置电压一般为 DC/DC 的输入电压,输出端与负载相连接，保证 DC/DC 的输出功率，图5-9为 DC/DC 偏置图；

(2) 负载一般为满载或半载。

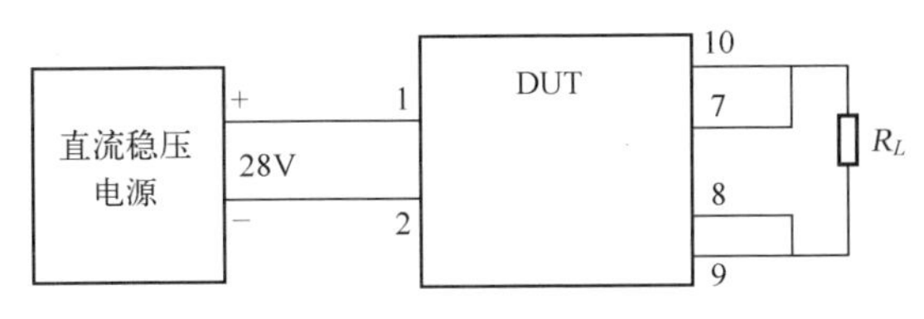

图5-9 DC/DC 偏置图

2) 电性能测试

(1) 测试参数。按照详细规范的规定对 DC/DC 进行全参数测试。

(2) 测试顺序。从辐射结束到电测试开始的时间最多为1h；如不能满足规定的条件，DC/DC 在完成辐射后30min内可置于-60℃的干冰环境下，应在辐射后72h内完成测试，DC/DC 恢复至室温后应在30min内完成电参数测试。

3) 失效判据

判断 DC/DC 通过/失效的标准取决于辐射后的电参数。辐射后电参数的测试值在详细规范中规定的最大允差范围(若有时)及参数极限值范围内，则认为 DC/DC 合格，否则，认为其失效。

6. DSP

1) 偏置规律

选择应用中已知的最劣偏置施加到 DSP 上。当不确定最劣偏置条件，应在以下条件进行辐射试验。

(1) 静态偏置。输入管脚接电源或接地、输出管脚接 $V_{CC}/2$，双向管脚可配置为输入管脚/输出管脚进行偏置。时钟脚接高/低电平、reset 脚使器件处于非重启状态。

(2) 不加偏置(“冷备份”状态)：所有管腿短接后接地。

(3) 动态工作条件。

① 用户指定的工作状态。

② DSP 实际的工作状态。

③ DSP 最大的工作速度及吞吐量的情况。

动态工作条件中用户有要求的情况下选择①，用户无要求的情况下选择②或③。

2) 电性能测试

(1) 测试参数。辐射后按详细规范的要求对 DSP 进行功能和参数测试。功能测试要尽可能覆盖片内所有资源。测试参数要满足相应的测试条件和技术要求。

(2) 测试顺序。从辐射结束到电测试开始的时间最多为1h;如不能满足规定的条件,在完成辐射后30min内可置于-60℃的干冰环境下,应在辐射后72h内完成测试,样品恢复至室温后应在30min内完成电参数测试。电参数测试遵循先静态后动态的测试顺序。

3) 失效判据

反映DSP总剂量效应损伤程度的敏感参数是一组复合量。在进行DSP抗总剂量试验考核时,失效判据包括:

(1) 器件的参数超过了详细规范中规定的最大允差范围(若有);

(2) 器件的参数超过了详细规范中规定的参数范围;

(3) 器件功能失效。

5.1.2.6 低剂量率试验

本试验旨在判定双极器件抗低剂量率效应的能力。适用于对可能存在低剂量率敏感的所有类型的双极型器件,包括线性电路、分立器件、数字电路。通过试验,获得双极型器件低剂量率辐射下电特性退化情况,为评价受试器件低剂量率效应的敏感特性提供依据。

1. 试验原理

某些种类的双极线性电路在低剂量率辐射下退化率增加。这一效应是通过对比两种试验结果的增益退化得出:一种试验是对器件进行低剂量率辐射;另一种试验是对器件进行高剂量率辐射。两种试验条件下器件的累积剂量相同,并在室温下对器件进行相同时间的退火。试验结果对比表明:低剂量率试验条件下该类器件的增益退化率要大得多,则称为剂量率敏感器件。例如,通用运算放大器、精密运算放大器和低噪声高精度高速运算放大器等器件就具有明显的低剂量率辐射损伤增强效应(Enhanced Low Dose Rate Sensitivity,ELDRS),低剂量率条件下器件的退化损伤明显高于高剂量率条件下器件的退化损伤[14]。

2. 辐射源

鉴定和批验收试验所用到的辐射源为钴60。钴60是电离辐射(总剂量)效应最常用的源,其放射出的γ射线能量主要为1.17MeV和1.33MeV。当使用钴60进行辐射时,为避免低能量散射辐射引起的剂量增强效应,受试样品应置于铅-铝容器中,铅-铝容器用1.5mm厚的铅包裹0.7~1mm厚的铝屏蔽层。γ射线通过铅-铝屏蔽层时导致照射到受试器件的γ射线发生衰减。由于发生衰减,所以应对容器内受试器件附近的γ射线强度进行初始化校准。

3. 测试设备

根据受试器件的类型,测试设备应具备测试该类器件相关性能参数的能力。测试设备性能指标满足测试要求,并经过校准。

4. 剂量率

条件A:标准剂量率范围为0.5~3Gy/s。在同一剂量测试点辐射期间,剂量率的变化不应超过±10%。

条件B:在相关方同意的条件下,可以用器件实际应用状态下的剂量率作为试验选择的剂量率。

条件C:在相关方同意的条件下,如果实际应用状态下的最大剂量率小于0.5Gy/s,试验可在大于等于最大实际应用状态下的剂量率进行。

条件D:在相关方同意的条件下,为了满足特别应用的要求,可以使用除上述条件外的剂量率。

条件E:当要求以不大于0.0001Gy/s的剂量率进行辐射试验时,可采用温度加速试验进行低剂量率效应试验。

5. 偏置

在辐射和加速退火期间,受试器件的偏置条件应该在试验大纲规定的±10%内。应选择对低剂量率敏感的或者是应用中已知的最劣偏置施加到试验器件上。一般条件下,应将受试器件的所有管脚短接后接地。按照试验大纲,应对每个器件保持规定的偏置,应在辐射前和辐射后立即检查偏置,应小心选择负载以使结温的升高减至最小。

静态偏置;不加偏置("冷备份"状态):所有管腿短接后接地。

6. 试验测试

辐射前:试验前,应对受试样品进行初始电性能测试。

辐射中:步进式辐射试验过程中,进行中间测试。

辐射后:试验结束后,试验样品应去除偏置并完成终点电性能测试。

7. 低剂量率效应试验

低剂量率效应试验可以采用以下两种方法:一是在室温下采用两组剂量率进行辐射;二是在两组温度下用0.5~3Gy/s的剂量率对器件进行辐射。

(1) 两组剂量率下的低剂量率效应试验。将随机抽取的20只样品平均分成两组,每组10只。一组用0.5~3Gy/s的剂量率辐射,另外一组用0.0001~0.0005Gy/s的剂量率辐射。高低两组剂量率需辐射至相同的剂量测试点,最大的剂量测试点至少应达到器件的额定总剂量值。

若对器件采用连续辐射,将器件置于铅-铝盒中的试验电路板上,对被测电路进行初始化,记录辐射前电参数或功能测试结果。用规定的剂量率对器件进行辐射,连续监测器件的电参数或功能,监测方式可以为连续监测或在规定的时间间隔监测,直至达到规定的剂量测试点或者器件功能失效。保证所有电参数测试数据均用时间标记,以便计算每次测量值的剂量测试点。

若对器件采用步进式辐射,需首先确定辐射前电参数或功能,将器件置于铅-铝盒中的试验电路板上,辐射至第一个剂量测试点,实施辐射后原位测试或移位测试,若选用移位测试,器件传输过程中应做好充分的防静电措施,采用导电海绵保持引脚短路。将器件重置在试验电路板中辐射至下一个剂量测试点,重复上述程序直至达到最终要求的剂量测试点。应尽量缩短辐射和测试之间的时间以及相邻两次辐射间隔的时间,并作记录。

试验过程中应监控辐射束流的衰减,避免导致剂量率的下降。

比较每一剂量测试点下辐射诱发的敏感参数变化的中值,如果低剂量率辐射条件下所得的中值与高剂量率辐射条件下所得的中值之比大于 1.5,则认为此器件具有低剂量率敏感效应,应根据 5.6 和 5.7 进行鉴定试验和加固保证验收试验。

(2) 两组辐射温度下的低剂量率效应试验。将随机抽取的 20 只样品平均分成两组,每组 10 只。第一组:辐射温度为 100℃±5℃,对于剂量测试点 $\leqslant 10^3$ Gy,剂量率为(0.01±0.005)Gy/s,对于剂量测试点 $>10^3$ Gy,剂量率为(0.1±0.05)Gy/s。第二组:辐射温度为 24℃±5℃,剂量率为 0.5~3Gy/s。高低剂量率辐射的剂量测试点一致,最大剂量测试点应至少为器件的额定剂量。

器件应从室温开始采用步进式辐射,辐射前进行电参数或功能测试。升温辐射的器件要固定在辐射环境箱中,在 20min 内快速加热样品至规定温度,并在辐射前稳定 3min。辐射至第一个剂量测试点后,温度在 20min 内迅速降至室温,并至少稳定 3min,对其进行原位测试或移位测试。如果是移位测试,测试地点应距离辐射地点较近,器件传输过程中采用导电海绵保持引脚短路。不断重复上述测试,直至达到最终规定的总剂量。

比较每一剂量测试点下辐射诱发的敏感参数变化的中值,如果升温辐射条件下所得的中值与室温辐射条件下所得的中值之比大于 1.5,则认为此器件具有低剂量率敏感效应,应根据下面的鉴定试验和加固保证验收试验进行。

8. 鉴定试验

对于具有低剂量率敏感效应的器件,则应从同批次产品中再随机抽取 12 只样品进行低剂量率效应试验,试验条件与判定器件具有低剂量率敏感效应的试验程序一致,最终以 22 只样品辐射后的参数测试数据判定器件的鉴定试验是否合格。

9. 加固保证验收试验

1) 试验选择 1

如果辐射试验总时间数可以接受,剂量率为 0.0001~0.001Gy/s 时,器件辐射试验可采用实际应用状态下剂量率的平均等级。试验按照试验大纲要求的试验条件进行,辐射结束到电测试结束的时间间隔不能超过 1h,两次辐射时间间隔不超过 2h。

2）试验选择2

如果按照器件在某些实际应用状态下接受的剂量和剂量率，设计的辐射试验时间会很长，这种情况下可以采用加速试验。

加速试验包括：

（1）高温条件下的高剂量率0.5~3Gy/s辐射；

（2）高温条件下取低剂量率的平均值0.001~0.01Gy/s辐射；

（3）辐射试验；

（4）辐射后室温退火；

（5）二步进高剂量率辐射，每次辐射结束后进行高温退火。

为减少试验成本和时间，试验大纲中应规定适当的加速试验方法。若可能，可使用类似器件的数据。

辐射结束到电测试结束的时间间隔不能超过1h，两次辐射时间间隔不超过2h。

3）试验选择3

通过分析受试器件低剂量率效应试验参数退化的结果，选用低剂量率辐射条件下敏感参数开始饱和时所用的剂量率，该剂量率为"最佳"剂量率。

4）试验选择4

本试验含两组默认辐射试验，一组是低剂量率辐射，另一组是高温辐射。这两组方法都有风险，因此具有余量。

（1）低剂量率下的默认辐射试验。

① 以固定的低剂量率或固定辐射时间对器件进行过辐射试验，具体规定如下：

- 当规定剂量不大于300Gy时，在辐射温度为24℃±5℃，剂量率为(0.00005±0.00001)Gy/s的试验条件下，辐射至1.5倍的规定剂量。
- 当规定剂量大于300Gy时，辐射温度为24℃±5℃，辐射时间为2500h，所用的剂量率由总剂量和辐射时间决定，辐射至2倍的规定剂量。若选用2500h的辐射，要将部分样品以(0.00005±0.00001)Gy/s的剂量率辐射至至少300Gy。受试器件的参数退化率在相同剂量条件下(≥300Gy)，2500h辐射试验获得的退化率不能高于剂量率为(0.00005±0.00001)Gy/s条件下试验获得的退化率的2.0倍/1.5倍。

② 将受试器件实测的参数值与详细规范中规定的参数值相比较，决定该批产品是否失效。

（2）高温下的默认辐射试验。

① 将受试器件置于环境温度为100℃±5℃的辐射温度箱内，以0.005~

0.05Gy/s 的剂量率辐射至规定的剂量。

② 当指定受试器件所有敏感参数值的参数 Δ 设计容限为 3 时,将辐射后测得的参数值与详细规范规定的参数值对比,以确定该器件批是否合格。

③ 高温辐射试验只在剂量等级高于 1000Gy 时进行,而且要有数据表明该器件可以在高剂量等级下工作。

低剂量率效应试验流程如图 5-10 所示。

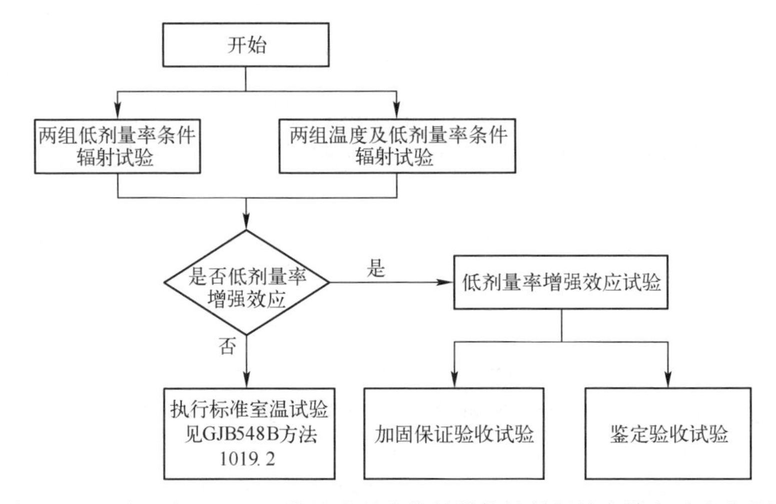

图 5-10 双极(或 BiCMOS)线性或混合信号器件的低剂量率效应试验流程图

5.1.2.7 试验数据分析

根据 4.2.3 节的说明,敏感器件的 TID 效应服从对数正态分布,开展器件的 TID 效应试验,就是为了获得其分布参数(μ,σ),最终求得其在持续时间为 T 的任务末期时的失效率。

当通过试验获得 n 只被试样品中的每一只样品失效时的累积总剂量 $R_{\text{FAIL-TID-}i}$ 时,可利用式(4-15)计算(μ,σ)的点估计值,其中:$\mu=\overline{\ln(R_{\text{FAIL-TID}})}=\frac{1}{n}\sum_{i=1}^{n}\ln(R_{\text{FAIL-TID-}i})$ 表征器件平均抗辐射能力;$\sigma=\left(\frac{1}{n-1}\sum_{i=1}^{n}\left[\ln(R_{\text{FAIL-TID-}i})-\mu\right]^2\right)^{1/2}$ 表征器件抗辐射离散性。

5.1.2.8 试验报告

试验报告至少应包括下列内容:

(1) 试验报告编号;

(2) 试验单位;

(3) 试验名称、试验目的、试验地点、试验日期;

(4) 器件描述:器件的类别和名称、质量等级、器件辐射加固保证等级、批次、母体数量、试验样品数量、生产单位、器件编号；

（5）试验设备描述：设备名称、主要技术指标、计量有效期；

（6）试验条件：包括辐射剂量率、偏置电路；

（7）原位测试及辐射试验监测要求；

（8）失效判据；

（9）试验数据分析过程和试验结论；

（10）试验报告中应签署完整。

5.1.2.9　试验案例

以国内某单位研制的星用双 D 触发器为例，取 21 只样品进行 TID 效应试验。总剂量试验中采用 ^{60}Co 源进行了辐射，并按照规定的 50rad/s 的剂量率进行辐射，辐射过程共有 3 个剂量点，分别为 33.3krad(Si)、100krad(Si)、360krad(Si)，在每个剂量点下，对所有样品进行电性能测试，并记录其数值。受试器件采用静态偏置，辐射电路板的偏置电路如图 5-11 所示。

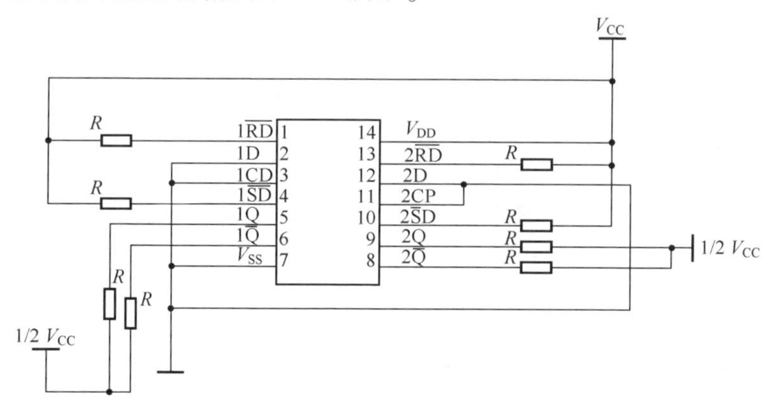

图 5-11　单个被试器件偏置图

通过对器件的电参数测试数据进行观察，确定功耗电流 I_{DD} 为该器件的 TID 效应敏感参数。根据器件详细规范中要求，功耗电流 I_{DD} 在电源电压 $V_{DD}=6V$ 时，辐射后的最大极限值为 120μA。实际在试验中测得的功耗电流 I_{DD} 数据如表 5-12 所列和图 5-12 所示，21 只器件全部失效，因此，根据试验数据就可以计算出每一只样品失效时的累积总剂量 $R_{FAIL-TID-i}$。

该双 D 触发器用于计算末期失效率的参数(μ,σ)为

$$\mu=\overline{\ln(R_{FAIL-TID})}=\frac{1}{n}\sum_{i=1}^{n}\ln((R_{FAIL-TID-i}))=4.94$$

$$\sigma=\left(\frac{1}{n-1}\sum_{i=1}^{n}[\ln(R_{FAIL-TID-i})-\mu]^2\right)^{1/2}=0.551$$

表 5-12　功耗电流 I_{DD} 的数值

器件编号	中间测试剂量点			失效时的累积总剂量
	33.3krad(Si)	100krad(Si)	360krad(Si)	$R_{FAIL-TID-i}$, krad(Si)
114#	1.34	138.41	196.85	91.04
116#	7.90	163.06	194.62	81.49
117#	0.79	42.10	167.87	261.04
118#	9.63	158.86	171.49	82.63
119#	1.47	98.84	174.77	172.46
132#	7.88	176.72	196.85	77.59
133#	0.79	28.41	151.37	293.67
134#	37.32	196.85	196.85	67.87
135#	0.80	48.20	147.81	287.41
136#	8.72	179.81	196.46	76.68
137#	1.34	96.32	188.26	166.96
138#	0.80	67.03	185.24	216.51
139#	0.81	71.78	195.90	201.01
140#	0.82	41.55	175.26	252.55
141#	0.81	89.21	196.85	174.37
142#	0.81	46.89	182.86	239.8
143#	51.53	196.85	196.85	64.73
144#	10.92	182.59	196.85	75.68
145#	0.81	44.86	160.57	268.84
146#	5.16	124.63	128.80	97.42
147#	5.02	114.66	173.05	123.78

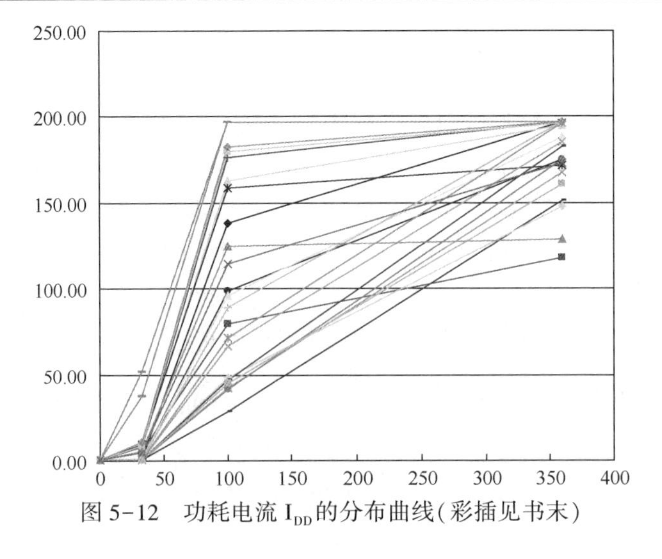

图 5-12　功耗电流 I_{DD} 的分布曲线(彩插见书末)

5.1.3　航天位移损伤效应试验

5.1.3.1　试验目的

通过卫星位移损伤效应试验,获得器件耐位移损伤效应的水平,为评价器件的位移损伤效应敏感特性和预计卫星中器件的位移损伤效应率提供数据。

5.1.3.2　国内外标准

目前,国际上针对位移损伤效应试验所采用的标准有美军标 MIL-STD-883G 方法 1017.2;国内的稳态总剂量效应试验标准主要有国军标 GJB548B 方法 1017、GJB762.1 等。各种标准的异同如表 5-13 所列。

(1) MIL-STD-883K—2016[7] 微电路试验方法标准 1017.3 中子辐射测试程序。该程序详细说明使用中子对集成电路、晶体管和二极管器件进行位移损伤试验的方法和要求。

(2) GJB548B—2005[10] 微电子器件试验方法和程序方法 1017 中子辐射试验程序。等同采用了 MIL-STD-883G 方法 1017.2 的规定。

(3) GJB762.1—89[15] 半导体器件辐射加固试验方法——中子辐射试验。该程序详细说明了使用中子源针对辐射加固保障的半导体器件和一般半导体器件位移损伤试验的方法和要求。

表 5-13　国内外位移损伤试验方法标准的异同

不同点	MIL-STD-883K 方法 1017.3	GJB548B 方法 1017	GJB762.1
适用范围	集成电路、晶体管和二极管器件	同 883G	辐射加固保障的半导体器件和一般半导体器件
辐射源	是 TRIGA 脉冲堆或快中子脉冲反应堆	同 883G	快中子反应堆和 TRIGA 式反应堆;满足试验要求的稳态反应堆以及 14MeV 中子发生器也可以采用
中子注量	偏差不超过 20%	同 883G	辐射场必要条件:φ/D 比应在 $10^{15} \sim 10^{17} m^{-2} \cdot Gy^{-1}$ 范围内。 快中子脉冲堆:脉冲宽度要求 30~1000μs,每个脉冲在辐射中提供的中子注量为 $10^{17} \sim 10^{19} m^{-2}$,重复时间 1~2h TRIGA 式脉冲堆:脉冲宽度要求 1h~20ms,个脉冲在辐射中提供的中子注量为 $10^{17} \sim 10^{19} m^{-2}$,重复时间 1~2h 稳态反应堆:中子注量率在 $10^{12} \sim 10^{15} m^{-2} \cdot s^{-1}$ 范围中 14MeV 中子发生器:中子产额大于 $2\times10^{11} s^{-1}$

续表

不同点	MIL-STD-883K 方法 1017.3	GJB548B 方法 1017	GJB762.1
试验样品	至少 10 只	至少 10 只	至少 10 只
辐射准备	每个器件应不加偏压安装固定,并且其外引线或者全部短路,或者全部开路,MOS 器件或含有 MOS 元件的任何微电路,其全部外引线应短路	同 883G	试验样品全部不佳偏压;外引线全部短路连接或者全部开路,而 MOS 器件和含有 MOS 结构的任何微电路,只能全部短路连接
辐射	试验器件和剂量计应接受规定的中子注量辐射,使反应堆在脉冲或功率模式中工作均可达到辐射等级。若要求多次辐射,在每次辐射后应进行辐射后电测试	同 883G	辐射时反应堆辐射场中子能谱与给出数据时的能谱相同。按规定的中子注量对试验样品和计量元件进行辐射,辐射过程中反应堆的运行功率要稳定,偏差要求小于 5%
辐射后电测电测	规定的电测试应在完成辐射之后 24h 内完成	同 883G	24h 内完成

5.1.3.3 试验设备

1. 辐射源的选择

进行位移损伤试验可以选用 3 种辐射源,分别是质子源、电子源、中子源。

(1) 质子源。当试验中采用的辐射源是质子源时,其能量为 73.7MeV,注量率为 $4.8\times10^{8}\sim2.2\times10^{9}\mathrm{cm^{-2}\cdot s^{-1}}$。

(2) 电子源。当试验中采用的辐射源是低能量电子源时,低能量电子源能量范围为 1~3MeV。

(3) 中子源。试验中采用的辐射源应是 TRIGA 脉冲堆或快中子脉冲反应堆,可根据情况采用脉冲或稳态模式工作。应采用订购方接受的一种辐射源。

2. 剂量测试系统

(1) 快中子阈值活化箔,如 ^{32}S、^{54}Fe 和 ^{58}Ni。

(2) CaF_2 热释光剂量计 TLD。

(3) 适用的活化箔计数及 TLD 读出设备。

3. 剂量测定

通过测定与被试器件同时受辐射的快中子活化箔(如 ^{32}S、^{54}Fe 和 ^{58}Ni)中感生的放射总量可获得用于器件辐射的中子注量。把活化箔中测得的放射量换算到中子注量的标准方法由有关标准给出。由箔的放射量换算到中子注量,应采用有关方法来决定入射在箔上的中子谱。一旦确定了中子能谱，并计算出等效的单能注量，就应在随后的辐射中采用适当的监测用箔（如^{32}S、^{54}Fe和^{58}Ni）确定中子注量。所以，中子注量是利用每个监测响应的等效单能中子注量描述。利用监测箔指示出等效的单能中子注量仅仅在能措保持不变的情况下才是正确的。

4. 剂量测量

如果在器件辐射试验中要求检测吸收的 γ 射线量分量，那么，就应采用 CaF_2 热释光剂量器（TLD）或等效的方法确定。

5.1.3.4　试验程序

1. 样品

试验样品为卫星用光耦、太阳能电池、温度传感器等光电子器件，应从同一检验批中随机抽取至少 10 只，所有样品应满足光电子器件的有关规范要求。每个试验样品都要单独编号码标记，以便试验前后识别、记录和比较电参数。

2. 终点电性能测试

（1）质子源终点电性能测试。对于试验的（光电器件）辐射暴露部分，输入端设置为直流来使 LED 保持处于断开状态，输出端被偏置在 5V。先于前面的试验暴露部分，使用参数分析器来完成先前辐射试验。使用参数分析器测试两项特征参数，分别为直流传递特征和电流传递系数/输入二极管正向电流。

（2）中子源终点电性能测试。只有在试验场地对样品作清洁处理后，才能把它们取走。从辐射起直至进行电测试，样品器件的温度必须保持在 20℃ ±10℃。规定的电测试应在完成辐射之后 24h 内完成。如果残余的放射性物质高于安全操作的规定，在试验后进行电测试前的经历时间可延长到一周。或者是采取措施进行远距离测试。

3. 辐射前

试验前，样品需进行开帽、去除保护层甚至物理减薄等处理，并应按要求对每个器件进行辐射前的电测试。当规定了参数变化量（Δ）极限值时，应记录辐射前数据。

光耦电测试参数：正向直流电流、正向电压、电流传递系数、输入二极管正向电流。

太阳能电池测试参数：工作电流、工作电压。

4. 辐射

按照相应的要求采用分布式辐射，逐步累积至规定注量。若需要在辐射过程中进行原位测试，则在受试器件辐射过程中在线监测器件的敏感特征参数，如工作电流等。

5. 辐射后

辐射后进行移位终点电性能测试。

6. 异常分析

器件具有事先确定的异常特性(如非线性退化1/8),就应按GJB 548B中方法5003进行失效分析。

5.1.3.5 试验数据分析

DD效应与TID效应均属于累积型辐射失效,根据4.2.3节的说明,敏感器件的DD效应同样服从对数正态分布,通过器件的TID效应试验,从而获得其分布参数(μ,σ),最终求得其在持续时间为T的任务末期时的失效率。

当通过试验获得n只被试样品中的每一只样品失效时的累积总剂量$R_{\text{FAIL-DD-}i}$时,可利用式(4-15)计算(μ,σ)的点估计值,其中:

$\mu=\overline{\ln(R_{\text{FAIL-DD}})}=\dfrac{1}{n}\sum_{i=1}^{n}\ln(R_{\text{FAIL-DD-}i})$ 表征器件平均抗辐射能力;

$\sigma=\left(\dfrac{1}{n-1}\sum_{i=1}^{n}\left[\ln(R_{\text{FAIL-DD-}i})-\mu\right]^{2}\right)^{1/2}$ 表征器件抗辐射离散性。

5.1.3.6 试验报告

试验报告至少应包括以下内容:

(1) 试验报告编号;

(2) 试验单位;

(3) 试验名称、试验目的、试验地点、试验日期;

(4) 器件描述:器件的类别和名称、质量等级、批次、数量、封装形式、生产单位和器件编号;

(5) 试验设备描述:辐射源的种类、所属单位和电参数测量系统;

(6) 辐射条件:辐射剂量率、辐射温度、辐射剂量;

(7) 辐射场剂量测量方法和测量结果;

(8) 试验中测量的器件参数及规定值、测量方法及各试验步骤中的测量结果;

(9) 试验中出现的异常现象及分析;

(10) 试验数据和曲线;

(11) 数据分析;

(12) 试验结论;

(13) 试验报告中应签署完整。

5.2　大气空间辐射环境试验

与航天级的空间辐射应用环境相比，飞机等航空器飞行于大气层范围内，其在飞行状态下所接收到的辐射主要为大气中子辐射，因此，航天级空间辐射环境试验主要是开展中子单粒子效应试验，从而补充或修正航空器空间辐射环境可靠性预计所需的基础数据。

不同于航天级空间辐射环境试验进行器件级试验，航空级空间辐射环境可靠性试验除了要进行器件级试验，还要重点考虑设备级试验，甚至是系统级试验。

器件级试验主要针对的对象为飞机各系统中的大气中子单粒子效应敏感器件。通过飞机空间辐射环境可靠性预计方案设计，已经能够初步确定飞机中对大气中子SEE效应敏感的器件和设备的清单，并以此为基础开展针对性的试验。

设备级试验主要是以设备为一个独立单元，通过试验考核设备在大气中子辐射环境下的功能和性能状态。大气中子入射航空用电子器件后直接导致器件发生SEE效应，当器件中发生的SEE足够多时，或器件的关键位置，或多个器件发生SEE时，就会导致功能板发生功能失效，进而导致整个系统发生故障，从而影响到整个系统的可靠性。

5.2.1　器件级试验

5.2.1.1　试验方案

器件级试验方案设计包括试验前预估、试验大纲、试验样品接收与安装、试验的注量、试验的注量率、试验过程中的记录与处理以及试验件的处理等工作内容。

5.2.1.2　试验前预估

预估的目的是初步判断大气中子单粒子效应地面模拟试验的试验条件，包括辐射应力（注量率f与累积注量F）、辐射响应（翻转数N、使用比特位N_S、敏感截面修正因子A_σ）的边界条件，为试验方案的制定和试验的实施提供帮助。

试验前的预估工作分为辐射应力预估和辐射响应预估两部分，如表5-14所列。辐射应力预估要解决3个问题，即终止注量F_{end}、起始注量率f_0与试验时间t_T；辐射响应预估也要解决3个问题，即辐射响应监测要求、试验终止时满足随机误差置信度的最低监测错误数、数据处理时系统误差修正因子。

1. 辐射应力预估方法

如图5-13所示，试验前预估需要回答辐射应力相关的3个问题，即终止注量F_{end}、起始注量率f_0与试验时间t_T要求。

表 5-14 微电路辐射应力与辐射响应预估要素

序号	预估目标	输入	输出	
1	辐射应力	(1) 使用 bit 位数 N_S; (2) 国外同类器件敏感截面范围 14MeV; (3) 最低翻转数量终止条件 N_{end}	终止注量 F_{end}	初始注量率 f_0、试验时间 t_T
		(1) 任务周期平均或最劣注量率 f; (2) 任务周期飞行小时 T	终止注量 F_{end}	
		(1) 任务指标要求 λ; (2) 使用 bit 位数 N_S; (3) 任务周期平均或最劣注量率 f; (4) 置信水平 $(1-\alpha)$; (5) 观察错误数量 $N=0$,自由度 $k=2$	终止注量 F_{end}	
2	辐射响应	(1) 微电路类型	监测功能块、监测效应 使用 bit 位数 N_S	
		(1) 置信水平 $(1-\alpha)$; (2) 置信区间	最低翻转数 N_{end}	

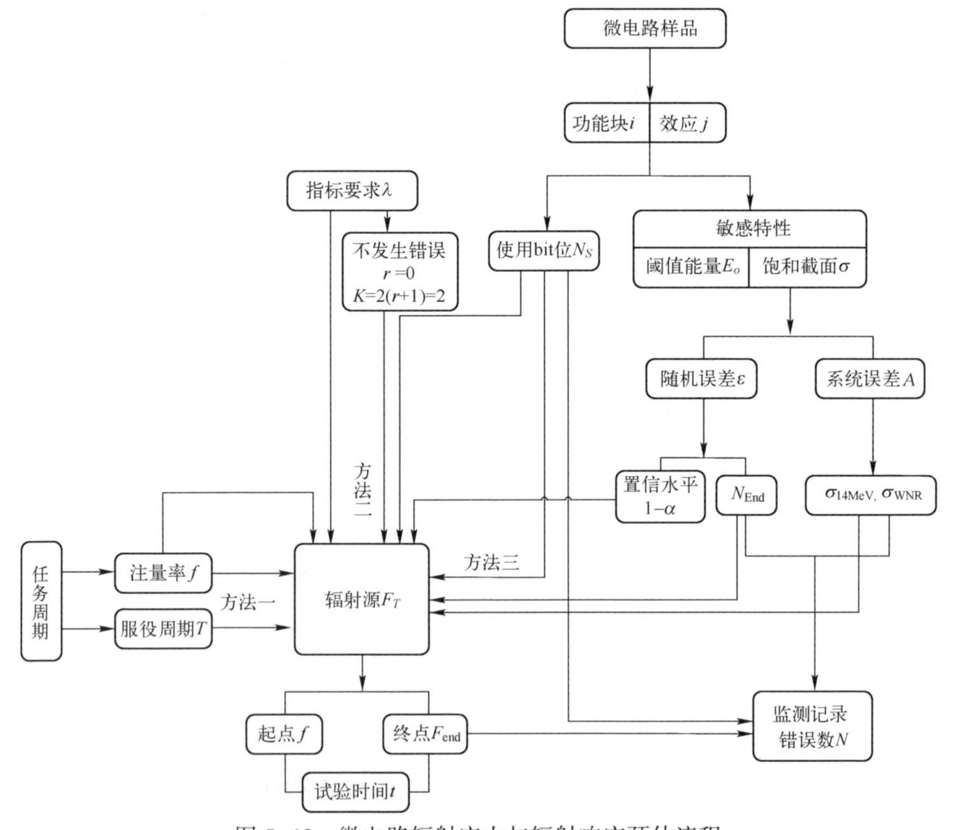

图 5-13 微电路辐射应力与辐射响应预估流程

1）终止注量 F_{end} 要求

（1）验证微电路的本征敏感截面。微电路的本征敏感截面计算公式为

$$\sigma_{14MeV}=\frac{N_{end}}{F_{end}\times N_S} \tag{5-4}$$

式中：σ_{14MeV} 为微电路在 14MeV 单能中子源辐射应力下的单粒子翻转截面（cm^2/bit）；N_{end} 为微电路在 14MeV 单能中子源辐射应力下监测记录的最低翻转数量（次）；F_{end} 为微电路在 14MeV 单能中子源辐射应力下遭受的累计辐射注量（cm^{-2}）；N_S 为微电路在 14MeV 单能中子源辐射应力下监测记录到的使用比特位数量（bit）。

因此，终止注量 F_{end} 计算方法为

$$F_{end}=\frac{N_{end}}{\sigma_{14MeV}\times N_S} \tag{5-5}$$

（2）验证微电路是否可以胜任任务寿命周期大气中子累积注量。参考 IEC62396-2《航空电子系统单粒子效应试验指南》，地面模拟试验应力应当远远高于航空电子设备整个寿命周期所遭受的大气中子辐射注量，以证明航空电子设备在整个寿命周期能够经受住任务环境大气中子辐射的危害影响。因此，终止注量 F_{end} 计算方法为

$$F_{end}\gg F_M=T\times f \tag{5-6}$$

式中：F_{end} 为微电路在 14MeV 单能中子源辐射应力下遭受的累积辐射注量（cm^{-2}）；F_M 为微电路整个任务寿命周期所遭受的累积辐射注量（cm^{-2}）；T 为微电路的任务寿命周期（飞行小时）；F 为微电路在整个任务寿命周期所遭受的平均大气中子注量率（$cm^{-2}\cdot h^{-1}$），通常采用国际典型值 $6000cm^{-2}\cdot h^{-1}$。

（3）验证微电路任务指标要求是否可以实现。微电路单粒子翻转率计算公式为

$$\lambda=\frac{\chi^2_{1-(\alpha/2);k}}{2\times N_S\times\dfrac{F_{end-下限}}{f}} \tag{5-7}$$

式中：λ 为微电路单粒子翻转率的指标要求（h^{-1}）；$\chi^2_{1-(\alpha/2);k}$ 为置信水平是（$1-\alpha$）观察翻转数量 N 为 0、自由度 k 为 $2(N+1)=2$ 时下限查表值；N_S 为微电路在 14MeV 单能中子源中监测记录的使用比特位数量（bit）；F 为微电路在整个任务寿命周期的平均大气中子注量率（$cm^{-2}\cdot h^{-1}$）。通常采用国际典型值 $6000cm^{-2}\cdot h^{-1}$；$F_{end-下限}$ 为微电路在 14MeV 单能中子源辐射应力下遭受的累积辐射注量下限（cm^{-2}）。

因此，终止注量 F_{end} 计算方法为

$$F_{end-下限}=\frac{\chi^2_{1-(\alpha/2);k}\times f}{2\times N_S\times\lambda} \tag{5-8}$$

$$\lambda = \frac{\chi^2_{(\alpha/2);k}}{2 \times N_S \times \frac{F_{\text{end-上限}}}{f}} \tag{5-9}$$

式中：λ 为微电路单粒子翻转率的指标要求（h^{-1}）；$\chi^2_{(\alpha/2);k}$为置信水平是（$1-\alpha$）观察翻转数量 N 为 0、自由度 k 为 $2(N+1)=2$ 时上限查表值；N_S 为微电路在 14MeV 单能中子源中监测记录的使用比特位数量（bit）；F 为微电路在整个任务寿命周期的平均大气中子注量率（$cm^{-2} \cdot h^{-1}$）。通常采用国际典型值 $6000cm^{-2} \cdot h^{-1}$；$F_{\text{end-上限}}$为微电路在 14MeV 单能中子源辐射应力下遭受的累积辐射注量上限（cm^{-2}）。

因此，终止注量 F_{end}计算方法为

$$F_{\text{end-上限}} = \frac{\chi^2_{(\alpha/2);k} \times f}{2 \times N_S \times \lambda} \tag{5-10}$$

2）起始注量率 f_0要求

初始注量率 f_0可在 $2.8 \times 10^4 \sim 2.8 \times 10^6 cm^{-2} \cdot s^{-1}$范围内调节，其目的是通过设定恰当而稳定的试验应力起始条件，在试验件样品数量 N_S 已知固定的前提下，可观测记录的翻转数 N 与试验施加的累积注量 F 初步形成线性关系，然后启动试验。启动试验后，当获得足够多的翻转数 N 时，可获得 N 与 F 比较精确的线性关系，从而寻找到微电路对大气中子单粒子效应的固有本征敏感特性，即敏感截面 σ_{14MeV}。

试验应力起始条件确定方法是一个复杂的调试过程，简述如下：

（1）在 $2.8 \times 10^4 \sim 2.8 \times 10^6 cm^{-2} \cdot s^{-1}$范围内调试出某一 f_0。

（2）由下式可知，在一定时间 t_0后，可以观察记录获得

$$F_0 = f_0 \times t_0 \tag{5-11}$$

式中：F_0为试验调试时间内的累积注量（个/cm^2）；f_0为试验初始注量率（$cm^{-2} \cdot s^{-1}$）。通常，调节范围为 $2.8 \times 10^4 \sim 2.8 \times 10^{-6} cm^{-2} \cdot s^{-1}$；$t_0$为试验调试时间（s）。

（3）可以观察获得 N_0。

（4）向上或向下调试 f_0，观察试验件 N_0与 F_0可以形成初步的线性关系时，如图 5-14 所示，稳定此时的 f_0；通常，这就是试验应力的初始条件 f_0。

（5）此时，可以将 N 与 F 的计数均清零，重新启动试验，并重新从零开始记录相应 N 与 F，进入正式试验。

3）试验时间 t_T要求

由式（5-11）推导出试验时间计算方法，即

$$t_T = \frac{F_{\text{end}}}{f_0} \tag{5-12}$$

式中：t_T为试验时间（h）；F_{end}为微电路在 14MeV 单能中子源辐射应力下遭受的累

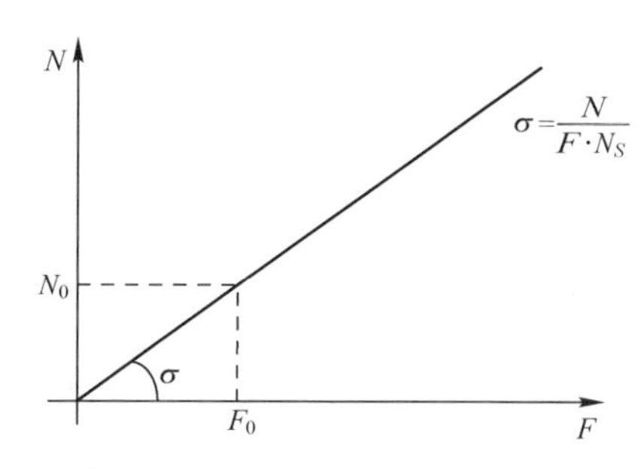

图 5-14　辐射应力 F 与辐射响应 N 线性关系示意图

积辐射注量(cm^{-2});f_0为初始中子注量率($\mathrm{cm}^{-2}\cdot\mathrm{h}^{-1}$)。

2. 辐射响应预估方法

试验前预估需要回答微电路单粒子效应辐射响应相关的 3 个问题,即辐射响应监测要求、试验终止时满足随机误差置信度的最低监测错误数量、数据处理时系统误差修正因子。

1) 辐射响应监测要求

辐射响应的监测要求:在辐射应力下,启动微电路正常工作,监测微电路主要敏感功能块与主要敏感效应,监测相应的全部使用 bit 位(N_S),监测记录全部产生的错误数量(N),如表 5-15 所列。

表 5-15　微电路辐射响应监测要求

序号	微电路	敏感功能块	主要大气中子单粒子效应	使用 bit 位 N_S	错误数 N
1	SRAM 型 FPGA	配置位	SEU	—	—
		BRAM	SEU	—	—
2	Power PC 微处理器	cache	SEU	—	—
3	SRAM 存储器	存储单元	SEU	—	—

2) 试验终止时最低监测错误数 N_{end}

依据试验置信度与置信区间要求,结合试验成本等因素,可查表 5-16 权衡确定试验终止时监测错误数量要求 N_{end}。通常 N_{end}为 100 个,置信度为 95%,置信区间为±19. 60%。

表 5-16　试验终止最低监测错误数 N_{end}

N_{end}	置信水平 $1-\alpha$	置信区间范围	标准偏差 σ	置 信 区 间
30	68. 5%	$\pm1\sigma$	18. 26%	±18. 26%
100	68. 5%	$\pm1\sigma$	10. 00%	±10. 00%
100	95%	$\pm2\sigma$	10. 00%	±19. 60%

续表

N_{end}	置信水平 1-α	置信区间范围	标准偏差 σ	置 信 区 间
100	99%	±3σ	10.00%	±30.00%
1000	68.5%	±1σ	3.16%	±3.16%
3000	68.5%	±1σ	1.83%	±1.83%
5000	68.5%	±1σ	1.41%	±1.41%

3）系统误差修正因子

通常以美国 Los Alamos 实验室 WNR 微电路试验敏感截面为标杆，建立修正因子 A_σ。通常认为，如果修正因子 A_σ 取 1，σ_{14MeV} 与 σ_{WNR} 之比在 0.5~2 倍以内，则 A_σ 取 1 为合理的，σ_{14MeV} 也是合理的，其表述方式为 σ_{14MeV}，±200%。

5.2.1.3 试验源的选择

开展地面的中子单粒子效应试验，目前国内主要采用的是 14MeV 单能中子辐射源，如中国原子能科学研究院核数据国家级实验室的高压倍加器就可以产生这种单能中子，它是通过高压加速氘离子轰击富含氚的靶头，通过氘氚聚变的核反应产生 14MeV 的单能中子，反应方程式为

$$ {}_1^2\mathrm{H}+{}_1^3\mathrm{H} \longrightarrow {}_2^4\mathrm{He}+{}_0^1\mathrm{n}+17.6\times10^6\mathrm{eV} \tag{5-13} $$

由于中子是电中性，无法将其聚集成束流，因此，中子源的辐射场是以靶头为中心向四周辐射的点源场。在进行试验设计时，为了获得尽量均匀的中子辐射，要考虑现场受试器件和靶头的距离问题，降低不均匀性。

5.2.1.4 试验方案

试验前应制定试验大刚以指导样品准备，测试软、硬件开发，试验安装，中子加速调节及试验实施，试验大纲基本要素包括：

（1）受试产品信息，包括厂家、批次、型号、类别、工艺（或敏感器件种类及数量）、状态、封装、工作电压、功能、存储单元总数量、应用等；

（2）样品数量；

（3）预期要监测到的错误数；

（4）注量及注量率要求；

（5）测试设备（软、硬件）要求，包括 ATE 功能和性能、ATE 安装及检查、试验件初始化、数据收集、处理、显示等；

（6）中子注量监测说明；

（7）安装要求；

（8）注量率实时显示；

（9）受试产品测试参数实时采集；

（10）后勤保障。

5.2.1.5　试验样品接收与安装（以器件 FPGA 为例）

1. 试验件的安装

计算机通过 FPGA 的 USB 下载器向 FPGA 提供测试模拟信号并读取 FPGA 的反馈信号。试验件安装示意如图 5-15 所示。

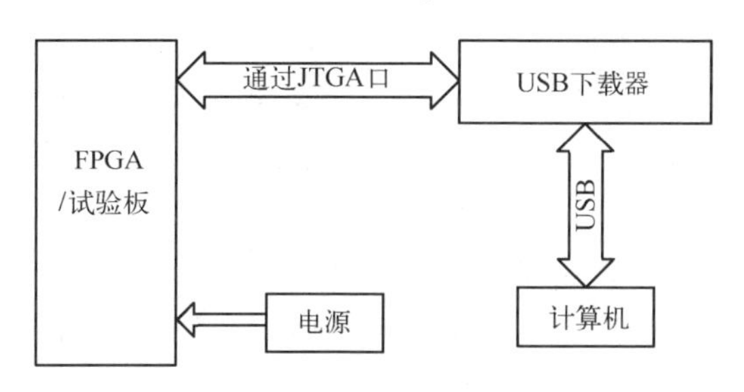

图 5-15　试验件安装示意图

2. 试验装置设置

根据联调联试结果在试验现场进行试验系统搭建。试验现场由 3 个区域组成，分别为辐射间、隔离区和测试间，如图 5-16 所示。

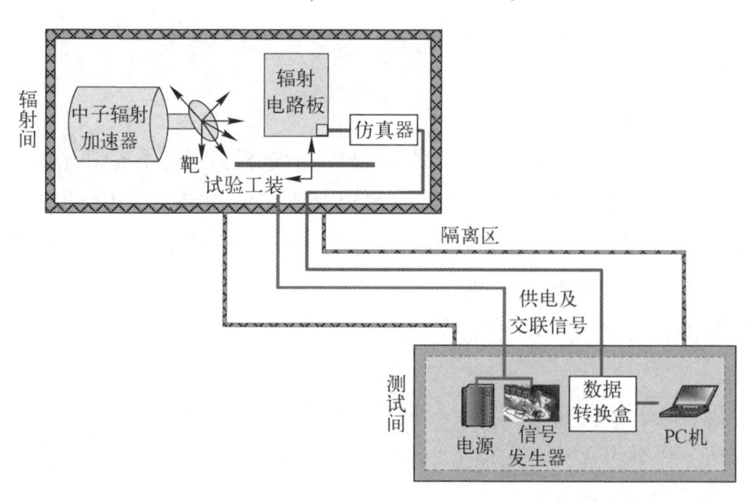

图 5-16　中子单粒子效应试验主要设备布局示意图

试验件、陪试件、仿真器等放置于辐射间；计算机、测试设备放置于测试间；25m 连接线缆连接辐射间和测试间。

3. 试验件的测试

试验件安装完成之后，应在标准大气条件下按照测试用例在试验现场对试验件进行检测，以检查受试产品达到试验现场的状态是否满足技术规范中规定的要求,并记录检测结果,填写试验现场测试记录表。

5.2.1.6 辐射条件

1. 试验的注量

单粒子效应是瞬态随机效应,不是累积效应,所以试验过程中在不引入累积效应之前,中子注量的多少不是试验严酷度的量度。

中子辐射可能会引入随机效应(单粒子效应)和累积效应(主要是:位移损伤效应),激励两种效应所需的中子注量不一样,累积效应一般所需中子注量大于$1\times10^{10}cm^{-2}$,且两种效应所表现的失效现象不同,中子单粒子效应主要诱发器件逻辑状态改变,位移损伤效应主要诱发器件性能下降或功能丧失(或通过很长时间不小于24h的退火也可恢复),试验过程中易于区别。

中子单粒子效应试验注量的规定是出于以下3种因素的考虑而做出的。

(1)试验过程不能引入累积效应。

(2)辐射注量能反映飞机全寿命周期内飞行器件接受到的注量。

(3)保证试验过程能获得足够的具有统计意义的单粒子效应事件数。

假设飞机全寿命期间的累积飞行时间为30000h,大气中子注量率取国际典型值$6000/cm^2\cdot h$,则飞机全寿命期间累积的中子注量位$1.8\times10^8cm^{-2}$。因此,中子注量取值应为$1.8\times10^8\sim1\times10^{10}cm^{-2}$,为了获得足够的单粒子效应事件统计数,试验终止注量建议为$1\times10^9cm^{-2}$。

2. 试验的注量率

同“注量要求”解释同理,单粒子效应是瞬态随机效应,不是累积效应,中子注量率不是试验严酷度的量度。中子注量率会影响试验过程中的测试安排。

(1)过高的中子注量率会使故障/错误现象出现的过快,不利于现象的记录和统计,可能会漏测单粒子效应事件。

(2)过低的中子注量率会使故障/错误现象间隔时间过长,同样不利于现象的记录和统计。

设置合理的试验注量率是为了使试验过程中监测更为容易和合理,依据RTCA/DO-160航空设备大气辐射试验程序中的规定,中子单粒子效应试验初始注量率的典型值为$2.8\times10^4cm^{-2}\cdot s^{-1}$,此后,需要根据实际情况进行调整,最佳的注量率要求尽量满足试验过程中故障/错误现象3~5min出现一次,同时,必须保证试验过程中累积中子注量与累积故障/错误数成线性关系。

5.2.1.7 试验过程中的记录与处理

在器件级试验过程中,当器件回读的数据与初始回读数据不符时,记录本次辐射中出现错误数,然后按照规定的失效现象和判据确定故障/错误是否为中子单粒子效应所引起的。

对于中子单粒子效应导致的故障/错误，应详细记录故障/错误出现的时间、注量率、注量、故障/错误现象等信息。

对于非中子单粒子效应导致的故障/错误，应详细记录故障/错误的时间、当时的应力条件、故障/错误现象等信息。

当试验过程中出现非中子单粒子效应导致的故障/错误时，应由研制单位和试验单位的技术人员共同对故障/错误现象进行分析，并按要求填写非中子单粒子效应试验故障/错误分析表。

当对试验过程中出现的非中子单粒子效应导致的故障/错误现象进行分析后，应由研制单位对出现的故障/错误采取纠正措施，并按要求填写非中子单粒子效应试验故障/错误纠正措施表。

5.2.1.8　试验件的处理

由于受试件、陪试件、工装等都含有大量的金属材质，其在中子辐射下会被活化激发，对外辐射 α 粒子。因此，出于安全考虑，试验后，应对受试试验件、陪试设备、其他含有金属材质的试验装置进行封存并详细记录，之后，由专业人员对试验件进行辐射剂量测量，只有辐射剂量达到国家规定的安全水平后，才可取回进行后续处理。

5.2.1.9　试验程序与操作指南

1. 试验程序

微电路试验实施程序如下。

(1) 试验系统搭建(包括固定试验件位置、安置测试平台、连接试验件及测试设备)。

(2) 加载测试用例，进行联调联试，保证试验件能够正常工作。

(3) 通知高压倍加器的操作者所需的初始中子注量率(初始值约为 $10^4 cm^{-2} \cdot s^{-1}$)左右，中子注量率调试期间，试验件暂不加电。

(4) 在获得所需中子注量率后，试验件加电，开始辐射试验前调试。

(5) 循环遍历测试用例，调出合适的中子注量率，在注量率调试阶段出现的故障现象仅记录，作为调试数据，但不作为正式试验数据处理输入。

(6) 注量记录仪清零，试验件断电重启并同步启动注量记录仪，重新累计注量并记录。

(7) 辐射期间，循环遍历测试用例，如果试验件出现故障现象，必要时及时暂停辐射，进行处理分析并记录出现的故障现象及中子注量。

(8) 故障处理分析和记录完成后，根据需要试验件断电重启，重复步骤(7)，直至符合试验终止条件。

(9) 按所确定的试验终止条件终止试验。

（10）进行试验数据分类处理，计算航空电子设备 NSEE 故障敏感截面 σ_{NSEE-i}。

2. 操作指南

操作指南为了指导试验系统平台搭建，各个测试仪器的布局及连线，并规定和细化试验操作流程，明确试验中的注意事项。

1）试验样品、陪试件及连接线缆描述

试验样品及陪试件可见相应器件的试验操作指南。

检查线缆是否齐备，常用的连接线缆包括串口线、加电线、USB 延长线、网线等。需要注意的是，所有线缆应根据试验现场的情况安排合理的长度，保证能够从辐射间连接至测试间。根据中国原子能科学研究院的中子辐射试验场情况，通常，25m 的线缆长度可以满足试验的需求。

根据测试对象不同，测试仪器大致包括脉冲信号源、供电电源、万用表等。

2）试验布局及连线

（1）试验布局。不同器件的试验应有相应的试验布局示意图。具体参见各器件试验操作指南。

（2）试验连线。打开一部稳压电源开关，调节供电电源的电压旋钮，使输出电压满足相应的试验要求，调节电流调节旋钮，使预置电流也满足相应试验要求。若需供电时，调节供电电源为输出状态即可，平时关闭供电电源开关。按照要求将仿真器 JTAG 连线与板上 JTAG 端口正确连接。具体要求参见各器件试验操作指南。

3）试验操作流程

试验操作包括板级试验和器件级试验，其大致步骤如下。

（1）连线准备及软件准备。

（2）试验前功能测试。

（3）辐射试验。

（4）试验数据处理。

4）器件级单粒子效应测试方法

CPU、FPGA、DSP、存储器等机载电子设备用的核心电子器件，均对大气中子单粒子效应敏感，实时科学监测其效应数据是防护设计的重要输入，针对 PowerPC、ARM、SRAM 型 FPGA、DSP、SRAM、SDRAM 等器件的结构特点，其单粒子效应测试方法如下。

（1）PowerPC 器件的单粒子效应测试方法。通过 PowerPC 仿真器回读该 PowerPC 中的通用寄存器、浮点寄存器、特殊寄存器、存储器等存储单元中的数据，测试原理图如图 5-17 所示。将回读数据同初始回读的数据进行比较，统计有差异的 bit 数，即为 CPU 的错误数。

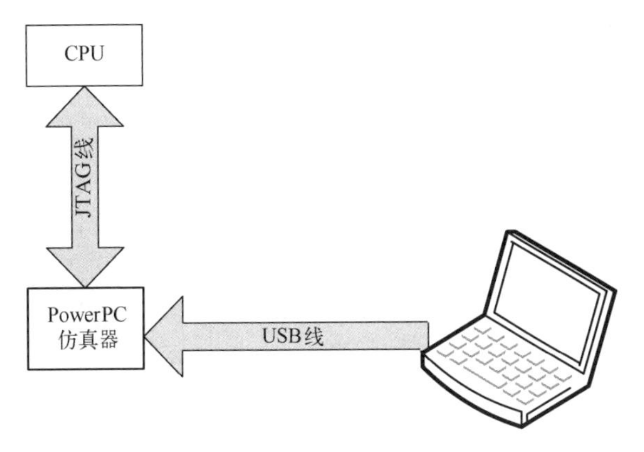

图5-17　PowerPC单粒子效应测试原理图

(2) ARM器件的单粒子效应测试方法。通过ARM仿真器读取该ARM中的通用寄存器、特殊寄存器、存储器等存储单元中的数据,测试原理图如图5-18所示,回读数据与辐射前各存储单元的回读数据相比较,统计错误bit数。

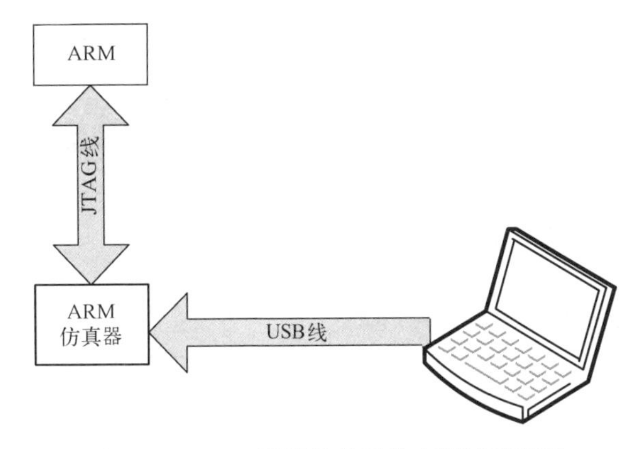

图5-18　ARM器件单粒子效应测试原理图

(3) SRAM型FPGA器件的单粒子效应测试方法。在中子辐射后,通过Xilinx platform calbe USB仿真器回读该FPGA的配置单元,测试系统原理图如图5-19所示,回读数据与辐射前各配置单元的回读数据相比较,统计错误的bit数。

(4) DSP器件的单粒子效应测试方法。在中子辐射后,通过仿真器回读该DSP中的RAM存储单元,测试系统原理图如图5-20所示,回读数据与辐射前的回读数据相比较,统计错误的bit数。

(5) SRAM器件的单粒子效应测试方法。在中子辐射后,通过该板上的CPU/DSP访问SRAM的存储单元,测试系统原理图如图5-21所示,读取的数据与预期的数据相比较,统计错误bit数。

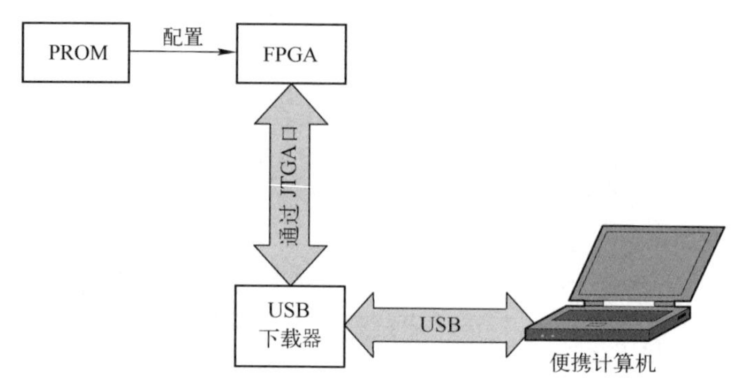

图 5-19 SRAM 型 FPGA 单粒子效应测试原理图

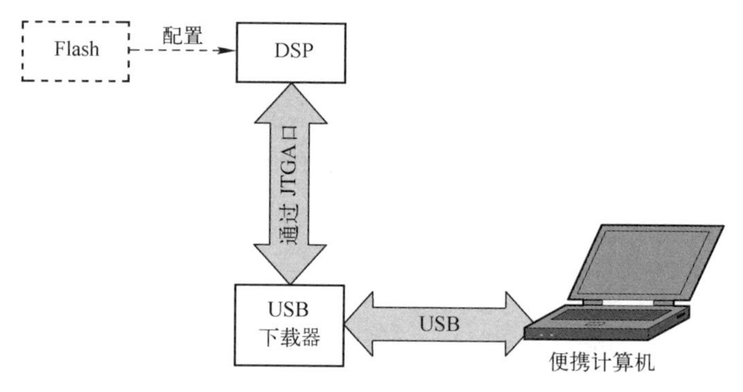

图 5-20 DSP 单粒子效应测试原理图

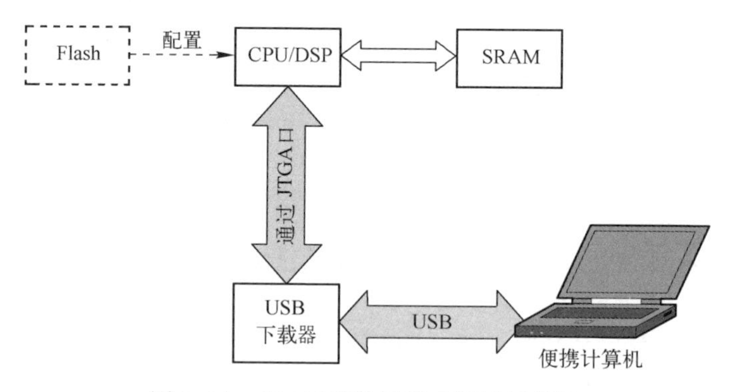

图 5-21 SRAM 单粒子效应测试原理图

(6) SDRAM 器件的单粒子效应测试方法。通过该板上的控制芯片访问 SDRAM 的存储单元,测试系统原理图如图 5-22 所示,读取的数据与预期的数据相比较,统计错误 bit 数。

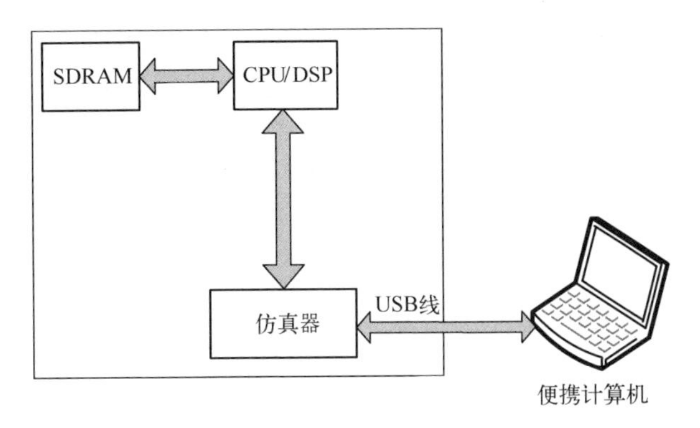

图5-22 SDRAM单粒子效应测试原理图

5.2.1.10 试验数据处理

试验数据处理如下，即

$$\sigma_{14\mathrm{MeV}}=\frac{N}{F\times N_S} \tag{5-14}$$

式中：$\sigma_{14\mathrm{MeV}}$为采用14MeV单能中子源开展试验获得中子单粒子效应截面（$\mathrm{cm}^2/\mathrm{bit}$）；$N$为试验中监测记录到的单粒子效应次数（次）；$F$为试验中监测记录到的14MeV中子源累计注量（$\mathrm{cm}^{-2}$）；$N_S$为受试器件中监测比特位数（bit）。

5.2.1.11 敏感器件单粒子翻转率评价

采用国内14MeV单能中子源获取微电路大气中子单粒子翻转的本征敏感特性（敏感截面），结合任务应用环境辐射应力，可实现对微电路大气中子单粒子效应的应用敏感特性（翻转率）的评价。

微电路大气中子单粒子翻转率的计算方法为

$$\lambda=f_{\mathrm{eff}(E>E_0)}\times\sigma_{\mathrm{eff}(E>E_0)}\times A_\lambda=f\times\sigma\times A_\lambda \tag{5-15}$$

式中：λ为采用试验获得的微电路大气中子单粒子翻转有效敏感截面，结合任务应用环境辐射应力，计算获得的微电路大气中子单粒子效应的有效应用敏感特性（有效翻转率）（$\mathrm{bit}^{-1}\cdot\mathrm{h}^{-1}$）；$f$、$f_{\mathrm{eff}(E>E_0)}$为任务应用环境辐射应力（有效注量率）（$\mathrm{cm}^{-2}\cdot\mathrm{h}^{-1}$）；$\sigma$、$\sigma_{\mathrm{eff}(E>E_0)}$为采用试验获得的微电路大气中子单粒子翻转有效敏感截面（$\mathrm{cm}^2/\mathrm{bit}$）；$A_\lambda$为翻转率修正因子，无量纲。通常初始值可取1；如果式（5-15）中翻转率$\lambda_{14\mathrm{MeV}}$与国外WNR散裂中子源（接近全能谱）翻转率λ_{WNR}、Rosetta真实环境（全能谱）翻转率$\lambda_{\mathrm{Rosetta}}$等标杆数据之间的比值在3倍以内，则认为修正因子$A_\lambda$与翻转率$\lambda_{14\mathrm{MeV}}$是合理的；$E_0$为阈值能量（MeV）。

任务应用环境辐射应力（注量率）的计算方法为

$$f=f_{\mathrm{eff}}=6000\times A_E\times A_{XY}\times A_Z\times A_C \tag{5-16}$$

式中：f、f_{eff}为任务应用环境辐射应力（有效注量率）（$\mathrm{cm}^{-2}\cdot\mathrm{h}^{-1}$）；6000为波音简化

模型 12.2km，北纬 45°，10MeV 以上大气中子的国际典型值（$cm^{-2} \cdot h^{-1}$）；A_E 为在 12.2km，北纬 45°时，微电路阈值能量 E_0 以上大气中子注量率与 10MeV 以上大气中子注量率的比值，无量纲；A_{XY} 为在 12.2km，不同截止刚度，其大气中子注量率与 6000 的比值，无量纲；A_Z 为在北纬 45°，不同高度大气中子注量率与 6000 的比值，无量纲；A_C 为在 12.2km，北纬 45°不同太阳活动事件下大气中子注量率与 6000 的比值，无量纲。

微电路应用敏感特性（翻转率）试验评价步骤如图 5-23 所示。

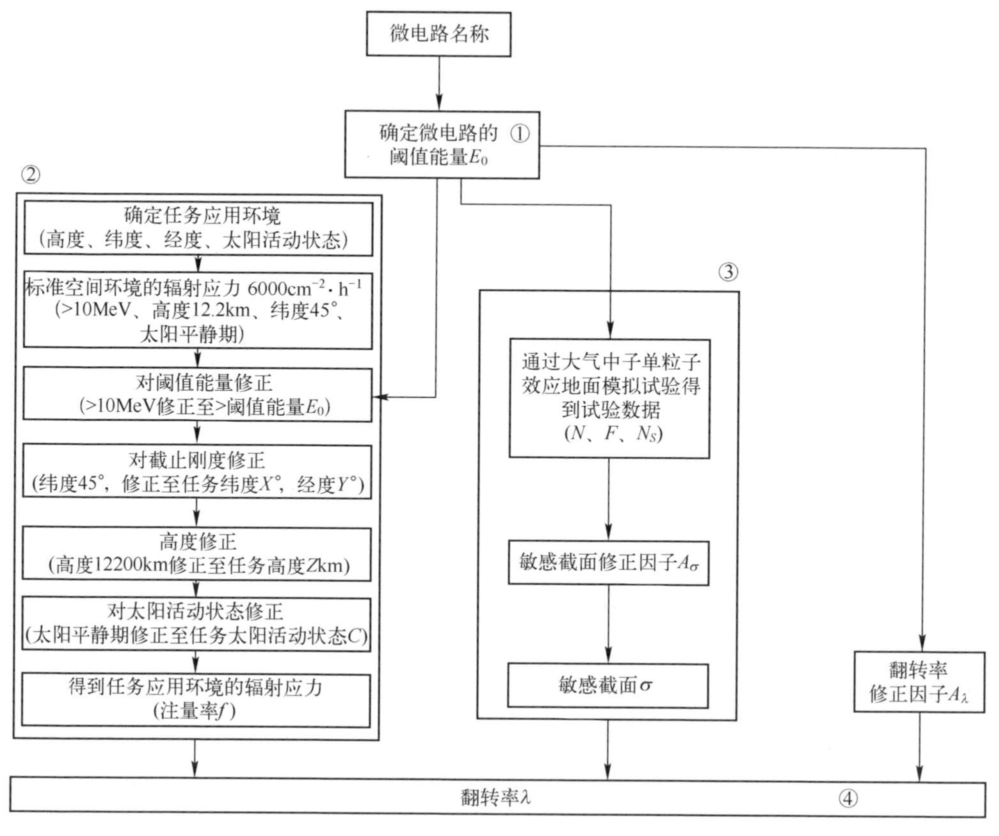

图 5-23 翻转率试验评价步骤

第一步：计算微电路阈值能量 E_0。

不同特征尺寸微电路高能中子单粒子翻转能量阈值可参见表 5-17。

表 5-17 SRAM 的 SEU 能量阈值

器件尺寸/nm	400	250	180	160	130	90
能量阈值 E_0/MeV	10	5	3	2	1	0.5

第二步:计算任务环境辐射应力 f、F。

累积注量 F 计算方法为

$$F=f\times T \tag{5-17}$$

式中:f 为任务应用环境辐射应力(注量率)($cm^{-2}\cdot h^{-1}$);T 为任务寿命周期,通常为飞行小时(h)。

第三步:计算微电路敏感截面 σ。

敏感截面 σ_{14MeV} 计算方法见第5章。

第四步:计算微电路翻转率 λ。

依据式(5-15)计算微电路翻转率 λ_{14MeV}。

5.2.1.12　试验报告

器件试验报告一般应包括以下内容。

(1) 试验编号及试验名称;

(2) 试验目的;

(3) 试验地点、试验日期及试验环境;

(4) 试验件描述:试验件的名称、批次、编号、类别、数量等信息;

(5) 试验设备的详细描述:辐射源的种类、名称及所属单位、束流测量系统、单粒子效应测试系统;

(6) 试验过程的详细描述:单粒子效应类型、测试方法、试验步骤、测量结果等;

(7) 试验数据:辐射时间、中子注量、中子单粒子效应事件数;

(8) 试验数据分析:根据测试数据计算相应的单粒子效应率;

(9) 危害性分析:危害性分析结果、严酷度类别;

(10) 试验结论:该试验件是否会发生单粒子效应,其主要故障模式,受试器件的敏感特性,基于试验数据计算的该试验件在任务期间单粒子效应故障间隔时间(MTBSEE),并与指标要求对比。

5.2.1.13　器件试验案例

目前,国内在一些航空工程中已经开展了一些器件的中子单粒子效应试验,积累了一定的器件基础数据。国内开展过中子单粒子效应试验的器件主要为航空电子设备中常用控制或存储类器件,如FPGA、PowerPC、DSP、SRAM等。

(1) Xilinx公司的SRAM型FPGA。Xilinx公司的Virtex系列和Spartan系列的SRAM型FPGA芯片是国内航空电子设备设计中常用的控制芯片。国内针对Xilinx公司的多款SRAM型FPGA开展了中子单粒子效应试验,试验以静态测试的方式进行,通过辐射前后扫描对比FPGA的配置位的变化情况,统计错误数量。试验过程中同时监测FPGA的功能运行和电流变化情况,以探测是否发生SEFI和

SEL 现象。部分 FPGA 的试验数据如表 5-18 所列,通过与 Xilinx 自身发布的 14MeV 中子单粒子效应试验数据的对比,基本一致。

表 5-18 国内开展的部分 Xilinx 公司的 SRAM 型 FPGA 中子单粒子效应试验数据

序号	型号	工艺尺寸/nm	监测容量/bit	效应现象	次数	中子注量/cm^2	截面/(cm^2/bit)	Xilinx 数据截面[16]/(cm^2/bit)
1	XC4VLX25	90	7778848	SEU	153	1.029×10^{9}	1.911×10^{-14}	1.55×10^{-14}
2	XC5VFX70T	65	17717632	SEU	112	1.009×10^{9}	6.265×10^{-14}	6.70×10^{-14}
3	XC2S300E	150	1699489	SEU	12	1.029×10^{9}	1.086×10^{-14}	2.56×10^{-14}
4	XC3SD3400A	90	11716704	SEU	128	4.542×10^{8}	2.405×10^{-14}	2.40×10^{-14}
5	XC6SLX150	45	33759376	SEU	135	3.990×10^{9}	1.002×10^{-14}	1.26×10^{-14}

(2) TI 公司的 DSP。除了 FPGA,TI 公司的 DSP 也是航空电子设备,特别是通信类电子设备中常用控制芯片,常用于编码、解码等功能。国内已经针对几款常用的 DSP 器件进行中子单粒子效应试验,试验方式依然选择静态测试方式,辐射前后进行数据的回读和对比,统计错误的 bit 数。部分 DSP 的试验数据可以详见表 5-19。

表 5-19 国内开展的部分 DSP 中子单粒子效应试验数据[17]

序号	型号	工艺尺寸/nm	监测容量/Kb	效应现象	次数	中子注量/cm^2	截面
1	TMS320F2812	180	288	SEU	17	1.09×10^{9}	5.41×10^{-14}cm^2/bit
				SEFI	1	1.22×10^{9}	8.19×10^{-10}cm^2/device
2	SMJ320F2812	180	288	SEU	14	1.15×10^{9}	4.24×10^{-14}cm^2/bit
				SEFI	1	1.12×10^{9}	1.78×10^{-9}cm^2/device
3	TMS320VC5410	130	1024	SEU	40	1.10×10^{9}	3.64×10^{-14}cm^2/bit
4	TMS320C6418	130	4354	SEU	104	1.57×10^{9}	1.66×10^{-14}cm^2/bit
5	TMS320C6416	90	8450	SEU	110	4.41×10^{9}	3.12×10^{-14}cm^2/bit

5.2.2 设备级试验

5.2.2.1 试验原理

中子单粒子效应试验模拟飞机真实飞行高度、机载设备真实使用环境、使用模式等,通过加载外部中子源,短时加速完成对试验件的中子注入,最后进行翻转率统计。具体的主要内容包括以下几方面。

(1) 试验件的确定。根据机载设备类型及重要度,选定部分机载设备开展中子单粒子效应试验,以功能板试验为主,通过功能板的试验数据对机载设备抗辐射能力进行评估。同时,机载设备 MTBSEE 指标满足要求值 80%以上时,方可开始试验。

(2) 试验大纲的编制。机载设备单位根据总师单位的规划,完成试验大纲的编制。明确试验流程、试验记录及合格判据等。试验方大纲中需明确试验件的 MTBSEE,以便与试验结果相比较。

(3) 试验件的准备。机载设备单位根据试验方案和大纲需求,提供规定样本量的试验件,按照要求调试试验件状态,准备试验检测设备,安排跟试人员,监督试验过程并记录。

(4) 试验数据的分析整理。

(5) 试验报告的编写。

5.2.2.2 试验件的确定

受试设备应选择具有对中子单粒子效应非常敏感的器件,如飞机中的告警设备。告警设备由计算机和控制面板两部件组成。计算机是系统的核心,用于对输入信号的处理、各种算法、数据库的管理、告警功能及数据输出等,包含计算机板、信号接口板、母板;控制面板用于完成对计算机的功能抑制。

5.2.2.3 试验的测试用例

规定试验的测试用例有助于在试验过程中更真实地反映该单机功能板在使用过程中可能出现的故障/错误现象,试验结果更具有工程应用的指导意义。因此,测试用例的确定应满足以下要求。

(1) 测试用例首选真实应用程序,或应能执行单机功能板实际运行功能的主要运算。

(2) 测试用例应能够全面调用试验件内所有的中子单粒子效应敏感器件,板内所有存储位的资源利用率应尽可能接近真实飞行情况。

(3) 为了便于试验的监测和记录,测试单机功能板功能的测试用例能够实时通过单机功能板上的接口实现与计算机的通信连接,实时监测反馈信息,并能够在测试端进行记录。

(4) 试验的测试是个持续的过程,因此,单机功能板的测试用例应能够自动依次循环执行,并在发生故障/错误时,及时上报。

5.2.2.4 辐射条件

设备级中子单粒子效应试验的辐射条件与器件级的辐射条件设置要求相同,可参考 5.2.1.5 节的要求。

5.2.2.5 试验设备及测试软件

试验设备达到以下要求。

（1）试验设备和测试仪表均应经过计量检定，且应在有效期内，非标准测试设备进入实验室前需经相关部门鉴定或使用方认可。

（2）测试仪表的精度至少应为被测参数容差的1/3，其标定应能追溯到国家最高计量标准。

（3）辐射源应能产生单能14MeV中子，辐射源的中子注量率监测误差应小于5%。

（4）非商业自开发的测试软件的开发过程应受控。

5.2.2.6 试验件的安装要求

依据5.2.1.3节中对辐射距离的考虑，确定试验件安置要求之前需明确受试单机功能板中全部敏感器件的位置以及这些敏感器件所构成的体积，之后将试验件的中心位置距离中子源的距离设置在约80cm处，如图5-24所示，目的是为了保证试验件接收到的中子注量率较为均匀，规定的辐射不均匀性要求为小于10%。

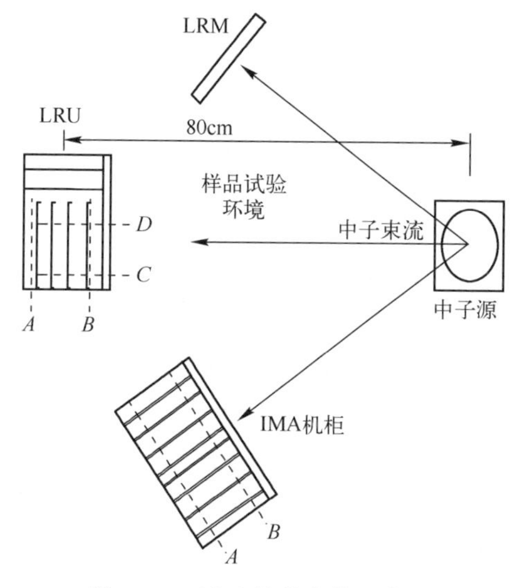

图5-24 试验件的安装示意图

确定试验件安置要求之前需明确受试单机功能板中全部敏感元器件的位置以及这些敏感元器件所构成的体积，之后将试验件的中心位置距离中子源的距离设置为一定的距离，目的是为了保证试验件接收到的中子注量率较为均匀，通常规定的辐射不均匀性要求为小于10%。下面分析安装位置对不均匀性的影响。

单能中子辐射源由核反应产生中子，其辐射场为从辐射源向四周散射的点源场。由于中子成球面向四周扩散，因此，空间中不同位置的中子注量率是以距中心距离的平方成反比的关系减少，即

$$\frac{\text{flux}}{\text{flux}_{\text{Origin}}} \propto \frac{1}{4\pi R^2} \tag{5-18}$$

式中：flux 为空间中某点的中子注量率($cm^{-2} \cdot h^{-1}$)；$\text{flux}_{\text{Origin}}$为辐射源产生的中子注量率($cm^{-2} \cdot h^{-1}$)；$R$ 为该点距离辐射源的距离(cm)。

电路板置于中子辐射场中进行辐射时，我们要求电路板的平面要垂直于其中心与辐射源靶心的连线。此时，电路板不同位置距离靶心的距离不同，所以接收到的中子注量率也存在着差异。如图 5-25 所示，电路板的中心 O 为接收中子注量率最大点，试验板的四角 $ABCD$ 点为接收中子注量率最小点。

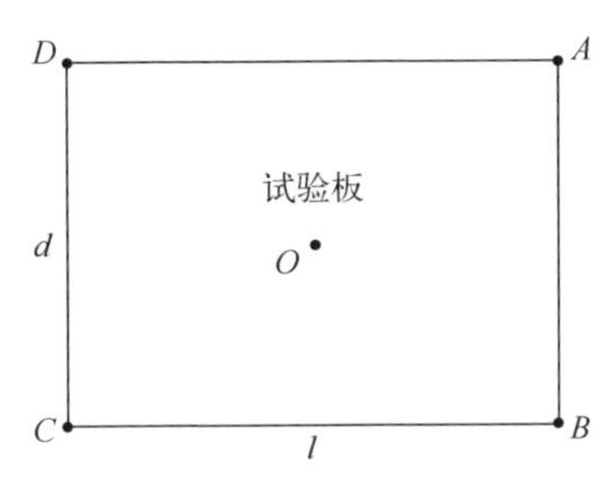

图 5-25　试验板示意图

试验时，应通过调整试验板距离辐射源靶心的距离保证试验板中不同位置接收到的中子注量率基本相同。试验板接收到的中子注量率的不均匀性为

$$\varepsilon = \frac{\text{flux}_{\max} - \text{flux}_{\min}}{\text{flux}_{\max} + \text{flux}_{\min}} = 1 - \frac{2}{1 + \dfrac{\text{flux}_{\max}}{\text{flux}_{\min}}} \tag{5-19}$$

根据式(5-6)，可以得出

$$\frac{\text{flux}_{\max}}{\text{flux}_{\min}} = \frac{R_{f\min}^2}{R_{f\max}^2} \tag{5-20}$$

式中：$R_{f\min}$为接收中子注量率最小点距离靶心的距离(cm)；$R_{f\max}$为接收中子注量率最大点距离靶心的距离(cm)。

因此，试验板接收到的中子注量率的不均匀性 ε 可通过距离表征为

$$\varepsilon = 1 - \frac{2}{1 + \dfrac{R_{f\min}^2}{R_{f\max}^2}} = \frac{R_{f\min}^2 - R_{f\max}^2}{R_{f\min}^2 + R_{f\max}^2} \tag{5-21}$$

假设某试验板的尺寸为长 30cm、宽 20cm。如图 5-26 所示，试验板接收中子注量率最大为中心点 O，该点距离辐射源靶心距离为 R_1；试验板接收中子注量率最小为 A 点，该点距离辐射源靶心距离为 R_2。

$$R_2=\sqrt{(0.5l)^2+(0.5d)^2+R_1^2} \tag{5-22}$$

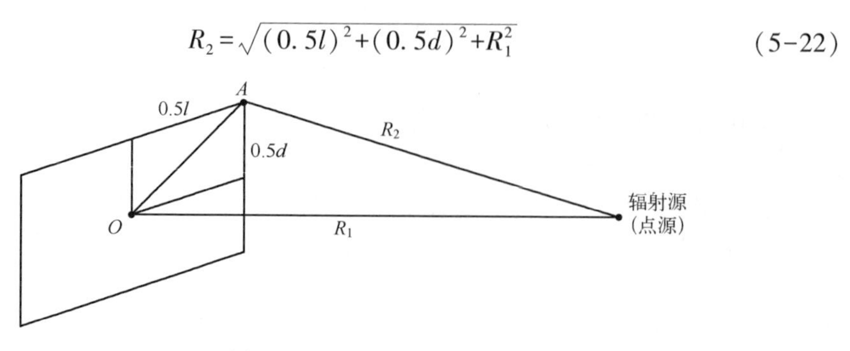

图 5-26　试验板示意图

在试验件尺寸确定的情况下，该试验件上接收中子注量率的不均匀性 ε 随着试验件中心点距离辐射源靶心距离 R_1 的增加而减小。根据图 5-27 中的数据，当距离 R_1>39cm 时，接收中子注量率的不均匀性 ε<10%。因此，在保证试验中子注量率足够的前提下，应尽量增加试验件与靶心的距离。

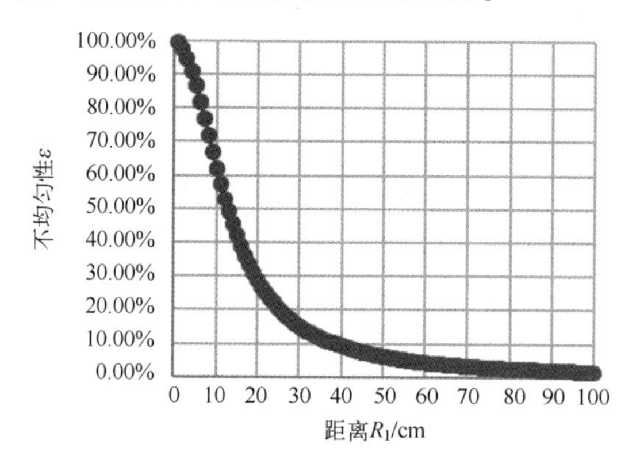

图 5-27　不均匀性随试验件距离的关系

5.2.2.7　试验过程中的记录和处理

在设备级试验过程中，当试验过程中出现故障/错误时，应及时中止辐射，并继续完成本次测试用例的循环，记录本次测试用例循环中所有的故障/错误现象，然后按照规定的失效现象和判据确定故障/错误是否为中子单粒子效应所引起的。

对于中子单粒子效应导致的故障/错误，应详细记录故障/错误出现的时间、注量率、注量、故障/错误现象等信息。

对于非中子单粒子效应导致的故障/错误，应详细记录故障/错误的时间、当时的应力条件、故障/错误现象等信息。当试验过程中出现非中子单粒子效应导致的故障/错误时，应由试验方和被试方共同对故障/错误现象进行分析。当对试验过程中出现的非中子单粒子效应导致的故障/错误现象进行分析后，应由被试方对出现的故障/错误采取纠正措施。

5.2.2.8　试验件的处理

同样出于安全的考虑，需要对相关试验件和配试件进行封存处理，参考本书 5.2.1.7 节的要求。

5.2.2.9　试验程序与操作指南

机载设备进行中子单粒子效应试验时会执行贴近其本身功能的测试用例，因此，每个机载设备试验时所用的设备、软件，以及试验系统的搭建和操作均不相同。

1. 试验软/硬件设备

试验所需的主要测试设备详见表 5-20。

表 5-20　主要测试设备清单

序　号	设备名称	主要功能	设备位置
1	专用测试设备	供电，发送/接收测试数据	测试间
2	监控设备	监控计算机工作情况	测试间

试验所需的测试程序与软件详见表 5-21。

表 5-21　主要测试程序与软件清单

序号	软件名称	主要功能
1	NSEE 专用测试软件	1. 远程控制被试件，如初始配置、下达指令、开关电复位等； 2. 接收、显示、存储测试原始数据； 3. 数据分析； 4. 故障报告及统计； 5. 人机交互
2	功能测试程序	1. 接收上位机软件指令； 2. 运行测试用例； 3. 上报测试数据

2. 试验件的安装

试验件、陪试件、仿真器等放置于辐射间；计算机、测试设备放置于测试间；25m 连接线缆连接辐射间和测试间，结构如图 5-28 所示。

3. 试验件的辐射及记录

（1）加载测试用例，进行现场调试，保证试验件能够正常工作。

（2）通知高压倍加器的操作者所需的初始中子注量率（初始值约为 $2.8\times10^4\mathrm{cm}^{-2}\cdot\mathrm{s}^{-1}$），中子注量率调制期间，试验件暂不加电。

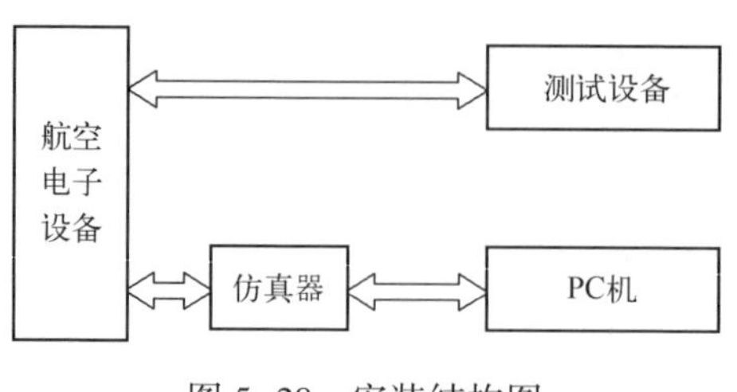

图 5-28 安装结构图

(3) 在获得所需中子注量率后，试验件加电，开始辐射试验。

(4) 循环遍历测试用例，在规定的范围内调出合适的中子注量率，在注量率调试阶段出现的故障/错误现象仅记录但不作为数据处理输入。

(5) 注量记录仪清零，试验件断电重启并同步启动注量记录仪，重新累计注量并记录。

(6) 辐射期间，循环遍历测试用例，如果试验件出现故障/错误现象，及时暂停辐射，按照规定进行处理分析并记录出现的故障/错误现象及中子注量。

(7) 故障/错误处理分析和记录完成后，根据需要试验件断电重启，重复步骤(6)，直至累积中子注量达到 10^9cm^{-2}时终止辐射。

5.2.2.10 试验数据分析

试验数据分析为

$$\sigma_{\text{sum}} = \sum_{i=1}^{n} \sigma_i \tag{5-23}$$

$$\sigma_i = \frac{N_i}{\text{FLUENCE}} \tag{5-24}$$

式中：σ_{sum}为设备的中子单粒子效应截面(cm^2/equipment)；σ_i 为第 i 种故障模式对应的单粒子效应截面(cm^2/equipment)；N_i 为第 i 种故障模式中的故障数(次)；FLUENCE 为单位面积的中子注量(cm^{-2})。

5.2.2.11 试验报告

试验后编写试验报告。至少包含以下内容：

(1) 试验编号；

(2) 试验目的；

(3) 试验依据；

(4) 试验样品：描述试验样品的类别、名称、型号规格、批次、数量、生产单位、质量等级等信息；

(5) 试验的自然环境条件：包括温度、湿度气压等；

(6) 试验的辐射条件：辐射源的能量、类型、不均匀性，试验的注量率、注量等；

(7) 试验件的工作状态：包括测试用例；

(8) 试验系统的组成:包括试验设备、测试设备、上位机/下位机软件、试验系统的安装等;

(9) 试验数据分析方法;

(10) 试验结果:包括直接的试验监测结果和数据处理结果;

(11) 试验的结论;

(12) 其他。

5.2.2.12　航空电子设备试验案例

国内自 2012 年就已经开始陆续对多款航空电子设备进行中子单粒子效应试验,以获得设备应对中子辐射环境时的空间辐射环境可靠性数据。

以国内某款航空用卫星导航接收机为例[18],该接收机在飞机中的主要功能就是通过天线接收导航卫星的信号,经过处理和解算后,实时给出飞机的位置和速度信息,其整体功能结构示意如图 5-29 所示。

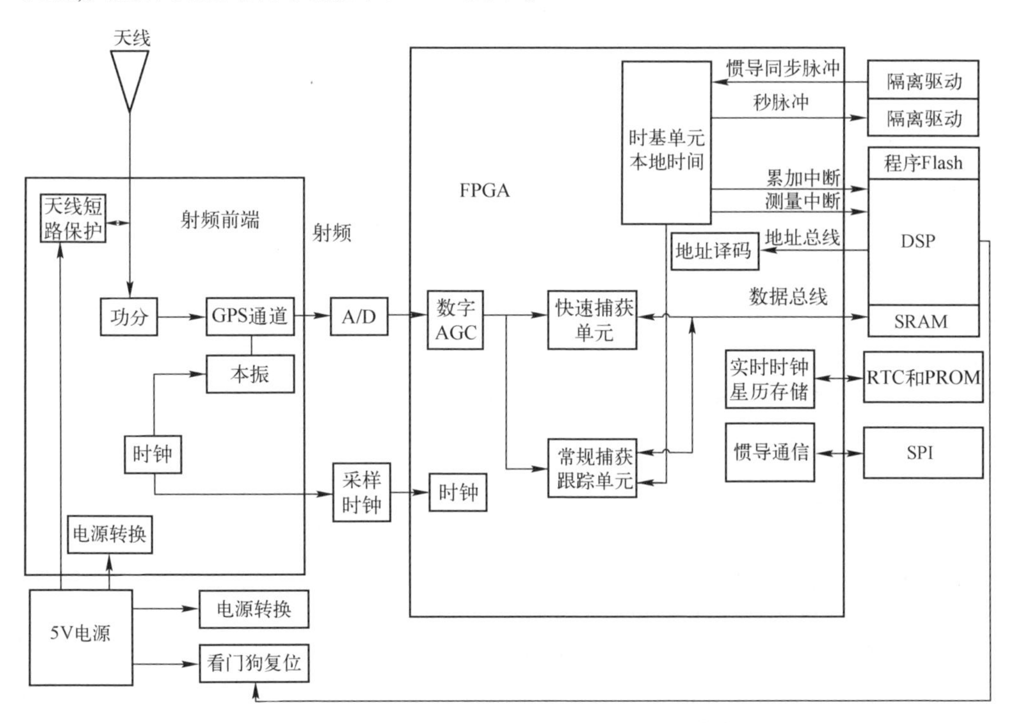

图 5-29　卫星导航接收机的功能示意图[18]

该试验是在中国原子能科学研究院进行,受试的接收机置于辐射间内,并通过长线从测试间内对其进行供电和测试,同时接收机外连一根天线至户外以接收真实的卫星数据。因此,接收机在试验期间一直处于真实的工作状态,不停地接收卫星信号并对外输出定位信息(图 5-30)。

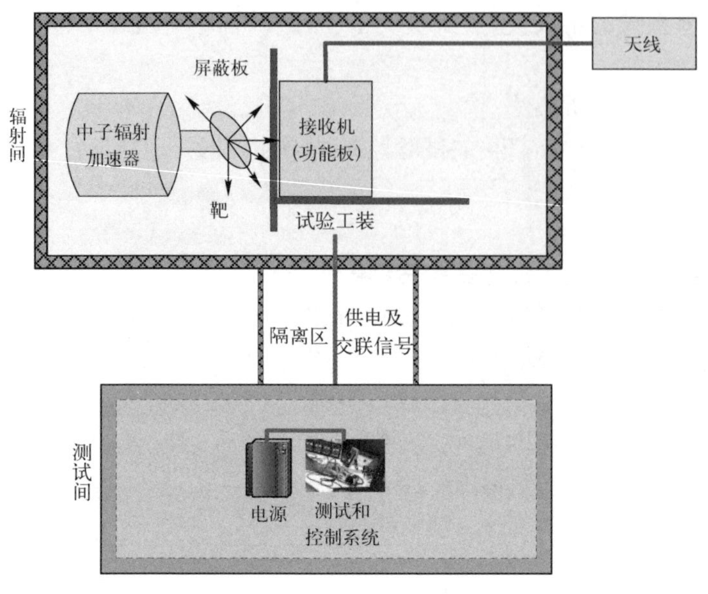

图 5-30　试验结构示意图

该款卫星导航接收在试验期间,共发生死机、无定位、定位超差等故障现象,具体数据详见表 5-22。这些试验中暴露出的故障现象严重影响了飞机的可靠性和飞行的安全性。

表 5-22　国内开展某型号卫星导航接收机中子单粒子效应试验数据

序号	故障现象	故障次数/次	累计注量/cm^{-2}	设备截面/(cm^2/bit)
1	死机	7	1.011×10^9	6.924×10^{-9}
2	无定位	18	1.011×10^9	1.7804×10^{-8}
3	定位超差	3	1.011×10^9	2.967×10^{-9}

5.2.3　系统级试验

系统级试验不同于器件级与设备级试验,其由大量的设备组成且承载了更多更完整的系统功能,因此,将整个系统进行中子单粒子效应试验也就变得更加困难。系统级试验可分为完整的系统试验和系统的模拟试验两类(图 5-31)。

(1) 闭环系统测试是最高层级的试验方法,其试验结果最精确,大气中子 SEE 对真实航空电子系统的影响评价风险最低。该试验采用闭环系统测试,试验期间,航空电子系统暴露于高能中子或质子辐射束流中,系统信号与主控计算机相连接,主控计算机模拟飞机级关注的航空动力响应。

(2) 系统的工作特性与接口通过全面集成的铁鸟试验将真实的飞机控制功能

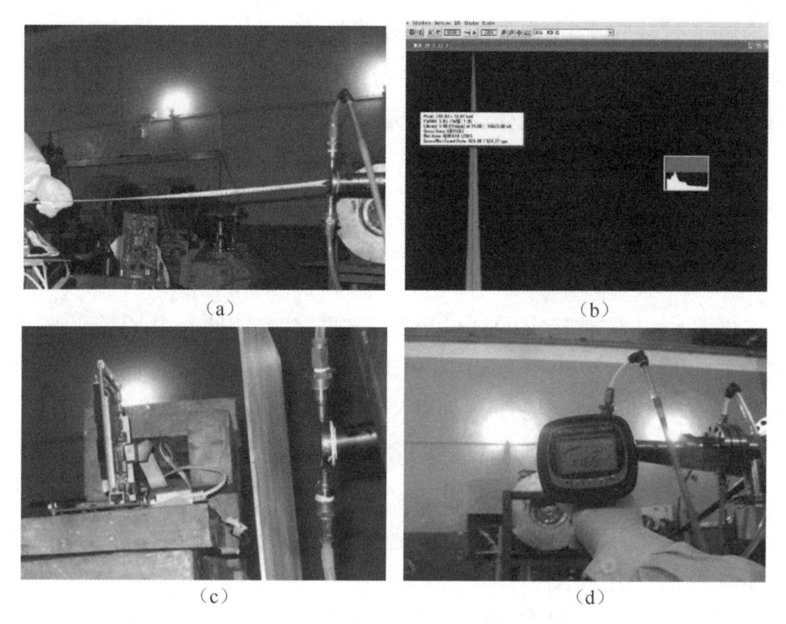

图5-31　中子辐射试验现场

(a) 被试件位置测量;(b) 中子注量测量;(c) 中子辐射;(d) 放射性测量。

与功能性气动分系统(如液压、作动器与电源)匹配,采用驾驶仿真软件来验证飞机控制功能对空间辐射事件的免疫特性。

(3) 如果直接的系统级试验或系统级的模拟试验均无法进行,则只能通过设备级和器件级试验获得基础数据,并在此基础上结合系统结构和功能实现进行分析,从而计算获得系统级的中子单粒子效应失效率。

5.3　地面空间辐射环境试验

传统的辐射效应危害和辐射效应试验仅关注航天级和航空级的设备及其所用器件,但是随着集成电路的不断发展,器件尺寸在不断减小,器件的单元密度在不断增大。器件对辐射诱发的单粒子效应的敏感程度与日俱增,使得一些地面应用系统不得不在产品设计和芯片选型中增加关于辐射效应危害的考虑。

随着国际上关于辐射效应对器件、设备甚至系统安全及可靠性危害的关注不断加深,在一些行业标准中都增加了相应的条款要求。以汽车应用为例,汽车电子产品选用的芯片一般要经过 AEC-Q100-Rev-H-2014 *FAILURE MECHANISM BASED STRESS TEST QUALIFICATION FOR INTEGRATED CIRCUITS* 规定的鉴定和认证,其中就明确规定了要对车规级器件进行辐射引起的软错误率(soft error rate, SER)鉴定试验,所依据的标准就包括 JESD89A、JESD89-1/2/3 等。

地面单粒子效应辐射试验与大气单粒子效应试验类似，除了要关注大气高能中子外，还要关注热中子的影响。后者会与封装材料中掺杂如硼10(^{10}B)发生反应产生 α 粒子导致芯片翻转的发生。不论是哪种情况，最终都有可能诱发芯片产生单粒子效应。

地面空间辐射环境试验与大气中子辐射环境试验就试验设计来讲没有什么区别，主要就是在辐射的注量率、试验结束条件等具体的试验条件设置上存在一些差异。

地面器件和设备没有特定的任务周期，需要考虑一种生命周期的要求，如预测辐射损害的寿命预计等要求。将 DUT 长时间暴露在加速辐射环境中，一些器件的部分区域可能会受到总剂量损伤。这种损伤表现为硬失效或性能参数退化。参数退化会影响软失效率，同时说明器件接近严重硬失效的边缘。剂量损伤也可以显示器件的调速敏感性，也就是说，被测试器件 DUT 在额定速度运行时可能失效，但是在降速运行时能够正常工作。根据加速试验的加速因子可以评估在正常地面环境下的寿命和性能退化周期。

如果不想出现总剂量损伤，那么，需要降低软失效数的目标数量，或者同时测试更多的 DUT 样本分摊测试的失效次数。总剂量效应评估可以通过将一个 DUT 样本经历从第一个到最后一个全部测试用例。如果最后一次测试和第一次测试结果一致，说明总剂量效应不影响结果。

参考文献

[1] ASTM F 1192. Standard Guide for the Measurement of Single Event Phenomena(SEP) Induced by Heavy Ion Irradiation of Semiconductor Devices[S]. West Conshohocken, P. A.: American Society of Testing Materials, 2018.

[2] EIA/JESD 57. Test Procedures for the Measurement of Single-Event in Semiconductor Devices form Heavy Ion Irradiation[S]. Arlington, V. A.: Electronic Industries Alliance, 1996.

[3] ESA/SCC Basic Specification No. 25100. Single Event Effects Test Method and Guidelines[S]. Paris: European Space Agency, 2002.

[4] MIL-STD-750F. Test Methods for Semiconductor Devices[S]. 2012.

[5] GJB 7242. 单粒子效应试验方法和程序[S]. 2011.

[6] QJ 10005. 宇航用半导体器件重离子单粒子效应试验指南[S]. 2008.

[7] MIL-STD-883K. Department of Defense Test Method Standard: Microcircuits[S]. 2016.

[8] ASTM F1892. Standard Guide for Ionizing Radiation(Total Dose) Effects Testing of Semiconductor Devices[S]. West Conshohocken, P. A.: American Society of Testing Materials, 2018.

[9] ESA/SCC Basic Specification No. 22900. Total Dose Steady-State Irradiation Test Method[S]. Paris: European Space Agency, 1995.

[10] GJB 548B. 微电子器件试验方法和程序[S]. 2005.

[11] GJB 762.2. 半导体器件辐射加固试验方法[S]. 1989.

[12]　GJB 5422. 军用电子元器件 γ 射线累积剂量效应测量方法[S]. 2005.
[13]　QJ 10004. 宇航用半导体器件总剂量辐照试验方法[S]. 中国航天标准化研究所. 2008.
[14]　阳辉, 刘艳芳, 陈宇, 等. 双极运算放大器 ELDRS 效应试验研究[J]. 辐射研究与辐射工艺学报. 2011, 29(3):183-188.
[15]　GJB 762.1. 半导体器件辐射加固试验方法 中子辐照试验[S]. 1989.
[16]　Xilinx Corporation. Device Reliability Report[R]. 2018.
[17]　陈冬梅, 孙旭朋, 钟征宇, 等. DSP 大气中子单粒子效应试验研究[J]. 航空科学技术. 2018, 29(2):67-72.
[18]　薛海红, 王群勇, 陈冬梅, 等. 航空电子设备 NSEE 试验评价方法[J]. 北京航空航天大学学报. 2015, 41(10):1894-1900.

第6章

设计方案应用案例

6.1 卫星空间辐射环境可靠性应用案例

空间辐射环境会诱发这些辐射敏感器件发生单粒子效应、总剂量效应或位移损伤效应,降低卫星的在轨可靠性。然而,由于早期卫星设计中未明确考虑“空间辐射环境可靠性”,导致单粒子效应、总剂量效应或位移损伤效应等空间辐射环境危害对卫星可靠性的影响风险状态不够清晰。

因此,通过开展卫星空间辐射环境可靠性设计工作,指导制定卫星空间辐射环境可靠性指标,定量评价卫星空间辐射环境危害和卫星空间辐射环境防护。

6.1.1 轨道辐射环境应力分析

利用国际上成熟的空间环境模型及工具[1],根据卫星的轨道参数、任务发射时间及任务周期等具体参数,计算轨道的初始辐射环境参数。假定卫星系统在2014年至2019年周期运行,计算获得该轨道任务周期内辐射环境典型值。表6-1为太阳宁静期和爆发期的LET注量积分值。

表6-1 轨道下太阳宁静期和爆发期的LET注量积分值

LET/((MeV·cm^2)/mg)		>100	>75	>37	>15	>1	>0.1
注量率/(cm^{-2}·s^{-1})	太阳宁静期	4.5×10^{-13}	3.6×10^{-11}	6.7×10^{-10}	3.7×10^{-6}	2.7×10^{-3}	2.5×10^{-2}
	太阳爆发期(最劣1天情况)	1.3×10^{-11}	1.2×10^{-9}	4.5×10^{-8}	7.8×10^{-4}	4.0×10^{-1}	5.3×10^{2}

注:1. 4mm Al屏蔽;
2. 太阳爆发期最劣情况下高能粒子注量率高出太阳宁静期2~5个数量级。

由于卫星蒙皮的屏蔽作用可以有效地减少总剂量和等效10MeV质子的累积效果,表6-2和表6-3分别为某轨道卫星不同屏蔽厚度下的总剂量和等效10MeV

质子的累积情况。

表6-2 某轨道卫星5年任务周期总剂量累积情况

设备外壳屏蔽厚度(等效铝)	总剂量/(krad(Si))
0.5mm	310
1mm	140
1.5mm	69.6
2mm	37.5
2.5mm	21
3mm	12
4mm	4.7

表6-3 某轨道卫星5年任务周期等效质子注量累积情况

屏蔽厚度(等效铝)	等效10MeV质子注量/cm^{-2}
3mm	1.96×10^{10}
4mm	1.36×10^{10}
5mm	1.03×10^{10}
6mm	8.21×10^{9}
7mm	6.75×10^{9}
10mm	4.29×10^{9}
12mm	3.38×10^{9}

6.1.2 星用器件辐射效应分析

星用器件中对空间辐射效应敏感的器件主要包括处理器、FPGA、存储器、DAC等[2]。处理器为卫星的运算和控制核心,主要包括中断控制器、定时器、RS232串口控制器、浮点处理器、PCI和存储器接口(存储器接口支持SDRAM和Flash ROM)。在可靠性设计时应以处理器为设计基础,同时对各子模块进行结构级可靠性加固。FPGA为卫星主要逻辑控制芯片,包含大量的逻辑配置单元、布局布线资源、BlockRAM等存储单元。DAC一般采用CMOS工艺制造的单片集成电路,通常内部包含并行数据端口接口、串行外围接口、满程电流调节单元、D/A转换器内核、偏移调节D/A转换器等电路。

在轨试验任务期间,空间辐射环境诱发受试器件辐射效应分析如下:

FPGA:单粒子效应(SEU、MBU、SEFI、SEL)、TID;

CPU:单粒子效应(SEU、MBU、SEFI、SEL)、TID;

DAC:单粒子效应(SEU、MBU、SET、SEL)、TID。

其中,总剂量效应及未经防护的SEL效应造成器件硬失效,SEU、MBU、SET、SEFI和采取防护措施的SEL效应造成器件软失效。

6.1.3 载荷空间辐射环境可靠性指标分配

假设某卫星的设计寿命为5年,则卫星的顶层任务输入如表6-4所列,依据给定的任务输入对卫星进行空间辐射可靠性[3]的指标分配。

表6-4 卫星顶层任务输入

卫星设计寿命 $T=5$ 年				
卫星寿命末期可靠度 $R=0.7$				
卫星可用性 $A=0.957$				
计划中断		非计划中断 连续性 $C=0.9998\text{h}^{-1}$		
短期硬失效	长期硬失效	长期硬失效	短期硬失效	软失效 完好性风险 $I=(10-5)/\text{h}$
预警时间: 至少提前48h		—	—	告警时间:事后 不超过8s
允许故障频率: 每年2次	允许故障频率: 6年1次	允许故障频率: 每年2次	允许故障频率: 每年2次	允许故障频率: 6年1次
允许修复时间: 每次12h	允许修复时间: 每次0.2年	允许修复时间: 每次36h	允许修复时间: 每次12h	允许修复时间: 每次0.2年
MTBF	MTBF	MTBF	MTBF	
0.5年	5年	14年	0.5年	

6.1.4 在轨载荷方案

通过对敏感器件的设计可实现对器件在轨运行过程中产生的辐射效应进行监测,并进行相应的干预措施,具体方法如下。

1. FPGA

FPGA器件在轨运行期间可能产生的辐射效应为TID、SEL、SEFI、SEU、MBU,其相应的监测参数如表6-5所列。

表6-5 FPGA辐射效应及监测参数

参数	监测方法	辐射效应
工作电压、电流	AD采样	TID、SEL

续表

参　　数	监 测 方 法	辐 射 效 应
不断电复位次数	计数器	SEFI
断电复位重启次数	计数器	SEFI
配置位翻转次数	比较	SEU、MBU
BRAM 位翻转次数	比较	SEU、MBU
FFT 功能测试	比较	SEU、MBU、SEFI

对于 FPGA 干预措施为改变 CLB 和 BRAM 的刷新频率从 100ms 到 10hour。

2. CPU

CPU 器件在轨运行期间可能产生的辐射效应为 TID、SEL、SEU、SEFI,其相应的监测参数如表 6-6 所列。

表 6-6　CPU 辐射效应及监测参数

参　　数	监 测 方 法	辐 射 效 应
工作电压、电流	AD 采样	TID、SEL
内部寄存器、Cache 翻转测试	比较	SEU、MBU
功能输出	比较	SEU、MBU、SEFI、SEL、TID

CPU 干预措施:打开硬件三模冗余防护。

3. DAC

DAC 器件在轨运行期间可能产生的辐射效应为 TID、SEL、SEU,其相应的监测参数如表 6-7 所列。

表 6-7　DAC 在轨辐射效应监测

参　　数	监 测 方 法	辐 射 效 应
工作电流、工作电压	AD 采样	TID、SEL
数模转换输出	AD 采样	TID、SEU
内部寄存器测试	比较	SEU

DAC 干预措施:轮询表决,重置内部状态寄存器。

6.1.5　地面模拟试验方案

为了保证器件在轨运行状态符合空间辐射环境可靠性的要求,需在选型时对器件进行地面模拟试验以获得这些器件的抗空间辐射环境应力的能力数据。

6.1.5.1 单粒子效应地面模拟试验方法

根据不同类型器件的单粒子效应失效模式，选取相应重离子源对被试器件进行 SEE 地面模拟试验[4]。

1. 试验方法

根据 QJ10005 或相关国际标准（如 MIL-STD-750E 方法 1080、ASTM-F1192、ESA/SCC25100 等）开展试验。

2. 试验相关要求

（1）受试器件应来自同一工艺、同一批次和同一封装。

（2）试验样品数应不少于 4 只（或根据工程实际情况调整样品数）。试验前，应开帽，并去除芯片表面的保护层（如需要），开帽后需对样品进行测试，合格的样品方可进行后续的试验。

（3）试验偏置应施加最恶劣偏置或与工程应用条件相同（包括偏置条件、时钟频率、测试图形、温度等）。

（4）离子束斑面积大于被试芯片面积的 5%，离子束均匀性大于 90%，离子束注量率一般在 $10\times10^2 \sim 10\times10^5 cm^{-2} \cdot s^{-1}$，离子束入射程≥30μm，如果需要，可以采用倾斜入射以获得有效 LET 的增加。但离子的射程必须满足要求，且离子在通过敏感体积的 LET 变化不大，倾角不大于 60°（倾斜入射对 SEL 试验不适用）。

（5）辐射温度（25±10）℃，SEL 试验辐射温度设置为 80~125℃。

（6）辐射源离子一般选取至少 5 个 LET 值能量的点，离子的有效 LET 应能覆盖被试器件从刚开始出现单粒子事件到单粒子事件达到饱和截面相应的 LET 范围。对非破坏性试验，按照 LET 值从大到小的顺序进行辐射；对破坏性试验，LET 值从中间向两边的顺序进行辐射。

（7）辐射过程监测。根据器件不同单粒子效应的敏感类型，设计相应的监测装置，获取该器件单粒子效应相应的截面。

6.1.5.2 总剂量效应地面模拟试验方法

对于器件的 TID 效应，进行地面模拟试验，获得被试器件平均累积失效剂量 μ 和离散度 σ[5]。

1. 试验方法

试验应按照 GJB548B 方法 1019.2、GJB128A 方法 1019 和 QJ10004 对总剂量效应敏感器件进行试验。

2. 试验相关要求

（1）受试器件应来自同一工艺、同一批次和同一封装。

（2）试验样品数:试验 5 只。

（3）试验偏置:实际工作偏置。

（4）特性试验中为了获得受试器件每只样品的辐射失效剂量（$R_{\mathrm{FAIL-TID}}$），被试器件应辐射至失效，试验过程中应对受试器件的敏感参数进行监测；若器件在辐射试验中发生跳变，则器件标称的抗辐射剂量值与发生跳变时的辐射剂量值相比，其值小于 1/2。

（5）使用单参数终点判据，对器件总剂量效应敏感参数的要求:在辐射下，敏感参数应缓变，无突然跳变；其他参数设置较宽的范围，以使器件以较高的概率通过试验。

6.1.6　防护设计

根据空间辐射环境可靠性指标初步分析结果，需要重点开展单粒子翻转效应防护设计，相应的防护方法如下。

SRAM 型 FPGA 防护设计方法:CLB 采用三模冗余，BRAM 采用 EDAC 或三模冗余，同时对 CLB 和 BRAM 进行刷新。

CPU 防护设计方法:三模冗余、EDAC。

DAC 防护设计方法:双路比较、滤波、时间冗余。

单粒子闩锁防护:限流保护，备份。

总剂量效应防护:屏蔽。

6.2　飞机空间辐射环境可靠性验证试验案例

航空电子设备开展大气中子 SEE 试验评价的主要目的是获得航空电子设备 SEE 故障率 λ_{SEE} 或平均 SEE 故障间隔时间 M_{SEE}，从而支撑判断大气中子辐射环境对航空电子设备安全性与可靠性的危害。以某航空用导航接收机为试验对象开展中子单粒子效应试验，以获得其 SEE 故障的敏感截面 $\sigma_{\mathrm{SEE}-i}$。本书参考《航空电子设备 SEE 试验评价方法》（发表于北京航空航天大学学报，2015 年 10 月，41 卷第 10 期）以某航空用卫星导航接收机为例对大气中子 SEE 试验评价的相关技术进行介绍[6]。

6.2.1　航空电子设备试验件

航空用导航接收机接受天线接收的卫星信号，经过下变频处理、数字基带处理、软件解算，可实时给出导航设备的位置和速度信息。其功能框图如图 6-1 所示。

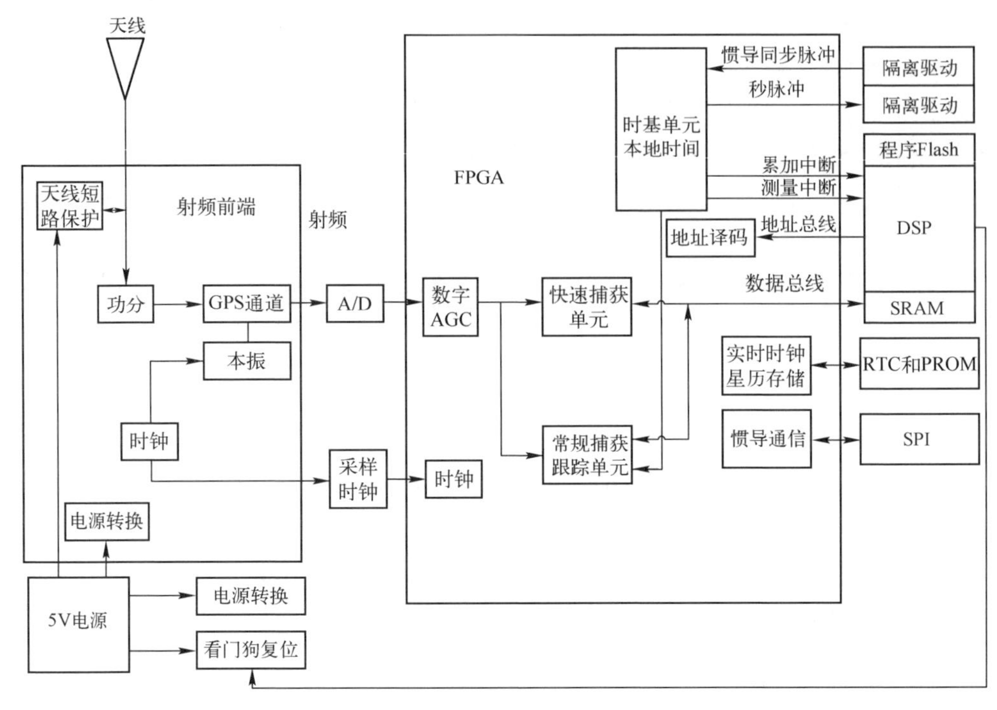

图 6-1　航空用卫星导航接收机功能框图

6.2.2　地面模拟试验辐射应力确定

1. 辐射源

本试验采用国内 14MeV 中子辐射源。

2. 试验应力 F 终止条件计算

试验件产品总寿命 T 为 30000h，大气中子注量率国际典型值 f 为 6000$\mathrm{cm^{-2}\cdot h^{-1}}$，依据下式，计算得出

$$F_T \gg F_M = T\times f \tag{6-1}$$

因此，F_T取 $1\times10^9\mathrm{cm^{-2}}$。

3. 试验应力 f 起始条件与试验时间 t_T 确定

参考 RTCA/DO-160《航空设备大气辐射试验程序》，初始中子注量率 f 可在 $2.8\times10^4\sim2.8\times10^6\mathrm{cm^{-2}\cdot s^{-1}}$ 范围内调节，其目的是通过设定恰当而稳定的试验应力起始条件，使得在航空电子设备试验件样品数量 N_S 已知固定的前提下，可观测记录的 SEE 故障数 $N_{\text{SEE-}i}$ 与试验施加的累积注量 $F_{\text{SEE-}i}$（试验累积应力）初步形成线性关系，然后启动试验，通过具有统计意义的试验数据 $N_{\text{SEE-}i}$ 获得 $N_{\text{SEE-}i}$ 与累积注量 $F_{\text{SEE-}i}$ 比较精确的线性关系，从而寻找到航空电子设备 SEE 的本征敏感特性，即

SEE 故障敏感截面 σ_{SEE-i}。

航空电子设备 SEE 试验应力起始条件计算公式为

$$F_0=f_0\times t_0 \tag{6-2}$$

式中：F_0为地面模拟试验初始应力起始条件（cm^{-2}）；f_0为试验启动前调试确定的恰当而稳定的中子注量率（$cm^{-2}\cdot h^{-1}$）。通常调节范围为 $2.8\times10^4\sim2.8\times10^6 cm^{-2}\cdot s^{-1}$；$t_0$为试验调试时间(s)，通常约为 1000s。

航空电子设备 SEE 试验应力起始条件确定方法是一个复杂的调试过程，简述如下。

（1）在 $2.8\times10^4\sim2.8\times10^6 cm^{-2}\cdot s^{-1}$范围内调试出某一$f_0$。

（2）由式(6-2)可知，在一定时间 t_0后，可以观察记录获得 F_0，即 $F_{SEE-i}=F_0$。

（3）观察获得 N_{SEE-i}。

（4）向上或向下调试f_0，观察航空电子设备试验件某些最为敏感的 SEE 效应的 N_{SEE-i}与 F_{SEE-i}可以形成初步的线性关系时，稳定此时的f_0；通常，这就是试验应力的初始条件。

（5）此时，可以将 N_{SEE-i}与 F_{SEE-i}的计数均清零，重新启动试验，并重新从零开始记录相应的 N_{SEE-i}与 F_{SEE-i}，进入正式试验。

初始注量率调试到 $2.8\times10^4\sim2.8\times10^6 cm^{-2}\cdot s^{-1}$的某个合适点时，SEE 故障数与累积注量成初步线性关系，然后，启动开展正式试验。试验约至 t_T时注意观察累积注量，满足终止条件时，停止试验。

6.2.3　航空电子设备 SEE 故障率预估

（1）试验件 SEE 敏感器件清单。经分析，该试验件在 14MeV 中子源辐射下，DSP、SRAM、FPGA 为大气中子单粒子效应主要敏感器件，各敏感器件在试验件中的主要功能分别为 DSP 主要完成软件解算功能、SRAM 完成软件数据和程序代码的存储功能、FPGA 完成卫星信号基带处理功能。

（2）试验件 SEE 敏感器件敏感截面 σ_{SEE}估算。该试验件中 DSP、SRAM、FPGA 会产生单粒子翻转效应(SEU)，其敏感截面典型值约为 $1\times10^{-14}cm^2$/bit；其中 DSP 与 FPGA 还会出现单粒子功能中止效应（SEFI），其敏感截面典型值约为 $1\times10^{-16}cm^2$/bit。这些敏感器件产生的 SEU 与 SEFI 效应可能会导致卫星导航接收机的部分或全部功能丧失。

（3）试验件 SEE 敏感截面 σ_{SEE-i}估算。预估试验件板级试验中由于器件级 SEU 引发的板级软错误敏感截面约为 $6.750\times10^{-8}cm^2$/Board，由于器件级 SEFI 引发的板级硬错误敏感截面约为 $6.278\times10^{-9}cm^2$/Board，如表 6-8 所列。

表 6-8 大气中子单粒子效应主要敏感器件清单

序号	器件	器件数量	试验测试比特位数/bit	主要敏感效应	预估敏感截面/(cm^2/bit)	资源利用率	故障传递率	预估敏感截面/(cm^2/device)
1	DSP	1	RAM 8388608	SEU	1×10^{-14}	100%	10%	8.389×10^{-9}
			整个器件	SEFI	1×10^{-16}	100%	100%	8.389×10^{-10}
2	SRAM	1	RAM 18874368	SEU	1×10^{-14}	25%	10%	4.719×10^{-9}
3	FPGA (1#)	1	CLB 33909664	SEU	1×10^{-14}	70%	10%	2.374×10^{-8}
			BRAM 4939776	SEU	1×10^{-14}	70%	10%	3.458×10^{-9}
			整个器件	SEFI	1×10^{-16}	70%	100%	2.719×10^{-9}
4	FPGA (2#)	1	CLB 33909664	SEU	1×10^{-14}	70%	10%	2.374×10^{-8}
			BRAM 4939776	SEU	1×10^{-14}	70%	10%	3.458×10^{-9}
			整个器件	SEFI	1×10^{-16}	70%	100%	2.719×10^{-9}

(4) 试验件 SEE 故障率 λ_{SEE-i} 估算。采用大气中子注量率国际典型值 $6000cm^{-2}\cdot h^{-1}$，预估该试验件在整个寿命周期 SEE 软错误率约为 $4.05\times10^{-4}h^{-1}$，SEE 硬错误率约为 $3.767\times10^{-5}h^{-1}$，SEE 软硬错误率约为 $4.427\times10^{-4}h^{-1}$。

(5) 试验件平均 SEE 故障间隔时间 M_{SEE-i} 估算。试验件平均 SEE 软错误间隔时间 M_{SEE-SE} 为 2469h；试验件平均 SEE 硬错误间隔时间 M_{SEE-HE} 为 26546h；因此，试验件平均 SEE 软硬错误间隔时间 M_{SEE} 为 2259h。

6.2.4 SEE 验证试验步骤

大气中子 SEE 试验实施步骤如下。

(1) 试验系统搭建。试验系统主要由 14MeV 中子加速器、屏蔽板、辐射电路板、试验件供电电源、供电及输入输出信号电缆、测试和控制系统等组成。辐射前，将试验件固定在靶前至少 80cm 处，试验件垂直于试验件中心与靶心的连线；在靶与试验件之间竖立一块 4mm 厚的铝屏蔽板，模拟真实的机舱蒙皮厚度；PC 机、电源放置在测试间内；试验件与 PC 机、电源之间通过 25m 电缆连接，试验系统布局如图 6-2 所示。

(2) 试验环境。试验环境温度为 15～35℃，相对湿度为 20%～80%，标准环境大气压约为 760mmHg（1mmHg＝0.133kPa）。

(3) 开展联调联试。测试设备交联关系如图 6-3 所示。重点关注以下事项：

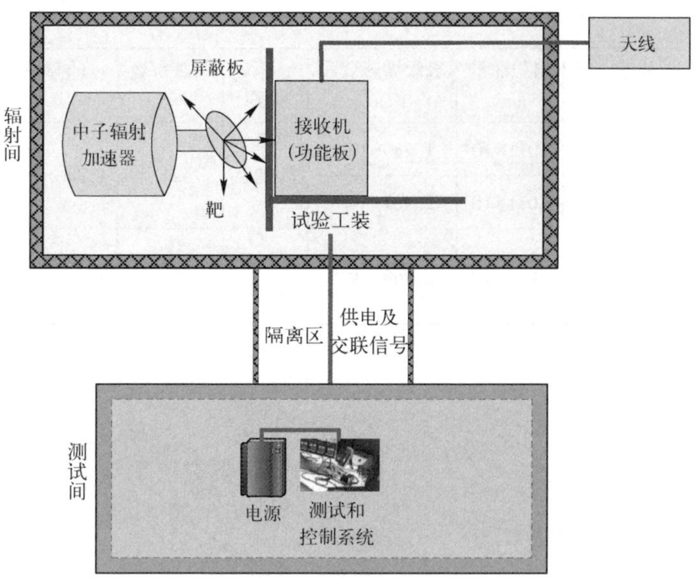

图 6-2　试验构架示意图

故障名称与故障分类的定义确认;测试用例的版本与标识;测试用例的资源利用率、故障传递率的初步分析与判断。

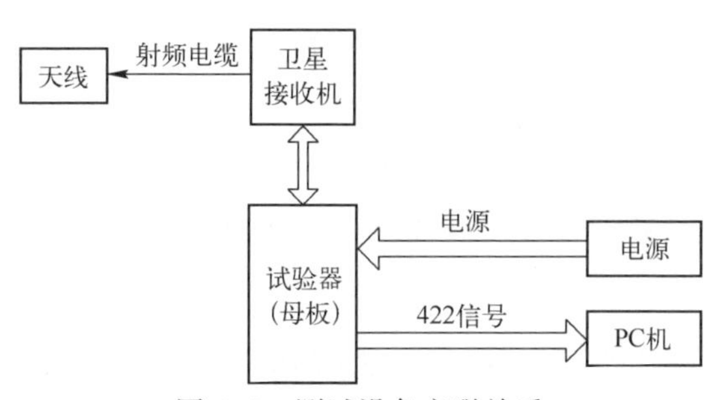

图 6-3　测试设备交联关系

(4) 试验实施。当注量达到 10^9cm^{-2}时终止辐射,经试验数据处理可得出试验件 SEE 软硬错误敏感截面 σ,结果详见表 6-9,数据拟合结果如图 6-4 所示,SEE 软硬错误数与累积中子注量成良好线性关系,验证了本试验方法的有效性。

表 6-9　试验件 SEE 试验数据计算结果

序号	故障现象	故障次数/次	累积注量/cm^{-2}	板级敏感截面/cm^2	故障类别	故障次数/次	故障率/h^{-1}	平均故障间隔时间/h
	SEE	N	F	σ	i	N	λ	$M(i)$
1	死机	7	1.011×10^9	6.924×10^{-9}	硬错误	7	4.154×10^{-5}	24073

续表

序号	故障现象	故障次数/次	累积注量/cm^{-2}	板级敏感截面/cm^2	故障类别	故障次数/次	故障率/h^{-1}	平均故障间隔时间/h
2	无定位	18	1.011×10^9	1.780×10^{-8}	软错误	21	1.246×10^{-4}	8026
3	定位超差	3	1.011×10^9	2.967×10^{-9}				
	合计	28	1.011×10^9	2.769×10^{-8}	软硬错误	28	1.661×10^{-4}	6020

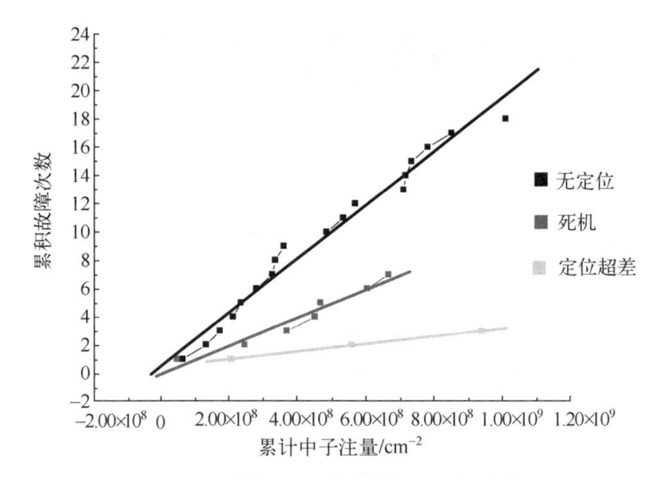

图 6-4 试验件 SEE 试验数据(彩插见书末)

6.2.5 航空电子设备 SEE 验证试验数据对比分析

由表 6-9 可见,试验件 SEE 硬错误率为 $4.154\times10^{-5}h^{-1}$,SEE 软错误率为 $1.246\times10^{-4}h^{-1}$,SEE 软硬错误率为 $1.661\times10^{-4}h^{-1}$。试验件平均 SEE 硬错误间隔时间 M_{SEE-HE} 为 24073h;试验件平均 SEE 软错误间隔时间 M_{SEE-SE} 为 8026h;试验件平均软硬错误间隔时间 M_{SEE} 为 6020h。

与表 6-8 中预计结果相比,硬错误结果差异较小,主要差异在于软错误的差异。有可能是试验期间实际资源利用率偏小,这有待于进一步研究。3 倍以内的误差在国际上已经是比较理想的数据。

6.3　地面空间辐射环境可靠性应用案例

6.3.1　网络交换机应用案例

Cisco 系统公司 2003 年高端 12000 系列路由器线卡出现失效[7]，发现是辐射引发的软错误问题。存储器与 ASIC 中出现奇偶校验错误导致重启，重启期间路由器线卡重新加载，重新加载时间 2～3min 恢复。加载后，通常数据就丢失了。采用新的互联网操作系统软件 IOS，增加多种错误恢复等改进措施，减少由错误导致重新加载的概率，减少了必要的重新加载时间，提供更好的失效信息文本提示等，解决了该问题。

具体错误现象：

（1）奇偶错误恢复时间；

（2）奇偶错误注入导致线卡崩溃；

（3）不自洽的 Tx 和 Rx SRAM64 失效注入；

（4）软错误导致系统崩溃；

（5）低 PPS 帧数输入量导致高 CPU 运行量。

采取的软防护措施：

通过 IOS 网络操作系统进行软错误的恢复，有能力探测软错误的发生，并确保所采取的恢复措施不会反过来影响产品性能。在 Cisco 12000 使用的软恢复方法包括：

（1）ECC（纠正错误代码）；

（2）从备份数据中替代恢复；

（3）无缝切换到冗余线卡；

（4）可靠性试验方案。

硬件和软件复杂性以及模拟电路不确定性造成了网络路由器软错误性能预计的复杂性难题，需要一种可靠的试验验证策略以确保投放市场的新产品没有重要的缺陷。软错误的特点是难以探测，往往在相当数量的系统投放市场并开始服务后才能显现出来。为了避免这种情况，采用了中子加速试验措施。

试验目的：

（1）鉴别各种软错误探测和应对机制存在的问题；

（2）鉴别不满足规定 FIT 错误率要求或显示闩锁行为的问题模块；

（3）验证整体系统符合软错误（特别那些高危类型软错误）性能规范要求。

高危错误指那些能够导致设备重启或线卡重新加载的软错误。地面中子辐射非常适合进行这种试验,一方面,因为大气中子是翻转错误的主要来源,另一方面,很容易获得大辐射截面、注量密度均匀的工业级别的中子辐射源。由于中子穿透力极强,一个宽束中子射线能够覆盖整个被测设备,并保证设备的所有硬件都同时受到中子辐射。将支持测试的外围设备放置在测试区域之外,就能有效地测量网络路由器在正常网络负载下的行为。然后,调整中子辐射源的注量率就可以得到相对于海平面上的106倍辐射注量率(1min地面中子辐射源注量相当于地面1年辐射注量)的加速试验效果。这足够可以测量那些发生概率比较小的高危类型错误,同时确保低危害软错误发生率低于1次/s,以便于控制设备不至于过量负载(在低危害软错误的干扰下)。Cisco对该设备的中子诱发软错误测量中使用了瑞士Uppsala大学Svedberg实验室的准单能谱中子辐射源,以及加拿大英联邦哥伦比亚大学的TRIUMF实验室的广谱中子辐射源,采用了2组不同软件负荷的测试方案(图6-5)。

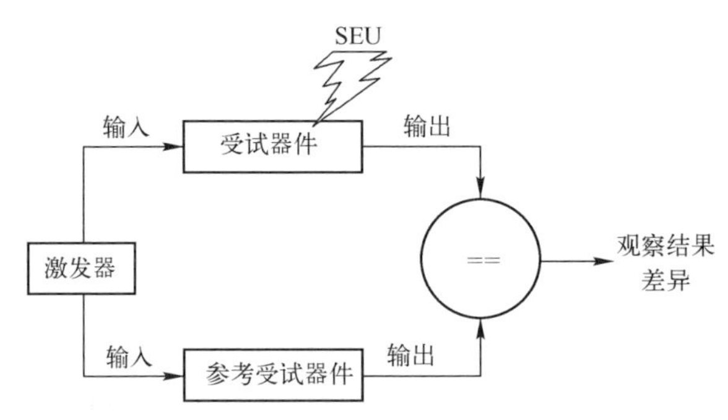

图6-5　错误注入DUT与无错误注入DUT复制模块的对比试验装置示意图

第一组是让线卡的全部存储器处于连续运行状态,同时进行探测、计数、纠正所有错误的一种诊断性测试。统计结果将验证器件是否达到预期错误率性能,并识别出性能不达预期的问题器件。

第二组是目标性测试,路由器安装了目标操作系统,通过不断加载流量压力和打开所有应用功能,直至模拟实际应用环境下的满负荷运行状态。然后开启辐射源,监测系统的任何软件崩溃和其他系统性错误,并收集日志文件,用来诊断和识别需要改正的软件问题。

因为存在数以千计的随时准备对硬件中产生的错误中断进行恢复的软件子程序,即便在ASIC中已经预先嵌入了错误注入功能,有些软件程序的正确性在正常实验室试验中也是非常难以测试的,往往在程序代码中隐藏了很多软件Bugs。这些软件Bugs应该与一些非常罕见的综合型软错误相关联。

图6-6显示了在CISCO 12000 SIP 600/601系列线卡在TRIUMF实验室测试的结果,也显示了同样硬件在两组不同IOS和IOS-XR网络操作系统下的运行结

果对比。基于统计方法得到 FIT 错误率测量的误差率约为 90%，显示试验结果可信。在给定辐射时间内，看到的错误事件少表明测试的误差越大。图中表示的试验装置可以显示两种不同软件的差异。两组网络操作系统都经历了同样的试验条件，两组软件都显示了非常高的软错误可靠性（少于 1000 个 FIT）；然而，IOS-XR 是一个在 SIP 600/601 新开发的产品，第一次参加中子试验；更成熟的 IOS 则是第三次参加试验。在中子试验中发现的软件失效可以帮助防控软件持续改进质量，通过不断地试验和软件改进，降低严重危害软错误的发生频率。

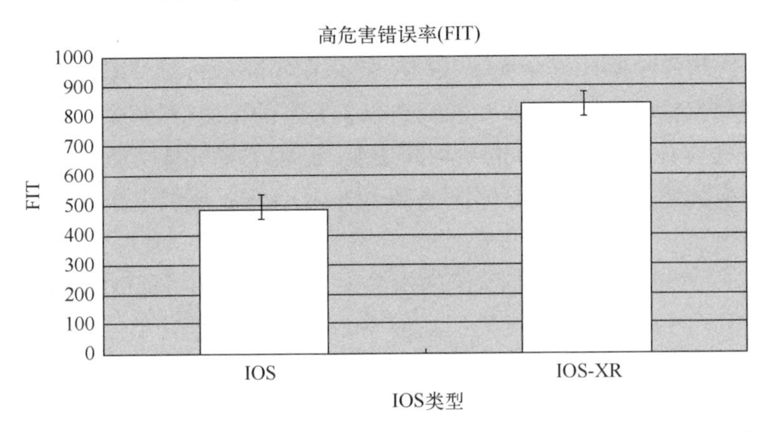

图 6-6　测试的 CISCO12000 SIP 600/601 加速软错误率，软错误率以纽约城市海平面为起始参考重整化计算。结果显示 IOS 和 IOS-XR 的不同测试结果

特别强调的是，这些试验只对中子辐射的全系统软错误率进行了测试。因为该路由器采用了 130nm 技术，根据供应商提供的数据，估计 α 粒子辐射将贡献另外的 30%软错误率。从统计上，假设中子试验错误率可以代表 α 粒子效应，全部高危害错误率是将中子错误率乘以系数 1.3 得到。因此，安装 IOS 网络操作系统的线卡达到了预定规范目标，略高于 IOS-XR。

通过考虑器件的软错误 FIT 率和导致的系统中断时间，能够建立一套规范驱动芯片设计决策。这就明确地回答了应该在什么地方、以什么量部署辐射可靠的 flip-flops 器件的问题。当系统试验检测到一个特别软错误时，实际上是为快速恢复机制或缓慢重新加载方案提供了决策依据，这对产品开发阶段的 ASIC 设计和防护软件设计提供有力支持。

对于网络核心路由器，CISCO 检验了网络可用性、服务质量和替换设备寿命等用户指标及规范，得到了来自不同器件的软错误率，能够提供针对性的错误恢复机制，取得了关键性突破。为了满足客户对每一个功能模块的各种独特需求，为下一代线卡提供更详细的软错误模型，囊括了多位存储错误和 flip-flop 逻辑翻转等二级效应。

6.3.2 高铁应用案例

1995 年,欧洲电动列车由于意外电子系统故障而停止运行,调查发现,这是由于高压电子元件发生单粒子烧毁 SEB 现象引起的,这证实了单粒子烧毁 SEB 导致的设备失效在地面上存在,并在户外运行中发生。

事件发生后,欧洲和日本的高压半导体制造商注意新开发火车引擎在正常操作中多次出现半导体器件烧毁失效现象。二极管和 GTO 半导体闸流管(门开关闸流管)在火车运行时的额定工作电压为 4500V,实际工作电压在额定值的 50%~60%范围。这些器件设计寿命大于 35 年,但是在实际运行后只有不到几个月就发生了烧毁现象,令人困惑。事件发生后进行了大量的调研,最终通过在 3 个不同地点(盐矿、顶楼实验室、地下室)的一系列实验,证实了半导体失效的原因来自宇宙中子射线。自此之后,高压半导体制造商会非常小心地建议电子设备不烧毁安全工作的工作电压。

另外,在一个有经验辐射专家组的指导下,制造商们在 Los Alamos 国家实验室进行了一系列白中子试验,通过模拟高能中子辐射环境研究半导体产品在辐射下的反应特点。由于高压器件在中子试验后烧毁不能重用,是一种破坏性试验,不仅成本较高,不利于精确地获得大量的试验数据。

从有限的数据中可以看出,对于额定电压为 400V 和 500V 的器件,随着 V_{ds} 在 200~300V 变化,SEB 截面会呈现数量级的变化。目前,只有很少的功率器件进行了高能中子或质子试验并测量到了 SEB 截面。但是,纵观这些数据可以发现,对于具体器件具有较小的 SEB 截面是十分重要的。只有具有了较小的 SEB 截面数据,并针对具体器件累计大量的试验监测数据,才能计算得到对实际航空电子系统可靠、适用的 SEB 率。随着电压应力(实际电压除以额定电压)的减小,潜在的破坏性烧毁事件率会减小几个数量级,推荐使用降额指数为 50%的外加电压应力。对于地面级应用的功率器件,推荐使用的降额因子范围为 50%~70%。

6.3.3 汽车电子应用案例

2010 年,丰田汽车发生 SUA(突然意外加速)故障,导致在全美召回所有相关的丰田豪华车型。经过丰田和美国的汽车电子专家共同努力,重新检查了所有的控制软件和硬件设计代码,但是没有发现任何在电子设计上的设计缺陷,不得已的情况下,丰田提出了更换踏板垫子和油门加速踏板系统。但是遭到了在航空航天部门工作的美国科学家们的质疑,认为丰田的新措施并不能够实际解决 SUA 问题,而导致意外加速导致车毁人亡的风险依然存在。美国科学家们认为,丰田汽车为了降低成本,大量采用了基于随机读写存储器 RAM 的可编程逻辑器 FPGA 的新技术,代替了传统的 MCU 微处理器。这种新技术的 RAM 在宇宙射线辐射下容易产生“软错误”,即嵌入式存储器的某个存储单元在宇宙高能粒子的轰击作用下,从状态 1 变成 0,或者从 0 变成 1,从而改变了 FPGA 的配置数据。当这些“软错误”数据没有被及时纠正,会被程序读取、传播并演变成“固定错误”,即导致汽车电子控制设备的功能性故障。这种在航空航天领域司空见惯的软错误现象从 20 世纪 70 年代末开始一直被研究了几十年,软错误导致功能失效甚至器件烧毁报废现象,由于大气中子辐射的不确定性,这种故障不可复现。

Falk Salewski、Stefan Kowalewski 等开展了器件 FPGA 和 MCU 在地面中子加速测试,目的是证明 MCU 在设计中考虑到 ECC 防护措施,而 FPGA 的设计中没有充分考虑软错误防护措施在中子辐射情况下表现出的区别[8]。

失效防护措施包括错误避免和容错两个方面,错误避免是在设计阶段的错误防止和错误消除措施,容错是在使用阶段的错误探测和错误处理。

硬件架构设计能够影响错误避免和容错,硬件错误避免包括信号完好性、供电分离、时钟分离、I/O 电路保护和组件降级使用等。这些架构设计能够减缓单粒子翻转 SEU 器件敏感性。SEU 能够在硬件中引入瞬态软故障,从根本上影响硬件的行为。

对于 MCU,数据存储器、程序存储器以及寄存器的瞬态故障,减缓措施包括错误纠正编码 ECC 和标量处理器等技术。对于 FPGA,瞬态错误可以影响配置内存、触发器和数据内存等,减缓方式包括错误纠正编码 ECC 和循环编码 CRC 以及三模冗余(TMR)等措施。

试验比较发现,在一定条件下,FPGA 对实时功能软硬错误的容错性方面略强于单片机 MCU,结论是有必要系统地加强汽车电子应用系统的硬错误和软错误防护设计。

1. 试验设计

试验装置是一个结合了四轮速度测量系统和一个汽车控制系统(CAN)通信总线构成的汽车电子应用试验系统,其中,四轮速度测量是在给定计时和测量精度条件下 4 个独立速度信号的测量和计算,CAN 通信总线的作用是传送测量的速度信号,试验设计结构如图 6-7 所示,输入 4 个速度和 3 个用户按键的模拟信号,向汽车控制总线(CAN)输出处理结果。以速度信号处理为主要测试任务,用户按钮为次要测试任务。主要测试任务细分为四管道频率测试和数据处理以及 CAN 通信子任务。

2. 试验用例

包括黑盒测试和随机测试两种测试方法,从随机产生的超过 50000 种输入信号组合中人工挑选出实际应用场景可能出现的关键参数组合,测试可能产生的各

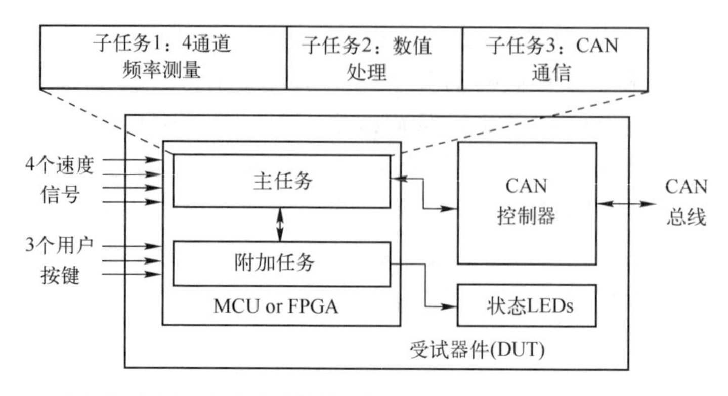

图 6-7　汽车电子应用试验设计结构(白盒对应硬件组件,灰盒对应软件模块)

种失效类型,主要包括:

(1) 时延失效,输入速度变化后在 CAN 端输出信号的时间超过预定值;

(2) 静默失效,输入速度变化后在 CAN 输出端没有显示任何信号;

(3) 内容失效,在 CAN 端接收到错误的值。

半自动化测试环境:

测试用例输入信号产生通过 FPGA 编程实现(如测试用例的数据矢量用一组开关来实现),对 CAN 端显示屏出现的输出结果进行人工判断。需要考虑实时系统的一些特点,例如,需要在每个测试用例开始前对器件进行重置,以确保试验结果的可重复性等,如图 6-8 所示,由 FPGA 模拟信号矩阵输入、汽车电子控制总线传输数据和信号以及 MCU 控制单板机组成的自动化测试环境,PC 机监控测试结果,以及对器件编程。

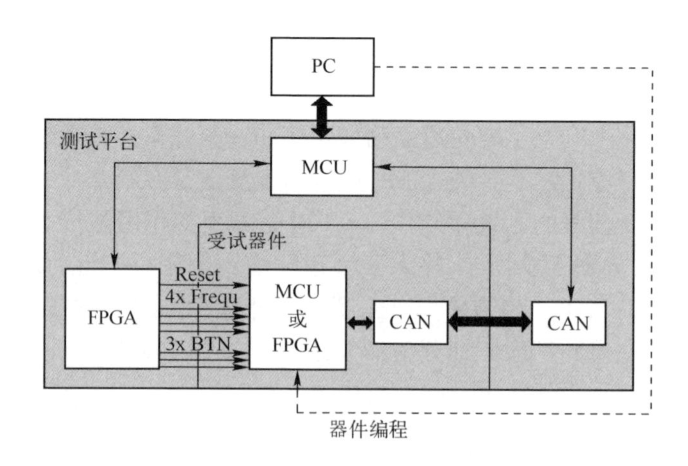

图 6-8　半自动化测试示意图

3. 部分测试结果分析

部分测试结果分析如表6-10所列。

表6-10 试验识别出的失效率分布(失效类型划分为设计规范、应用和执行3种)

失效描述	类型	MCU	FPGA
重置后CAN输出消息的错误或延迟,特别对于高频率信号	执行/规范	4	2
一旦信号频率低于(<5HZ),CAN输出的消息中有错误值	应用	2	4
在后续输入信号值变化时,CAN消息丢失或延迟,或错误值	应用	10	10
错误或延迟结果,当向4个速度测量管道中输入不同数值时和连续输入频率在最大频率的3.5%误差范围内	应用	9	9

4. 结论

汽车电子系统的硬件和软件的错误防护需求在不断增长,因此,有理由需要更新硬件平台。试验对比了FPGA和MCU两种不同的器件在错误防护方面的表现差异,表明了在错误防护方面需要从设计和应用及执行3个层面展开。

参考文献

[1] NORMAND E. Single Event Effects in Avionics-Space Weather[EB/OL]. 1996. www.solarstorms.org/seua-vionics.pdf.

[2] 贾文远,安军社.COTS器件的空间辐射效应与对策分析[J]. 电子元件与材料, 2015, 34(11).

[3] WANG Q, CHEN D, BAI H. A Method of Space Radiation Environment Reliability Prediction[C]// 2016 Annual Reliability and Maintainability Symposium (RAMS). IEEE, 2016.

[4] GJB 7242. 单粒子试验方法和程序[S]. 2011.

[5] GJB 548B. 微电子器件试验方法和程序[S]. 2005.

[6] 薛海红,王群勇,陈冬梅,等. 航空电子设备NSEE试验评价方法[J]. 北京航空航天大学学报, 2015, 41(10):1894-1901.

[7] Cisco. Cisco 12000 Single Event Upset Failures Overview and Work Around Summary[EB/OL]. 2003-8-15. http://www.cisco.com/c/en/us/support/docs/field-notices/200/fn25994.html.

[8] SALEWSKI F, KOWALEWSKI S. Hardware/Software Design Considerations for Automotive Embedded Systems[J]. IEEE Transactions on Industrial Informatics, 2008, 4(3):156-163.

第7章

工具软件

空间辐射环境可靠性技术包括空间辐射环境分析、空间辐射环境可靠性预计、空间辐射环境可靠性试验评价等多个环节。根据需要解决的任务不同,空间辐射环境可靠性技术工具软件可包括空间辐射环境效应预估软件、空间辐射可靠性指标计算软件、大气中子单粒子效应预估软件等。

7.1 空间辐射环境预估软件

空间辐射环境预估通常针对的是空间轨道飞行器,其轨道特性符合开普勒定律[1],具有特定的轨道。空间辐射环境与空间位置和太阳活动有关,因此,预估空间辐射环境与任务轨道参数和任务时间相关。

目前,对于空间辐射效应环境预估国外主流软件包括 SpaceRadiation 和 OMERE © TRAD,软件集成了国外主流辐射环境预估模型,覆盖捕获带、太阳粒子环境、银河宇宙射线等辐射环境,同时可分析任务环境下的总剂量环境、单粒子效应 LET 能谱及单粒子事件率预估、位移损伤效应环境。

下文首先介绍空间辐射环境预估模型,再以 OMERE 软件为例介绍辐射环境和效应的预估,具体可阅读 OMERE ADVANCED MANUAL 手册。该软件可单机运行在 Windows XP 或以上版本。适用于辐射设计工程师或相关辐射试验人员。

7.1.1 空间辐射环境模型

空间辐射环境包括银河宇宙射线、太阳宇宙射线及地球捕获带,目前针对 3 种空间环境的主流模型分析如下,这些也是预估软件采用的模型。

1. 捕获带粒子环境分析

捕获带粒子环境分析主要用到 AE-8[2]、AP-8[3] 模型。该模型在给定磁坐标下计算输出大于给定能量的粒子能量对注量率积分谱(表 7-1)。

表 7-1　捕获带粒子环境分析模型

模　　型	粒　　子	输　　入	输　　出
AE-8 MAX/AE-8 MIN	电子	磁坐标下能量	积分注量率
AP-8 MAX/AP-8 MIN	质子	磁坐标下能量	积分注量率

2. 太阳粒子环境分析

(1) 平均统计模型。平均统计模型包括质子和重离子模型。JPL91[4,5]、SOLPRO[6,7]、SPOF[8]和 ESP[9]为质子模型,如表 7-2 所列。

表 7-2　质子模型

粒子类型	模　　型	置信水平范围	计算能量范围	粒子	输　　出
质子	ESP	50%~99%	1~300MeV	质子	注量积分、微分谱
	JPL91	1%~99%	1,4,10,30 和 60MeV	质子	注量积分、微分谱
	JPL91 extended	1%~99%	0.5~100MeV	质子	注量积分、微分谱
	SOLPRO	1%~ 99%	1~100MeV	质子	注量积分、微分谱
	SPOF (ONERA)	1%~99%	4~110MeV	质子	注量积分、微分谱
离子	Helium (ONERA)	1%~99%	4~330MeV	氦	注量率积分、微分谱
	PSYCHIC	1%~99%	/	$Z=2\sim92$	注量率积分、微分谱

(2) 太阳耀斑模型。太阳耀斑模型包括重离子和质子模型。重离子模型如表 7-3 所列。质子模型如表 7-4 所列。

表 7-3　太阳耀斑模型——重离子模型

模　　型	离子范围	粒子	能　　量	输出(注量率)
CREME86[10]	$Z=1\sim92$	重离子	0.1MeV~20GeV	微分谱、积分谱
IOFLAR	$Z=1\sim28$	重离子	0.1MeV~20GeV	微分谱、积分谱
CREME96 最恶劣 5min	$Z=1\sim92$	重离子	0.1MeV~20GeV	微分谱、积分谱
CREME96 最恶劣 1 天	$Z=1\sim92$	重离子	0.1MeV~20GeV	微分谱、积分谱
CREME96 最恶劣 7 天	$Z=1\sim92$	重离子	0.1MeV~20GeV	微分谱、积分谱

表 7-4　太阳耀斑模型——质子模型

模　　型	输出(注量率)
August 1972	微分谱、积分谱
October 1989	微分谱、积分谱

续表

模　型	输出(注量率)
July 2000 (Bastille day)	微分谱、积分谱
October 2003 (Halloween)	微分谱、积分谱
October 1989 最恶劣 5min	微分谱、积分谱
July 2000 最恶劣 5min	微分谱、积分谱
October 2003 最恶劣 5min	微分谱、积分谱
最恶劣条件 5min	微分谱、积分谱
最恶劣条件 15min	微分谱、积分谱
最恶劣条件 1h	微分谱、积分谱
最恶劣条件 6h	微分谱、积分谱
最恶劣条件 1 天	微分谱、积分谱
最恶劣条件 7 天	微分谱、积分谱

3. 银河宇宙射线环境分析

银河宇宙射线模型包括 CREME 86、GCR ISO[11]、CREME 96(表 7-5)。能量小于 10MeV 时,CREME 86 维持其 10MeV 注量率,GCR ISO 呈递减趋势;能量大于 20MeV 时,CREME 86、GCR ISO 一致性较好。综合考虑,银河宇宙射线模型一般在 GCR ISO、CREME 96 之间选择。

表 7-5　银河宇宙射线模型

模　型	太阳活动	输出(注量率)
CREME 86	峰年、谷年、任务	微分谱、积分谱
GCR ISO	峰年、谷年、任务	微分谱、积分谱
CREME 96	峰年、谷年	微分谱、积分谱

7.1.2　空间辐射环境应力预估

任务轨道和任务时间是空间辐射环境应力预估的输入条件。确定好轨道参数和任务时间后,需要对空间辐射的 3 个主要环境进行预估,包括捕获带粒子环境、太阳粒子环境和银河宇宙射线环境。该软件对 3 个环境的预估有独立的界面进行输入计算。

1. 任务轨道及任务时间

描述任务轨道包括轨道倾角、长半轴、半长轴和偏心率、真近点角、升交点赤经、近地点幅角等 6 个参数,在确定这 6 个参数后便可解算出卫星轨道。任务轨道参数输入界面如图 7-1 所示。

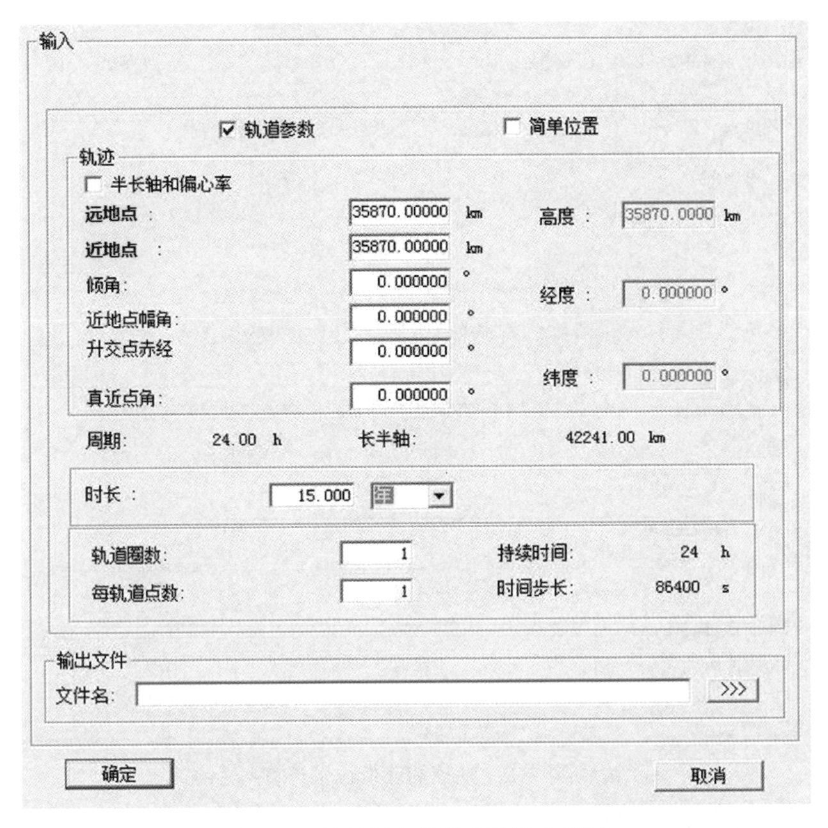

图 7-1 软件任务轨道参数输入界面

任务时间包括航天器发射时间和任务执行周期，该时间与太阳活动周期相关。太阳活动周期是太阳黑子数和其他现象的准周期变化，大约 11 年 1 个周期，分太阳活动谷年和峰年。太阳活动会影响捕获带粒子环境和太阳粒子环境发生变化。

2. 捕获带粒子环境预估

捕获带粒子主要有电子和质子，AE8 电子模型和 AP8 质子模型是其对应的环境模型，两个模型均有最小和最大模型。同时，该模型还与磁场相关，输入时选择合适的磁场模型，软件界面如图 7-2 所示。选择好模型参数后，进行计算输出电子和质子数量计算结果，并保存成文件，为后续效应计算提供数据。

3. 太阳粒子环境预估

太阳粒子环境预估分为平均统计模型和太阳耀斑模型。统计模型计算界面如图 7-3所示，输入参数包括粒子类型和其对应的模型、置信度水平、太阳活动周期和地磁截止参数，计算后以文件格式保存计算结果。

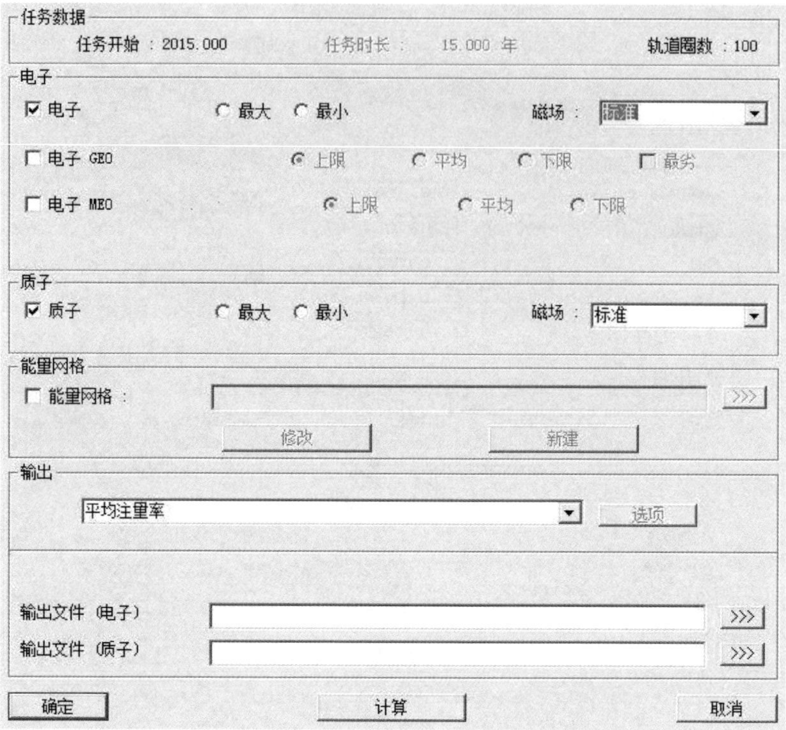

任务数据
任务开始 : 2015.000
任务时长 : 15.000 年
轨道圈数 : 100
电子
电子
最大
最小
磁场 :
标准
电子 GEO
上限
平均
下限
最劣
电子 MEO
上限
平均
下限
质子
质子
最大
最小
磁场 :
标准
能量网格
能量网格 :
>>>
修改
新建
输出
平均注量率
选项
输出文件 (电子)
>>>
输出文件 (质子)
>>>
确定
计算
取消

图 7-2　地球捕获带粒子计算

平均模型
粒子类型:
质子
质子模型:
置信度水平:
80
%
离子模型(LET和单粒子效应):
-----无模型----
选项
太阳活动周期:
9.9000
年
任务周期:
15.0000
年
能量网格
能量网格
修改
新建
>>>
环境
地磁截止
参数
输出
质子输出文件:
>>>
离子输出文件:
>>>
输出类型:
平均注量率 & 注量
选项
确定
计算
取消

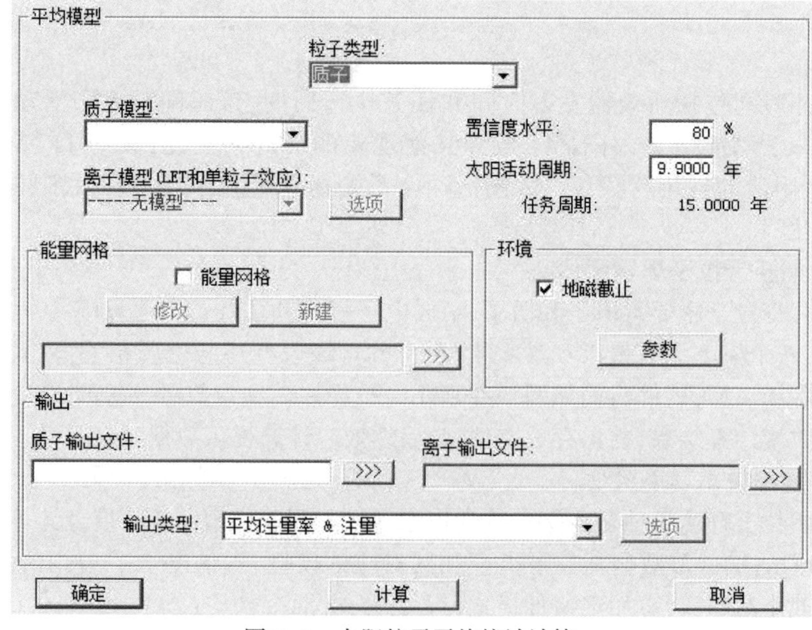

图 7-3　太阳粒子平均统计计算

太阳粒子耀斑模型，输入参数包括重离子或峰值注量率（质子）、地磁截止参数，界面如图7-4所示。

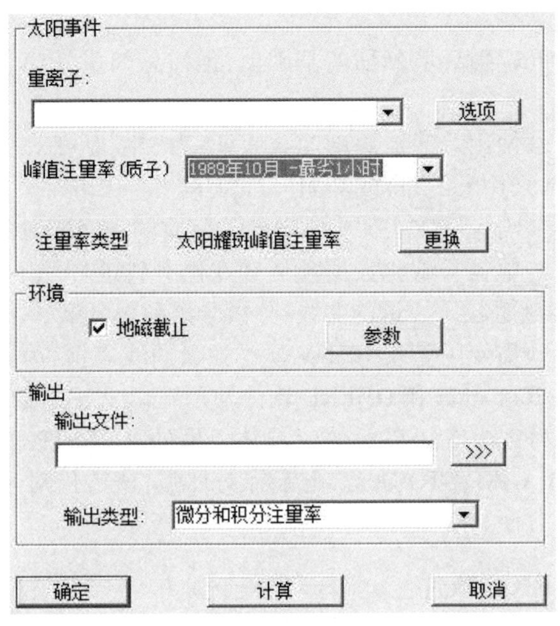

图7-4　太阳粒子耀斑计算

4. 银河宇宙射线环境预估

输入参数包括预估模型、太阳活动、地磁截止参数，其中预估模型也可选择计算的元素范围，原子序数从1到92可选。界面如图7-5所示。

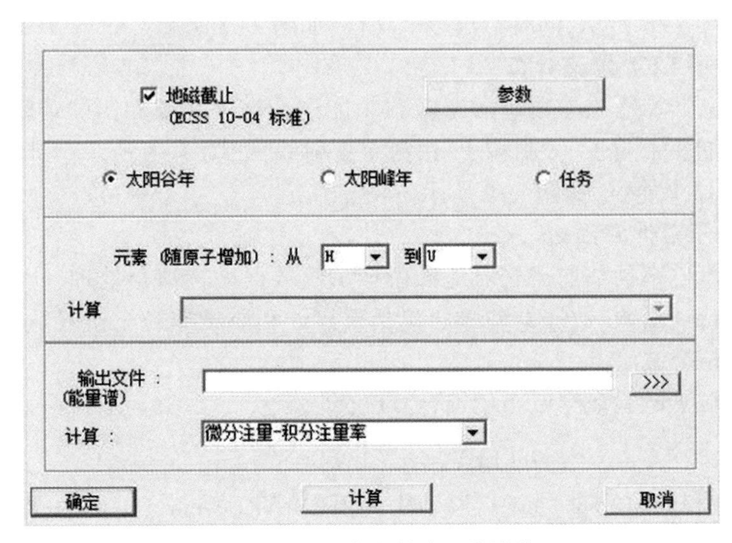

图7-5　银河宇宙射线环境计算

7.2 空间辐射环境效应预估软件

在完成上述空间辐射环境预估的基础上，预估总剂量效应、单粒子效应、位移损伤效应。

总剂量效应预估使用总剂量深度曲线表征，为屏蔽厚度对应累积总剂量的曲线，总剂量单位通常采用rad(Si)或krad(Si)表示。

单粒子效应预估需先获取表征影响单粒子效应的空间辐射环境，即LET能谱，然后结合地面获取的单粒子试验数据预估其在任务轨道环境下的单粒子事件率。LET能谱为LET能量对粒子注量的曲线，分微分谱和积分谱。

位移损伤效应预估使用等效10MeV质子注量曲线表征，为屏蔽厚度对应粒子注量的曲线。SpaceRadiation和OMERE软件均可对以上辐射效应进行预估，下面以OMERE软件为例介绍空间辐射效应预估。另外介绍STP单粒子效应预估软件，该软件只应用于GEO、GTO轨道，由于针对性强，该软件对于单粒子辐射环境和效应的预估操作方便。

7.2.1 OMERE 软件

1. 总剂量效应预估

软件采用SHIELDOSE-2模型[12]计算任务轨道任务周期内的总剂量深度曲线。计算还与目前屏蔽几何模型有关，几何模型包括实心球模型、球壳模型、有限板模型、半无限板模型[13]。计算时，需根据实际情况进行选择。总剂量深度曲线计算结果如图7-6所示，同时给出数值文件，如图7-7所示。

2. 单粒子LET能谱计算

LET能谱计算输入参数包括计算LET能谱的粒子来源和铝屏蔽厚度，其中粒子来源包括捕获带质子、太阳粒子、银河宇宙射线，如图7-8所示。计算后获得任务轨道下的LET能谱，如图7-9所示。

3. 单粒子事件率预估

单粒子事件率预估前需先对地面模拟试验数据进行拟合处理，获得器件对单粒子效应的特征函数，数据类型一般包括重离子和质子单粒子试验数据。支持以下两种数据拟合方法。

(1) 单粒子试验数据威布尔拟合方法，即

$$\sigma(\mathrm{LET})=\sigma_0\left(1-\mathrm{e}^{\left(\frac{\mathrm{LET}-\mathrm{LET}_0}{W}\right)^S}\right) \tag{7-1}$$

式中：σ_0为饱和截面(cm^2)；LET_0为LET阈值($\mathrm{MeV}/(\mathrm{g/cm}^2)$)；$W$为无量纲参数；$S$为无量纲参数。

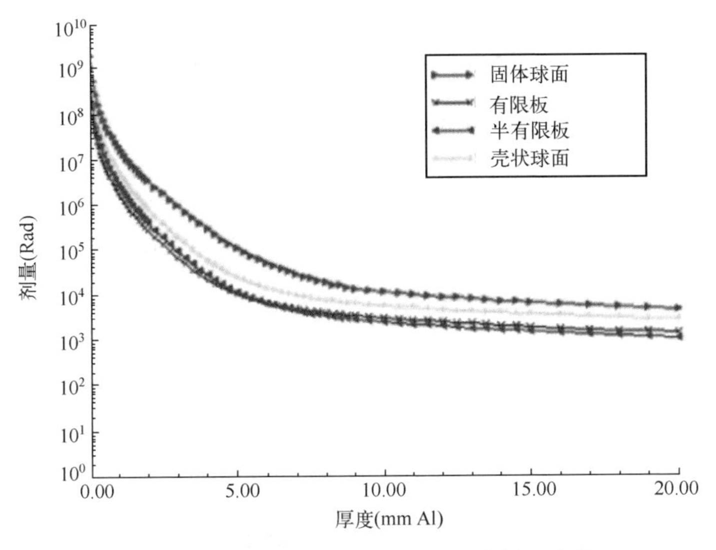

图 7-6　总剂量深度曲线计算结果(彩插见书末)

靶向材料 : 硅

# 厚度	捕获带电子	捕获带质子	太阳质子	其他电子	其他质子	伽马光子	其他伽马光子	总剂量
# mm_Al	rad	rad	rad	rad	rad	rad	rad	rad
1.000e-002	1.685e+009	0.000e+000	1.987e+006	0.000e+000	0.000e+000	9.755e+005	0.000e+000	1.688e+009
1.000e-001	4.825e+008	0.000e+000	3.627e+005	0.000e+000	0.000e+000	5.990e+005	0.000e+000	4.835e+008
2.000e-001	2.413e+008	0.000e+000	1.888e+005	0.000e+000	0.000e+000	3.607e+005	0.000e+000	2.419e+008
3.000e-001	1.437e+008	0.000e+000	1.267e+005	0.000e+000	0.000e+000	2.484e+005	0.000e+000	1.441e+008
4.000e-001	9.438e+007	0.000e+000	9.535e+004	0.000e+000	0.000e+000	1.803e+005	0.000e+000	9.466e+007
5.000e-001	6.589e+007	0.000e+000	7.612e+004	0.000e+000	0.000e+000	1.408e+005	0.000e+000	6.611e+007
6.000e-001	4.799e+007	0.000e+000	6.274e+004	0.000e+000	0.000e+000	1.151e+005	0.000e+000	4.817e+007
7.000e-001	3.605e+007	0.000e+000	5.353e+004	0.000e+000	0.000e+000	9.792e+004	0.000e+000	3.620e+007
8.000e-001	2.772e+007	0.000e+000	4.614e+004	0.000e+000	0.000e+000	8.544e+004	0.000e+000	2.785e+007

图 7-7　总剂量随屏蔽厚度变化数值

包括捕获带质子
包括太阳粒子
包括宇宙射线
注量率文件　输入文件
屏蔽厚度(铝)　3.705000
毫米
克/平方厘米
微米
输出类型 :　选项
输出文件 :　>>>
确定　计算　取消

图 7-8　LET 能谱计算

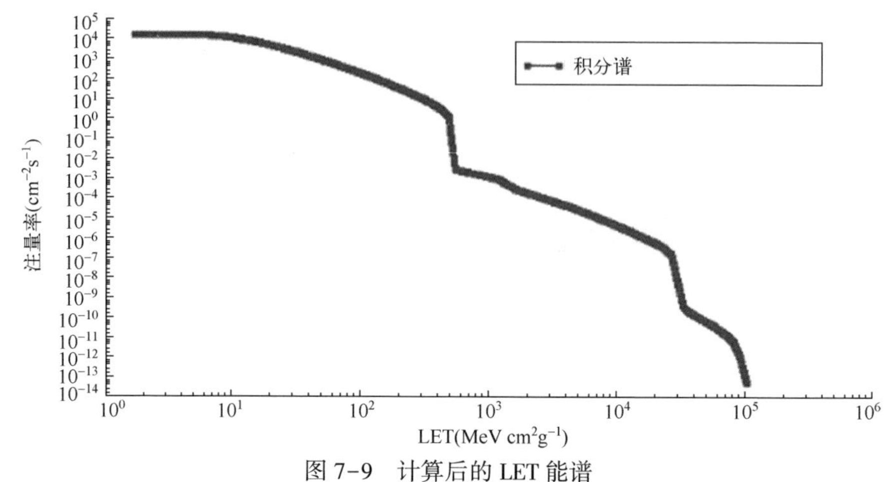

图 7-9　计算后的 LET 能谱

威布尔用于拟合重离子或质子单粒子试验数据。

（2）单粒子试验数据 Bendel 拟合方法,即

$$F(E)=(B/A)^{14}(1-e^{-0.18\sqrt{Y}})^{4} \tag{7-2}$$

式中:E 为粒子能量(MeV);B 为无量纲参数;A 为无量纲参数,其中

$$Y(E)=(E-A)\sqrt{18/A} \tag{7-3}$$

Bendel 模型用于拟合质子单粒子试验数据。拟合完试验数据后,输入器件敏感单元数量和敏感单元深度,选择辐射环境后可计算器件在任务轨道下的单粒子试验率,软件界面如图 7-10 所示。

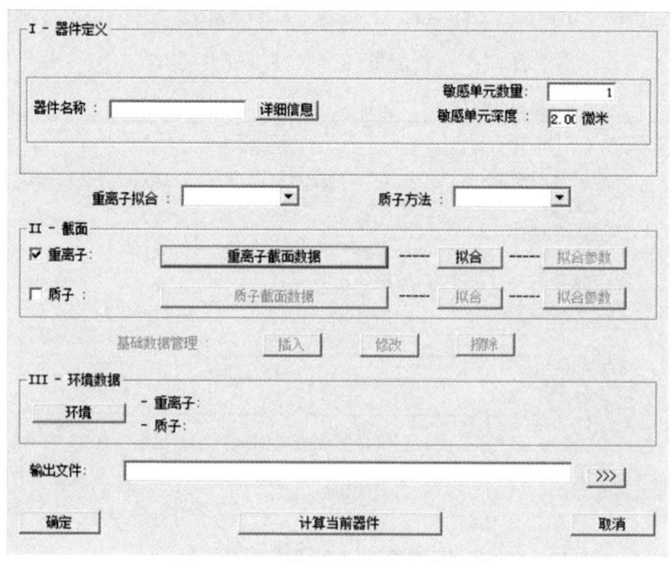

图 7-10　单粒子效应率的计算

4. 位移损伤效应

OMERE 软件采用下式计算等效 10MeV 质子注量[14]，软件界面如图 7-11 所示，同时给出数值文件，如图 7-12 所示，即

$$\Phi_{等效10MeV} = \frac{1}{NIEL(10MeV)}\int \Phi(E)\,NIEL(E)\,dE \tag{7-4}$$

式中：NIEL 为非电离能损模型；$\Phi(E)$ 为质子或电子微分注量。

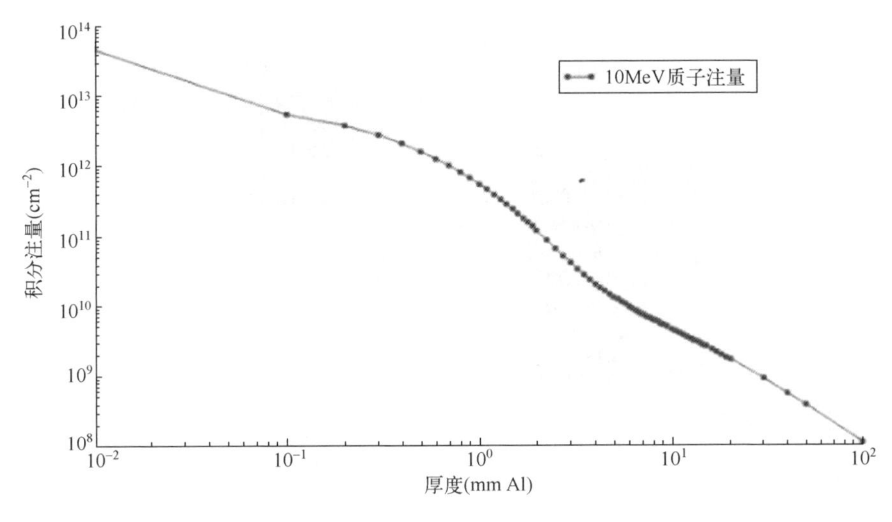

图 7-11　等效 10MeV 质子注量计算

7.2.2　STP 单粒子效应预估软件

STP 单粒子效应预估软件适用于辐射设计工程师人员，运行在 Windows XP 以上系统，单机运行，操作方便。软件具备以下功能和特点。

（1）该软件采用 IRPP 模型[15]预估单粒子效应，该算法主要适用于重离子单粒子试验数据，需要输入任务轨道辐射环境 LET 能谱、器件的重离子引起的单粒子效应截面、器件的敏感体积尺寸。可计算具体卫星（GEO、GTO）轨道的粒子能谱（包括电子、质子及重离子的能谱），无需选择复杂的辐射环境模型和参数，设置简单，获取 LET 谱容易。

（2）可批量预估特定任务下的器件发生单粒子效应率，软件界面如图 7-13 所示。

```
#************等效注量***********

#质子能量：10 MeV

#    厚度                  环境质子与电子
                           等效10 MeV质子

#      mm                         cm-2
 1.00e-002              4.69e+013
 1.00e-001              5.59e+012
 2.00e-001              3.85e+012
 3.00e-001              2.81e+012
 4.00e-001              2.12e+012
 5.00e-001              1.63e+012
 6.00e-001              1.28e+012
 7.00e-001              1.02e+012
 8.00e-001              8.23e+011
 9.00e-001              6.72e+011
 1.00e+000              5.55e+011
 1.10e+000              4.63e+011
 1.20e+000              3.89e+011
 1.30e+000              3.30e+011
 1.40e+000              2.82e+011
 1.50e+000              2.42e+011
 1.60e+000              2.09e+011
 1.70e+000              1.81e+011
 1.80e+000              1.58e+011
 1.90e+000              1.38e+011
 2.00e+000              1.22e+011
 2.25e+000              8.96e+010
 2.50e+000              6.78e+010
```

图 7-12　等效 10MeV 质子注量随屏蔽厚度变化的数值文件

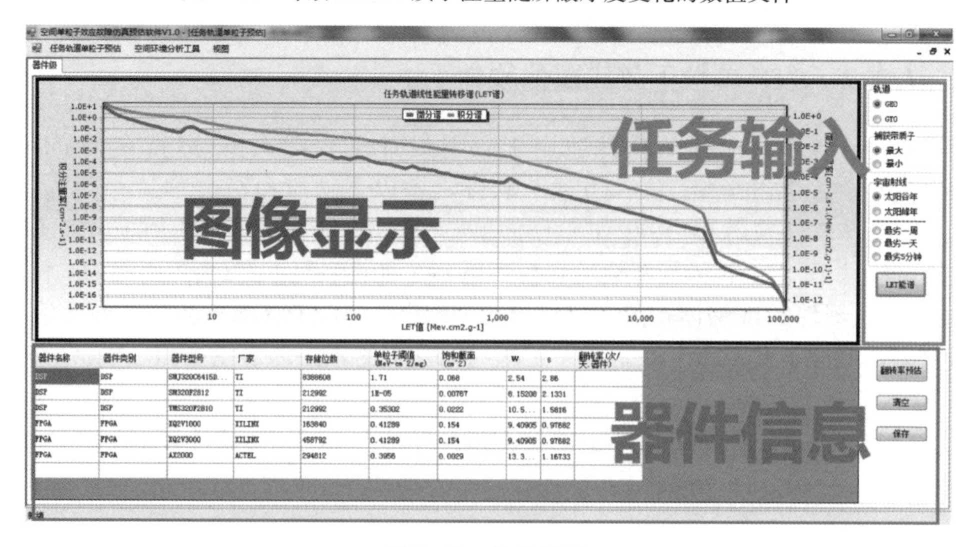

图 7-13　软件界面

7.3　空间辐射环境可靠性指标计算软件

辐射可靠性指标计算软件 RSRE 包括指标制定和指标评价。其中指标制定是根据任务可靠性指标要求,分解空间辐射可靠性指标要求,通过计算制定器件具体的辐射特征参数,如抗总剂量水平或抗单粒子水平要求。指标评价是根据已获得的器件辐射特征参数(如器件抗总剂量、单粒子水平),评价该器件是否满足任务可靠性指标要求。

RSRE 软件可实现辐射可靠性指标计算,覆盖空间辐射总剂量效应、单粒子效应、位移损伤效应,该软件适用于载荷总师和载荷设计师。该软件运行在 Windows XP 及以上系统,单机运行,操作简单易用。下面介绍该软件主要功能和特点。

7.3.1　空间辐射环境可靠性指标制定

1. 总剂量效应和位移损伤效应指标制定

指标制定需用户输入以下参数,包括:

(1) 航天器在轨任务要求:航天器设计寿命(T)、置信度要求(C);

(2) 空间辐射环境:器件在轨累计总剂量(R_{spec});

(3) 器件失效信息:器件基本失效率(λ_b)、器件失效模式数;

(4) 器件地面试验抽样方案要求:试验样品数、允许失效样品数、辐射失效水平最大允许标准差。

通过计算获得器件在 LTDP 抽样方案下的器件总剂量效应(或位移损伤效应)指标,如图 7-14 和图 7-15 所示。

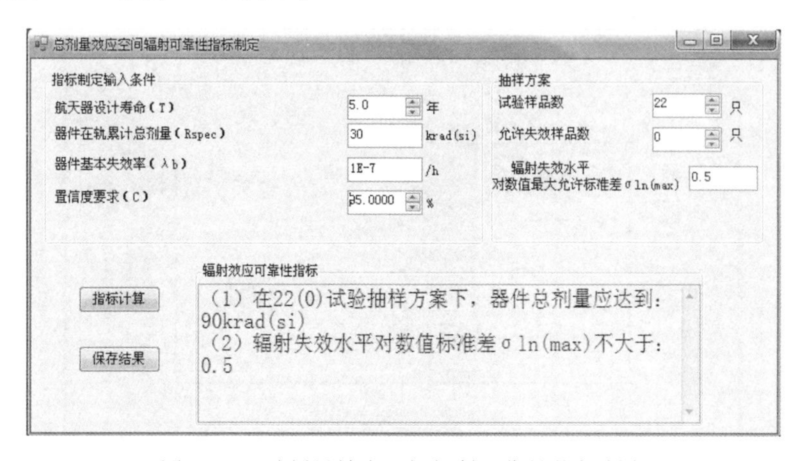

图 7-14　总剂量效应空间辐射可靠性指标制定

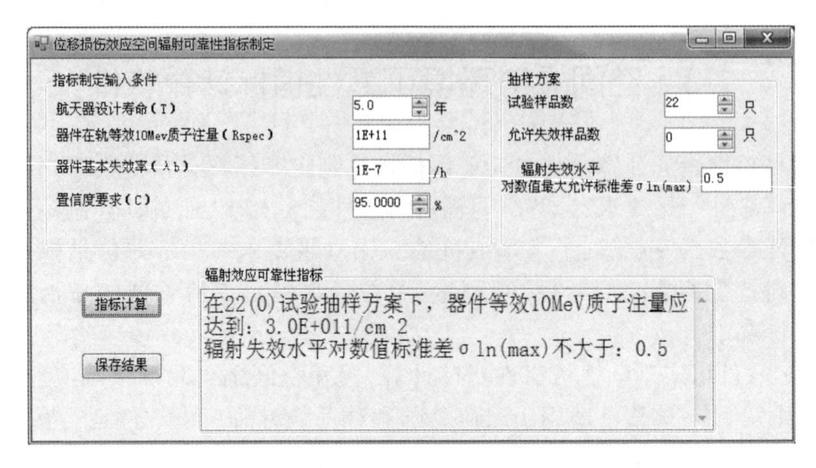

图 7-15　位移损伤效应空间辐射可靠性指标制定

2. 破坏性单粒子效应指标制定

该功能适用于 SEL、SEB 等破坏性单粒子效应指标制定,需用户输入以下参数。

(1) 航天器在轨环境 LET 能谱;

(2) 器件基本失效率 λ_b;

(3) 器件单粒子效应最大饱和截面。

通过计算获得破坏性单粒子效应 LET 阈值指标要求,软件界面如图 7-16 所示。

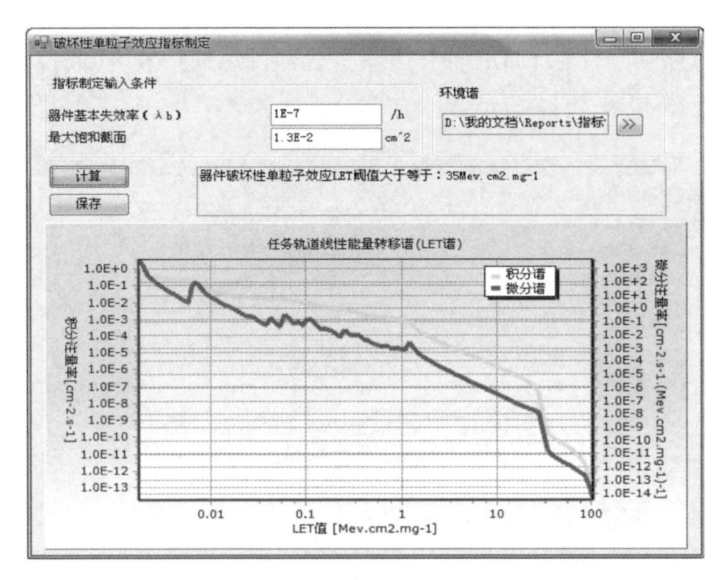

图 7-16　破坏性单粒子效应空间辐射可靠性指标制定

3. 非破坏性单粒子效应指标制定

该功能适用于SEU、SEFI等非破坏性单粒子效应指标制定。指标制定可直接采用推荐的典型参考指标，也可根据系统可靠性指标要求制定单粒子效应指标。其中根据系统可靠性要求制定指标时需输入以下参数。

（1）系统允许的最大软错误率；

（2）敏感器件非破坏性单粒子效应水平及防护水平，具体包括器件预计的单粒子事件错误率、未防护bit数、EDAC防护bit数、EDAC编码长度、EDAC刷新周期、TMR防护bit数、TMR刷新周期、该器件使用数量。

通过计算获得每bit软错误率指标要求，软件界面如图7-17所示。

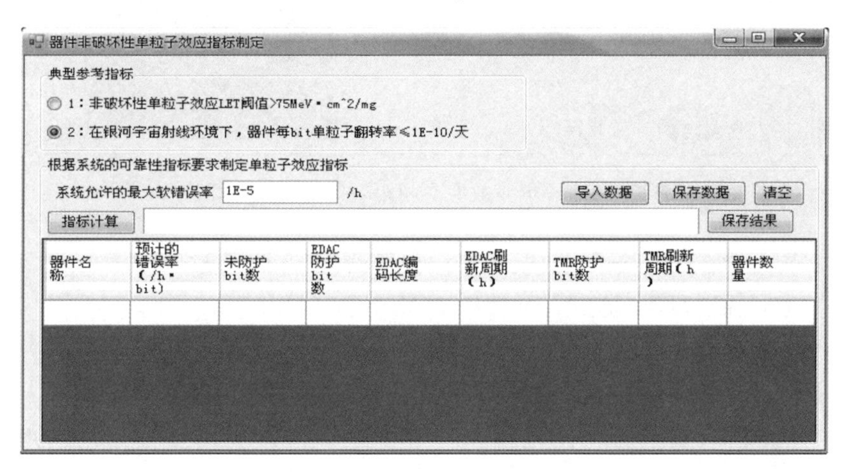

图7-17　非破坏性单粒子效应空间辐射可靠性指标制定

7.3.2　空间辐射环境可靠性指标评价

1. 总剂量效应指标评价

指标评价需用户输入以下参数，包括：

（1）航天器在轨任务要求：航天器设计寿命（T）、置信度要求（C）；

（2）空间辐射环境：器件在轨累计总剂量（R_{spec}）；

（3）器件失效信息：器件基本失效率（λ_b）；

（4）器件总剂量试验数据：可输入每只器件的总剂量值，也可按鉴定试验结果输入，包括试验样品数、失效样品数、试验累积总剂量等。

通过计算获得该器件在置信度水平要求下任务末期生存概率和总剂量效应平均失效率，给出该器件是否满足任务指标要求的结论，如图7-18所示。

2. 位移损伤效应指标评价

指标评价需用户输入以下参数，包括：

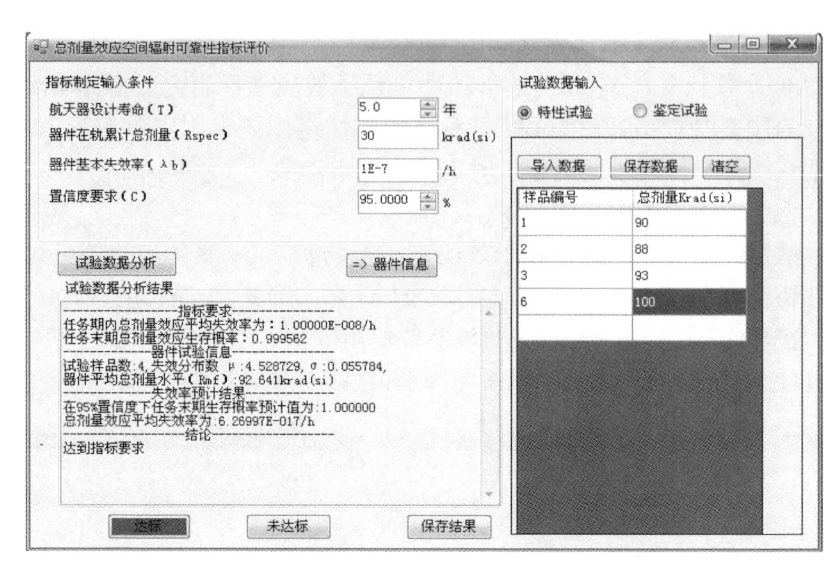

图 7-18　总剂量效应空间辐射可靠性指标评价

(1) 航天器在轨任务要求:航天器设计寿命(T)、置信度要求(C);

(2) 空间辐射环境:器件在轨等效 10MeV 质子注量(R_{spec});

(3) 器件失效信息:器件基本失效率(λ_b);

(4) 器件总剂量试验数据:可输入每只器件的等效 10MeV 质子注量,也可按鉴定试验结果输入,包括试验样品数、失效样品数、等效 10MeV 质子注量等。

通过计算获得该器件在置信度水平要求下任务末期生存概率和位移损伤效应平均失效率,给出该器件是否满足任务指标要求的结论,如图 7-19 所示。

3. 破坏性单粒子效应指标评价

指标评价需用户输入以下参数,包括:

(1) 任务辐射环境:输入空间辐射效应预估获得 LET 谱;

(2) 地面模拟试验数据:破坏性单粒子试验的 LET 阈值和饱和截面数据。

通过计算获得该器件破坏性单粒子失效率,如图 7-20 所示。

4. 非破坏性单粒子效应指标评价

指标评价需用户输入以下参数,包括:

(1) 任务指标要求:系统设计允许的最大软错误率、系统未防护存储容量;

(2) 地面模拟试验数据:威布尔拟合获得单粒子效应表征参数,包括饱和截面、LET 阈值、W、S 等;

(3) 任务辐射环境:空间辐射效应 LET 谱。

通过计算获得该器件非破坏性单粒子失效率,给出是否达到任务指标要求的结论,如图 7-20 所示。

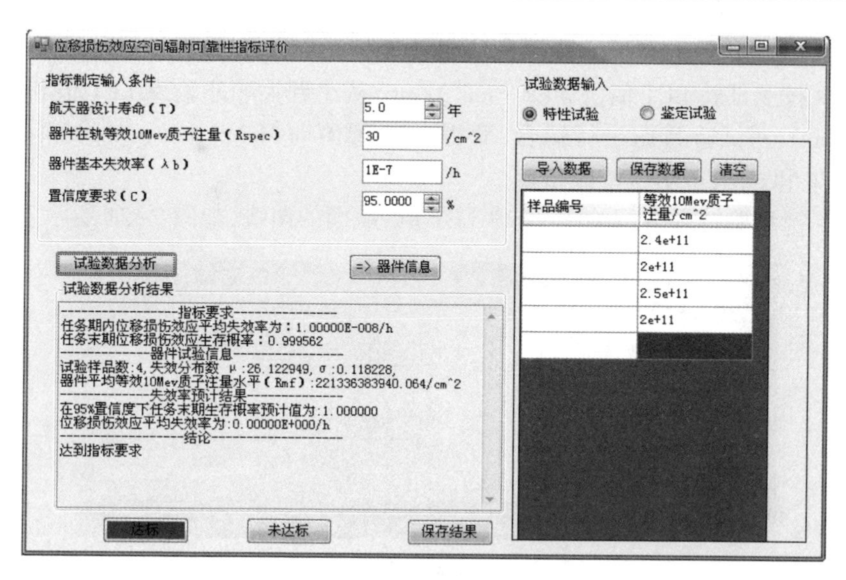

图 7-19　位移损伤效应空间辐射可靠性指标评价

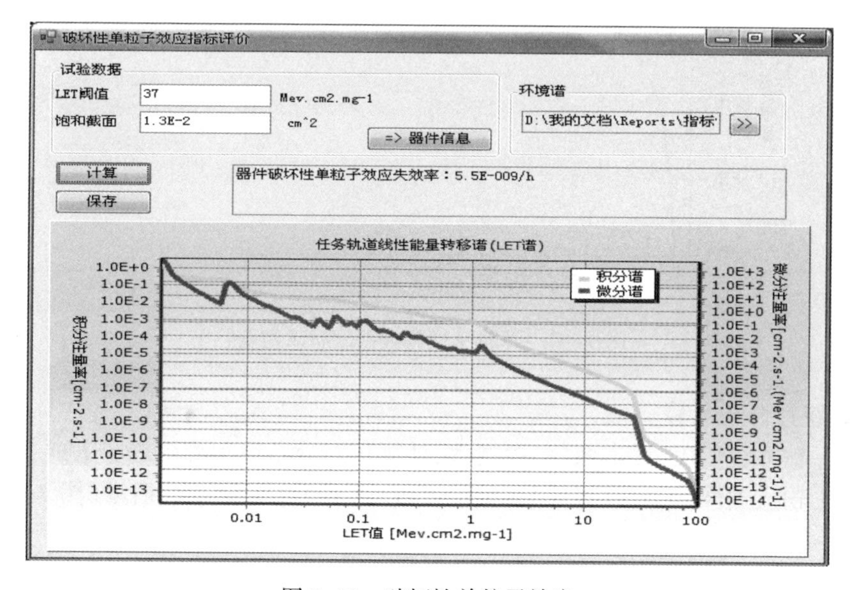

图 7-20　破坏性单粒子效应

7.3.3　统计计算工具

为了指标计算的方便，本软件还提供了单粒子试验数据威布尔拟合和抽样方案计算工具。

1. 单粒子试验数据威布尔拟合功能

(1) 按照试验 LET 值($(MeV \cdot cm^2)/mg$)从小到大顺序输入 LET 值和对应的截面(cm^2),对试验数据进行拟合,获得 LET 阈值($(MeV \cdot cm^2)/mg$)、饱和截面(cm^2)、W 和 S、威布尔模型四参数。

(2) 对试验结果进行绘图,获得 LET 值-截面的曲线,如图 7-21 所示。

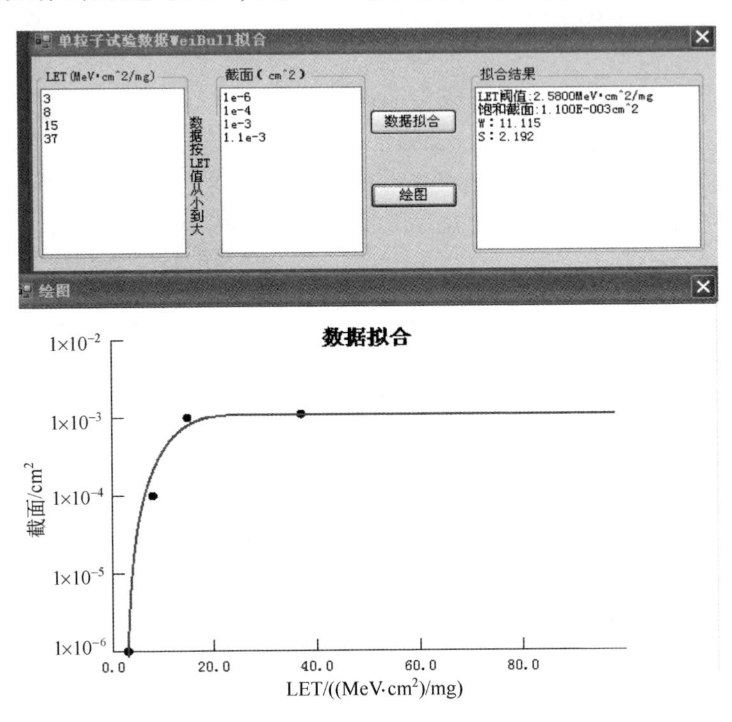

图 7-21 单粒子试验数据威布尔拟合

2. 统计分布计算

(1) 输入置信度,样本数,生存概率,计算正态分布单边容限因子 KTL;

(2) 输入抽样数,允许失效数,置信度,计算 LTPD 抽样生存概率(图 7-22)。

图 7-22 统计分布计算

7.4 航空电子设备大气中子单粒子效应故障率计算软件

航空微电子系统大气中子单粒子效应评价软件(ASEE),主要功能是对航空微电子系统、设备、功能板和器件由大气中子单粒子效应引起的故障率及器件级单粒子效应事件率的预计计算和评价。该软件可运行在Windows系统中,单机运行。下面介绍该软件主要功能和特点。

7.4.1 大气中子辐射环境应力模型

目前,国际上计算大气中子注量率主要有波音模型和NASA模型。其中波音模型给出的是在高度12.2km时随纬度变化大气中子注量变化情况,一般情况下,纬度越高,注量越大;在北纬45°下,随高度变化下大气中子注量变化情况,一般情况下,高度越高,注量越大。

NASA模型(即Wilson-Mealy模型)是根据地磁截止刚度、大气密度以及太阳活动参数确定1~10MeV大气中子辐射注量率[17],与地理经纬度、高度以及太阳活动相关。从物理机理分析,地理经纬度决定了地磁截止刚度,高度决定了空气密度,太阳活动参数与时间相关,因此,注量率与所处位置的三维地理坐标和时间相关。

修正模型综合波音模型与NASA模型的优点,针对微电子系统环境辐射应力计算需求,该软件采用工程实用的修正模型计算大气中子注量率。

7.4.2 软件功能和特点

1. 大气中子注量率计算

用户输入经度、纬度、高度、太阳活动系数和阈值能量后,由数据库确定不同的修正因子即可计算大气中子注量率。软件可计算全球范围内任意指定地点(20000m内)的大气中子注量率(图7-23)。

2. 大气中子单粒子效应故障率预计

中子单粒子效应故障率预计主要功能包括:

(1) 设备、板预计:预计电子设备、板因大气中子单粒子效应引起的故障率(图7-24)。

(2) 大气中子辐射效应数据库,收录CPU、DSP、CPLD、FPGA、FLASH、SRAM、DRAM、AD/DA、光电耦合器、运放比较器、脉宽调制器、MOSFET、IGBT等20类器件,上万条敏感器件的单粒子翻转、单粒子闩锁、单粒子功能终止等截面数据。

(3) 评价报告符合SAE ARP 4761中对单粒子效应的要求。

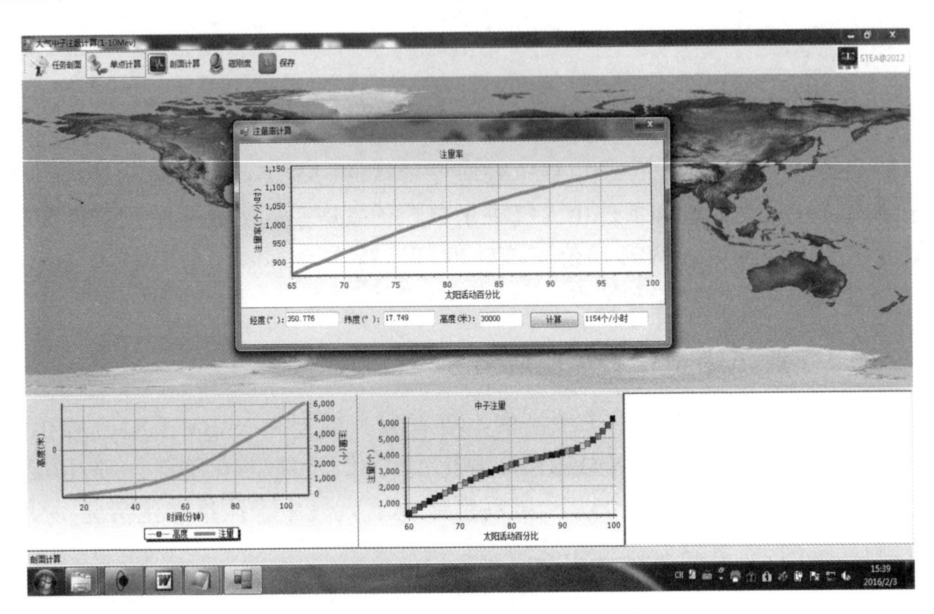

图 7-23　1~10MeV 大气中子注量计算

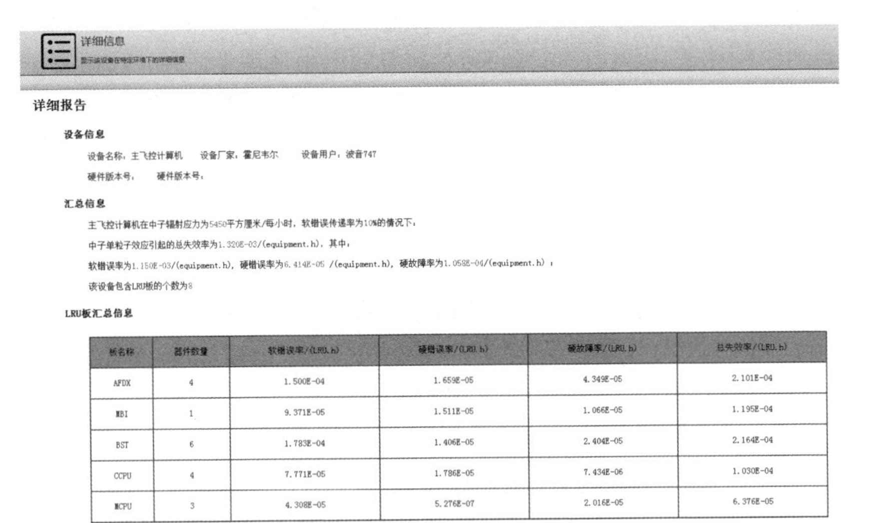

详细信息

显示该设备在特定环境下的详细信息

详细报告

设备信息

设备名称：主飞控计算机　设备厂家：霍尼韦尔　设备用户：波音747

硬件版本号：　硬件版本号：

汇总信息

主飞控计算机在中子辐射应力为5450平方厘米/每小时，软错误传递率为10%的情况下：

中子单粒子效应引起的总失效率为1.320E-03/(equipment.h)，其中：

软错误率为1.150E-03/(equipment.h)，硬错误率为6.414E-05 /(equipment.h)，硬故障率为1.058E-04/(equipment.h)；

该设备包含LRU板的个数为8

LRU板汇总信息

板名称	器件数量	软错误率/(LRU.h)	硬错误率/(LRU.h)	硬故障率/(LRU.h)	总失效率/(LRU.h)
AFDX	4	1.500E-04	1.659E-05	4.349E-05	2.101E-04
MBI	1	9.371E-05	1.511E-05	1.066E-05	1.195E-04
BST	6	1.783E-04	1.406E-05	2.404E-05	2.164E-04
CCPU	4	7.771E-05	1.786E-05	7.434E-06	1.030E-04
MCPU	3	4.308E-05	5.276E-07	2.016E-05	6.376E-05

图 7-24　电子设备大气中子单粒子效应预计

7.5　空间辐射试验数据库软件

该软件收录了 IEEE 自 1992 年来发布的 1000 多个辐射试验数据结果和对应的原始文章，器件种类覆盖 CPU、DSP、FPGA、存储器等辐射敏感器件。

该数据库全面收录了与单粒子试验相关的数据字段,同时支持模糊查询;可将查询结果导出为 EXCEL;相关试验报告可导出为 PDF;支持按特定格式批量导入数据功能。有用户管理功能,实现用户分级,普通用户不具备录入、删除、修改数据权限。该软件可运行在 Windows XP 及以上系统,单机运行,操作简单易用。下面介绍该软件主要功能和特点(图 7-25 和图 7-26)。

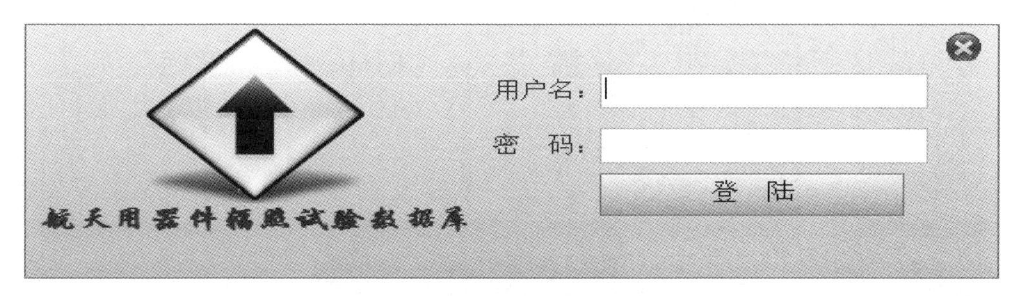

图 7-25　空间辐射试验数据库软件

图 7-26　软件主界面

可按器件型号、器件类别、单粒子试验类型等搜索试验数据,也可进行模糊搜索,如图 7-27 所示;同时,可将搜索出的结果以 EXCEL 格式导出,并可查看 PDF 格式试验报告。

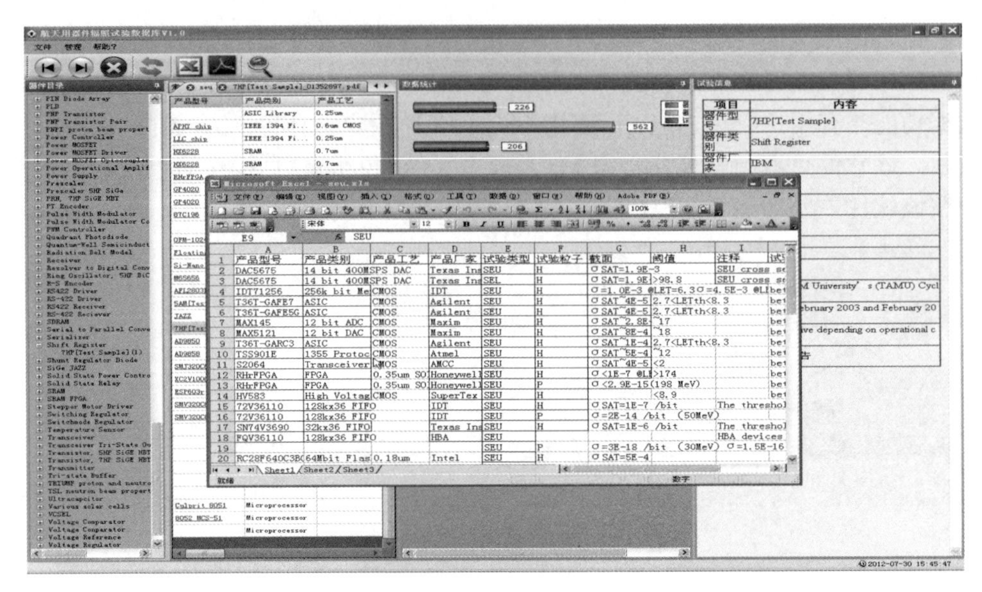

图 7-27 数据搜索结果

参考文献

[1] 茅永兴. 航天器轨道确定的单位矢量法[M]. 北京:国防工业出版社,2009:63-70.

[2] VETTE I J. The AE-8 trapped electron model environment[R]. National Space Science Data Center, Report 91-24, 1991.

[3] SAWYER M D, VETTE I J. AP-8 Trapped Proton Environment for Solar Maximum and Solar Minimum[R]. National Space Science Data Center, Report76-06, 1976.

[4] FEYNMAN J, ARMSTRONG P T, DAO-GIBNER L, et al. New Interplanetary Proton Fluence Model[J]. Journal of Spacecraft & Rockets, 1990, 27(4):403-410.

[5] FEYNMAN J, ARMSTRONG P T, DAO-GIBNER L, et al. Solar Proton Events During Solar Cycles 19, 20, and 21[J]. Solar Phys., 1990.

[6] KING, JOSEPH H. Solar Proton Fluences for 1977-1983 Space Missions[J]. Journal of Spacecraft & Rockets, 1974, 11(6):401-408.

[7] STASSINOPOULOS G E, KING H J. Empirical Solar Proton Model for Orbiting Spacecraft Applications[J]. IEEE Transactions on Aerospace and Electronic Systems, 1974.

[8] BOSCHER D, BOURDARIE S, LAZARO D, et al. Moyens d'evaluation del'environnement radiatif des vehicules spatiaux[R]. Technical Report ONERA RTS 2/06923, 2003.

[9] XAPSOS A M, SUMMERS P G, BARTH L J, et al. Probability Model for Cumulative Solar Proton Event Fluences[J]. IEEE Transactions on Nuclear Science, 2000, 147(3).

[10] ADAMS H J. Cosmic Ray Effects on Microelectronics[R]. Part IV, NRL Memorandum Report 5901, 1986.

[11] ISO 15390. Space Environment (Natural and Artificial)-Galactic Cosmic Ray Model[S]. IX-ISO, 2004.

[12] SELTZER M S. Update Calculations for Routine Space-Shielding Radiation Dose Estimates SHIELDOSE-2

[R]. NISTIR 5477, 1994-1-1.

[13] SELTZER M S. Conversion of Depth-Dose Distributions from Slab to Spherical Geometries for Space-Shielding Applications[J]. IEEE Transactions on Nuclear Science, 1986.

[14] SUMMERS P G, BURKE A E, SHAPIRO P, et al. Damage Correlations in Semiconductors Exposed to Gamma, Electron and Proton Radiations[J]. IEEE Transactions on Nuclear Science, 1993.

[15] BRADFORD, JOHN N. A Distribution Function for Ion Track Lengths in Rectangular Volumes[J]. Journal of Applied Physics, 1979, 50(6):3799.

[16] PETERSEN E L, LANGWORTHY J B, DIEHL S E. Suggested Single Event Upset Figure of Merit[J]. IEEE Transactions on Nuclear Science, 1983, 30(6):4533-4539.

[17] NORMAND E, BAKER J T. Altitude and Latitude Variations in Avionics SEU and Atmospheric Neutron Flux [J]. IEEE Transactions on Nuclear Science, 1993, 40(6):1484-1490.

内容简介

本书基于自然空间辐射效应机理及工程实践,综合考虑单粒子效应、总剂量效应、位移损伤效应的影响,系统论述了空间辐射环境可靠性技术,包括空间辐射环境及效应,空间辐射环境可靠性模型、预计、试验及工具软件等,并通过卫星、飞机及地面电子设备等实例说明空间辐射环境可靠性技术的科学性和可行性。

本书可供航空、航天、通信、工业控制等领域从事电子设备设计、试验与使用方面的技术人员和高等院校可靠性专业的师生参考使用。

Based on natural space radiation effect mechanism and engineering practice in view of single event effect, total ionizing dose effects and displacement damage, the book explores systematically space radiation environment reliability technology, covering relevant effects, models, predictions, tests and softwares, etc. The scientific nature and effectiveness of the technology is well illustrated with examples of satellites, aircrafts and ground electronic equipment.

It can be used as a reference book for technicians engaged in electronic equipment design, testing and application in the fields of aeronautics, avionics, communications and industrial control. It can also be instructive to relevant teachers and students in colleges and universities.

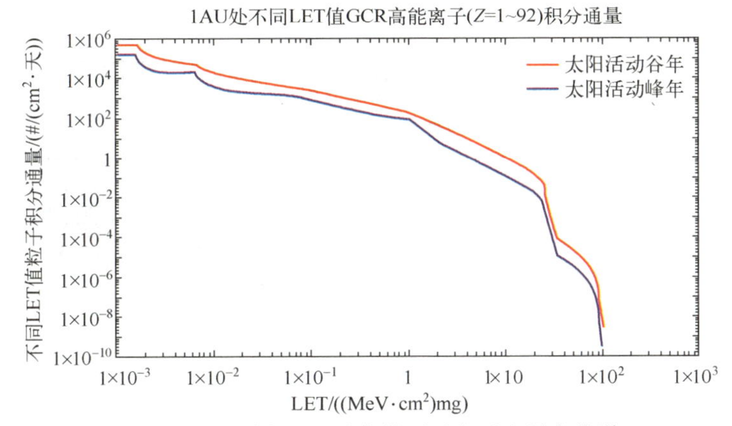

图 2-3　不同太阳活动条件下重离子注量率能谱

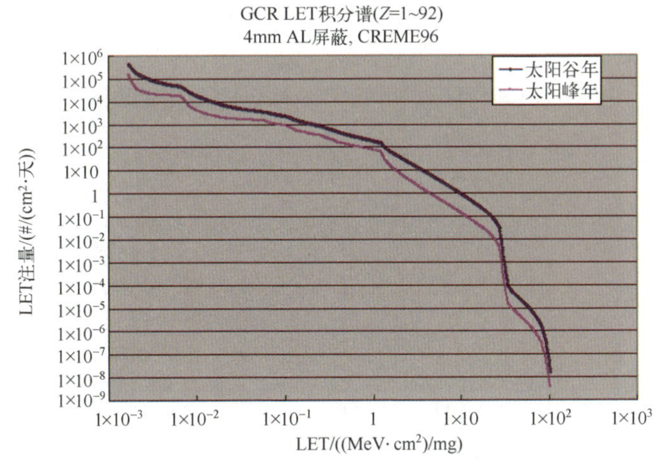

图 2-13　GEO 的 GCR LET 积分谱(假设卫星发射在 2012 年,周期 12 年)

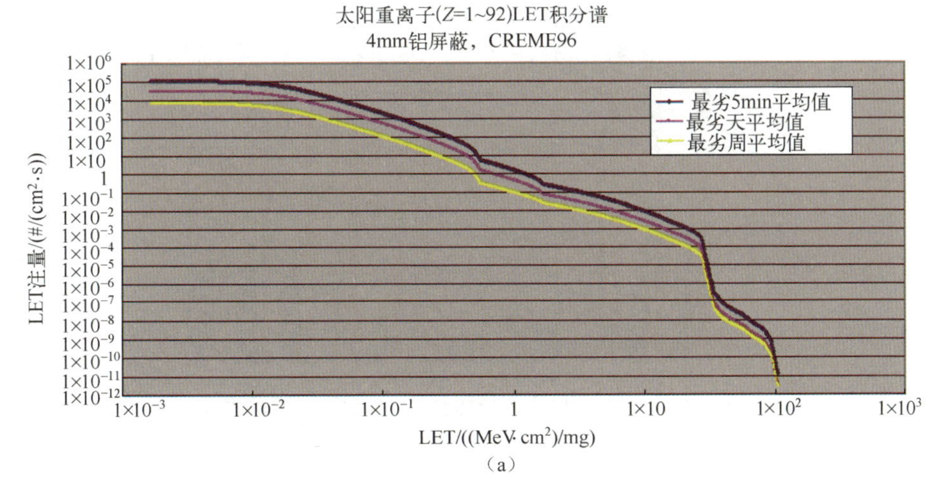

(a)

彩1

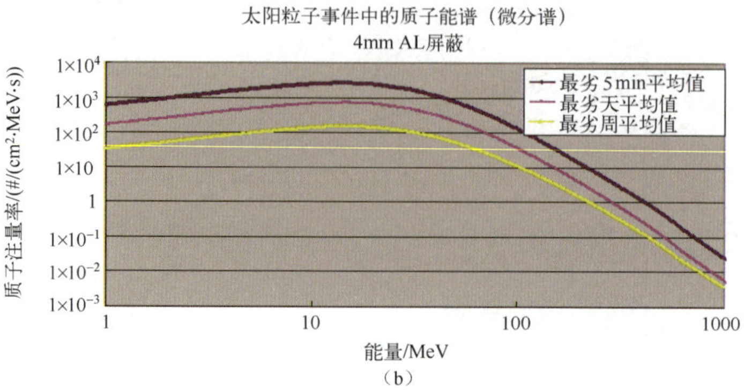

（b）

图 2-14　GEO 的太阳粒子事件积分能谱(假设卫星发射在 2012 年,周期 12 年)

(a) 重离子能谱;(b) 质子能谱。

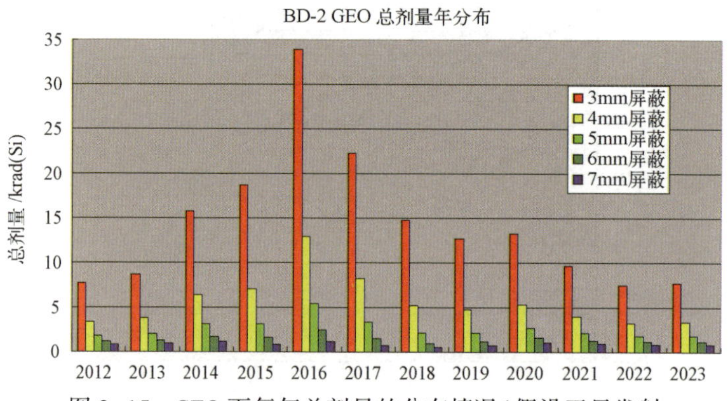

图 2-15　GEO 下每年总剂量的分布情况(假设卫星发射在 2012 年,周期 12 年)

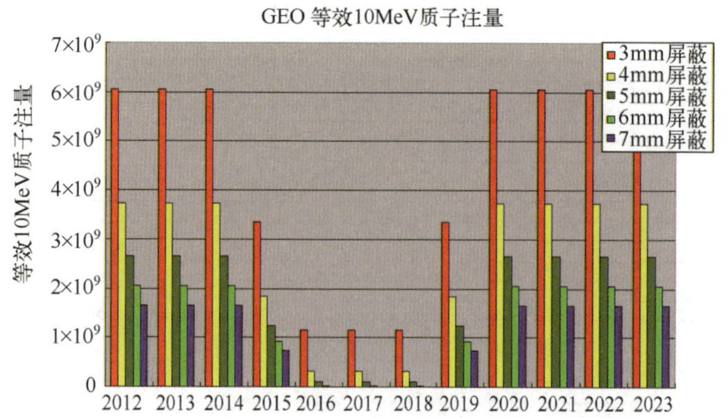

图 2-16　GEO 每年累积的等效注量的分布情况(假设卫星发射在 2012 年,周期 12 年)

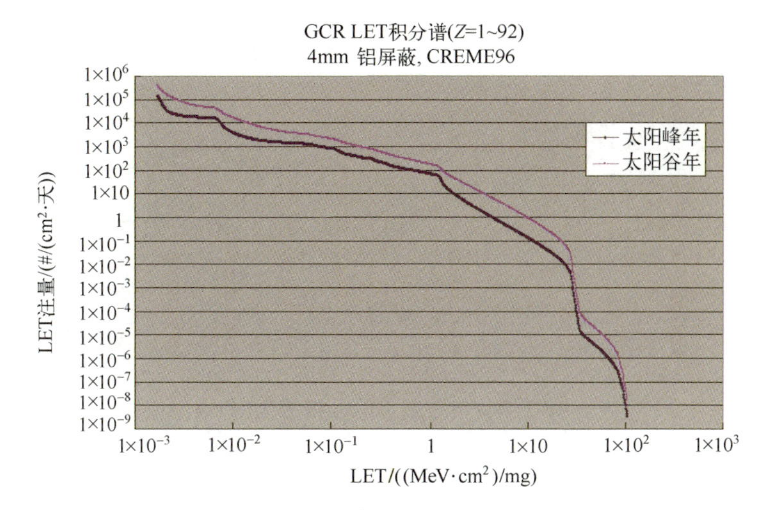

图 2-17　MEO 的 GCR LET 积分谱(假设卫星发射在 2012 年,周期 12 年)

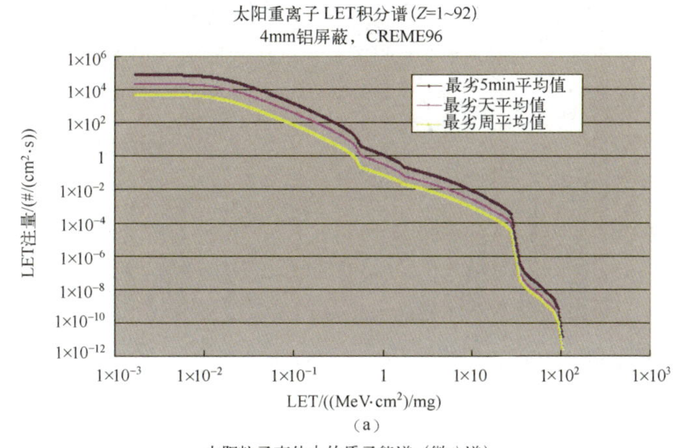

(a)

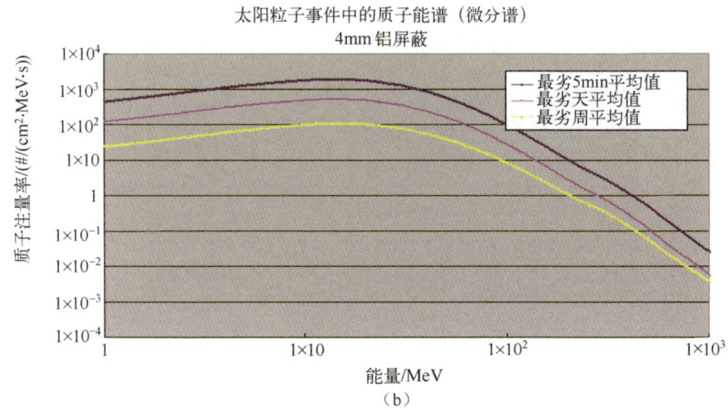

(b)

图 2-18　MEO 的太阳粒子事件积分能谱(假设卫星发射在 2012 年,周期 12 年)
(a) 重离子能谱;(b) 质子能谱。

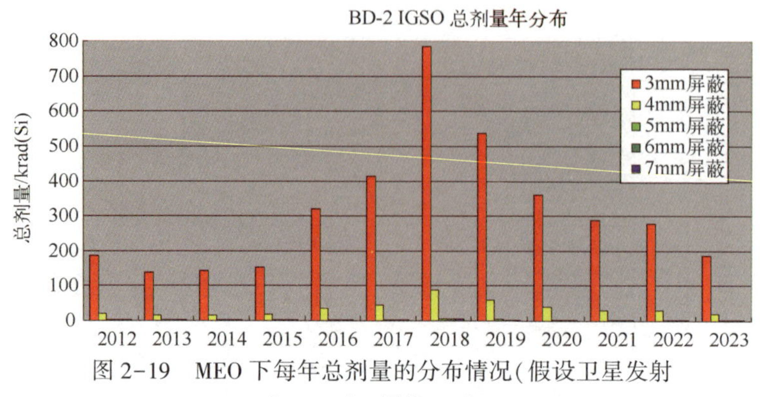

图 2-19 MEO 下每年总剂量的分布情况(假设卫星发射在 2012 年,周期 12 年)

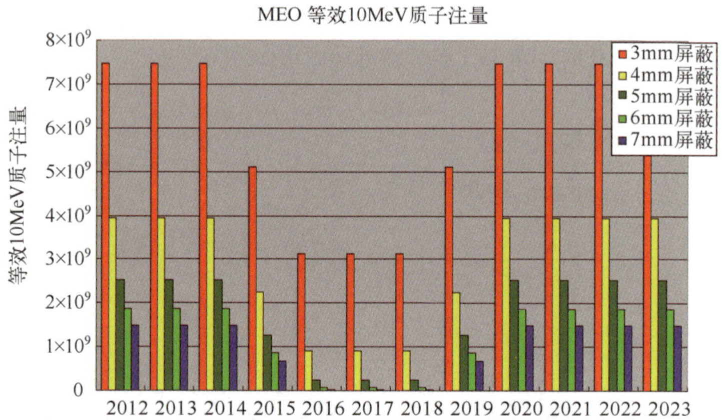

图 2-20 MEO 每年累积的等效注量的分布情况(假设卫星发射在 2012 年,周期 12 年)

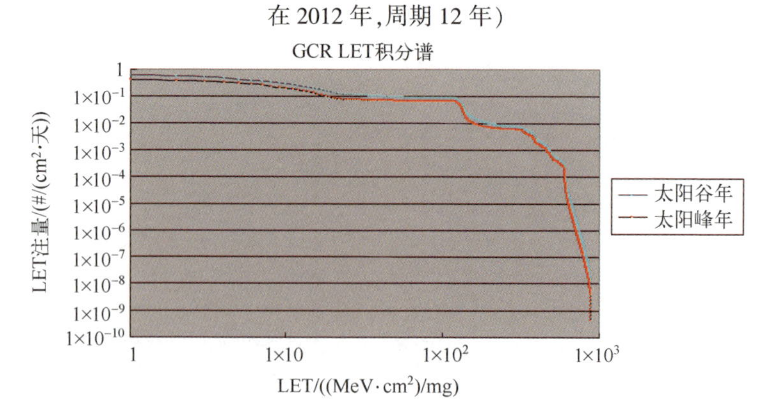

图 2-23 LEO 的 GCR LET 积分谱(假设卫星发射在 2012 年,周期 12 年)

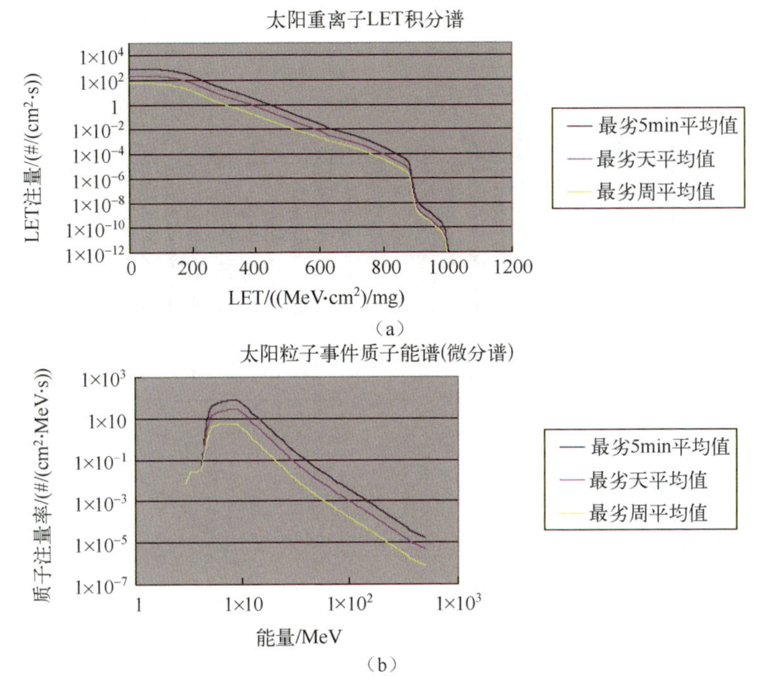

图 2-24　LEO 的太阳粒子事件积分能谱
（假设卫星发射在 2012 年,周期 12 年）
（a）重离子能谱;（b）质子能谱。

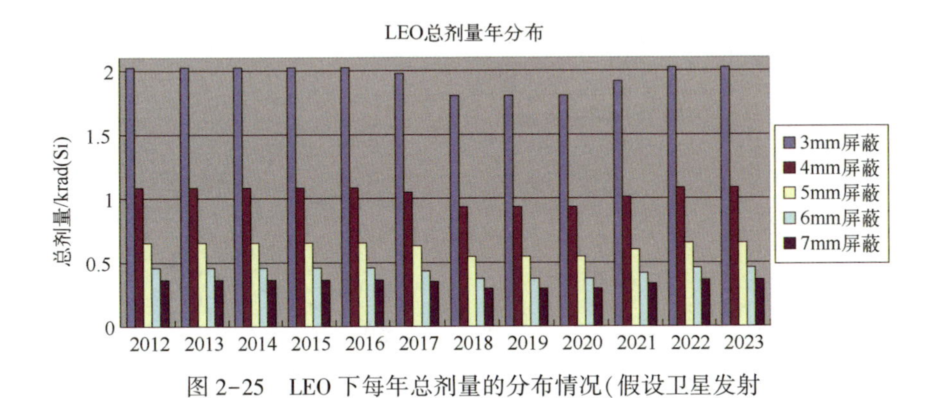

图 2-25　LEO 下每年总剂量的分布情况（假设卫星发射在 2012 年,周期 12 年）

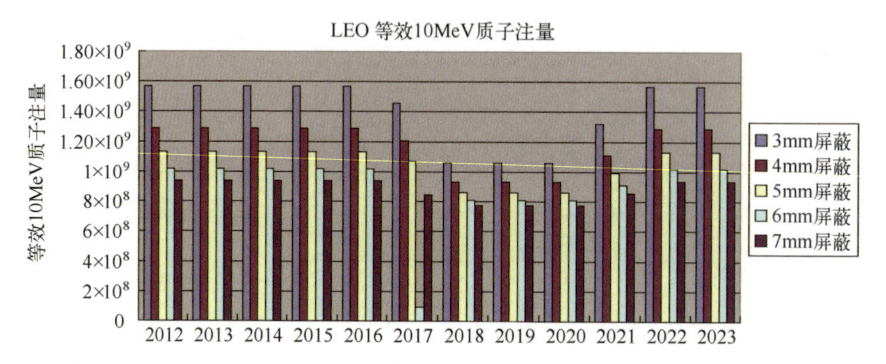

图 2-26　LEO 每年累积的等效注量的分布情况(假设卫星发射在 2012 年,周期 12 年)

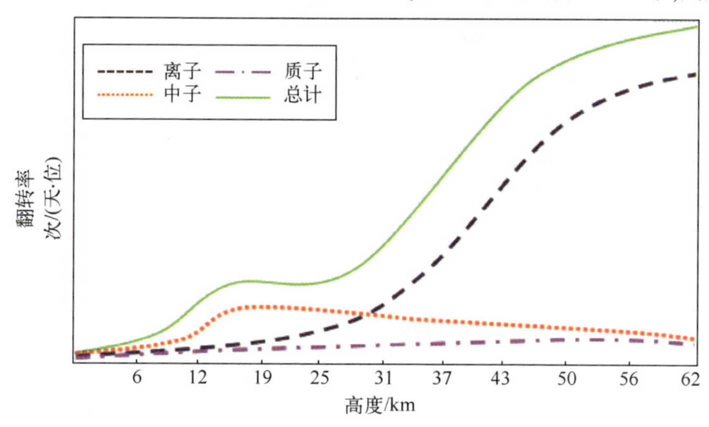

图 2-27　南北极附近不同高度三种粒子对单粒子翻转率的贡献情况示意图

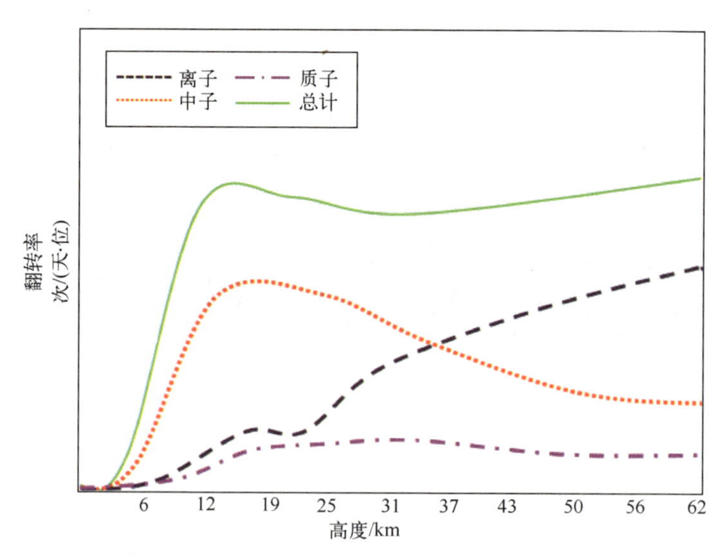

图 2-28　赤道附近不同高度三种粒子对单粒子翻转率的贡献情况示意图

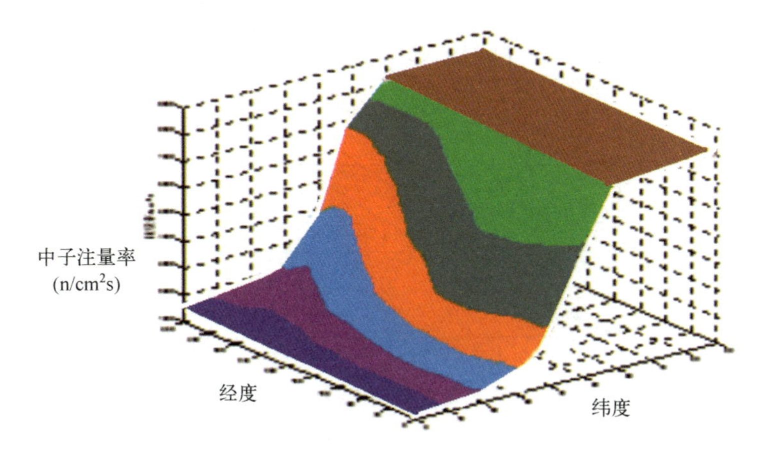

图 2-36　12200m 不同经纬度的中子注量率情况示意图

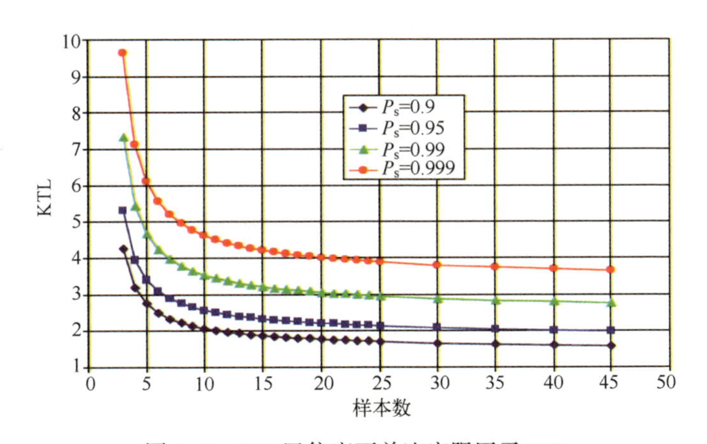

图 4-2　90%置信度下单边容限因子 KTL

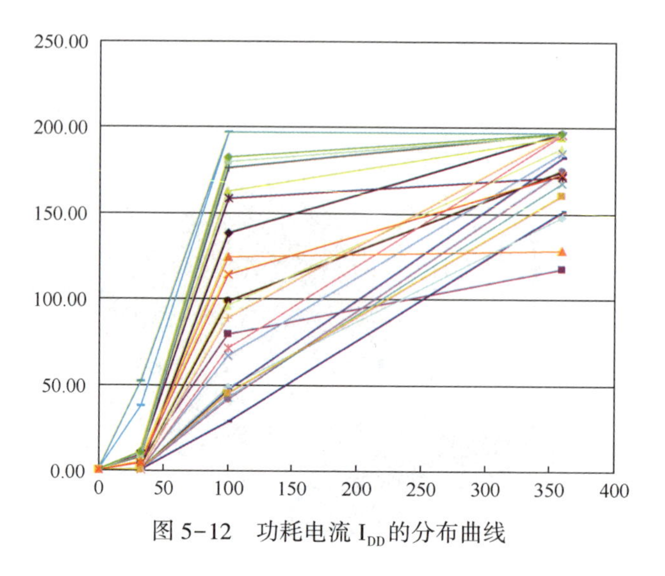

图 5-12　功耗电流 I_{DD}的分布曲线

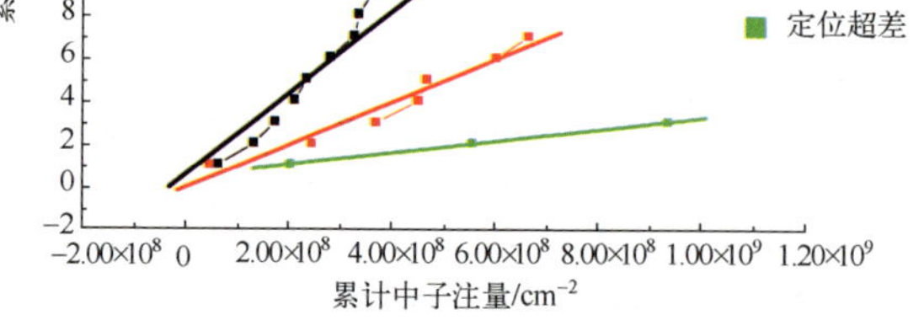

图 6-4　试验件 NSEE 试验数据